化肥农药
减量增效技术
——以青海省为例

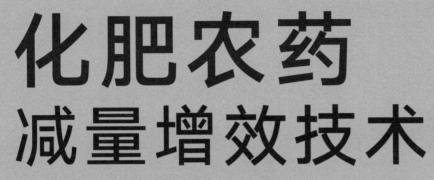

白惠义◎主编

中国农业出版社
北 京

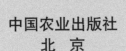

《化肥农药减量增效技术——以青海为例》编委会

主　　任：白惠义

副 主 任：张优良　王　生

委　　员：史瑞琪　张　剑　景　慧　马兰波

主　　编：白惠义

副 主 编：张优良　王　生

编写人员（按姓氏笔画排序）：

马　源　马兰波　王　炜　王秀娟　邓银珍

石　霞　史瑞琪　付艳姝　刘景莉　许永丽

李云龙　李洪明　李积升　杨　超　吴玉栋

吴亨祺　何　婷　何迎昌　张　玮　张　剑

陈　燕　罗生寿　金小川　柳　红　钟应霞

洪生贵　秦建芳　贾　莉　徐元宁　徐淑华

高　斌　黄　霞　符伯阳　景　慧　霍建强

前 言
FOREWORD

　　"十四五"期间，我国农业发展进入全面绿色转型的新阶段，对化肥农药减量增效提出了新的更高的要求。为统筹兼顾保障粮食等重要农产品有效供给和持续改善环境质量，应持续推进肥料和农药新产品、新技术、新装备集成创新和推广应用，促进施肥控药精准化、智能化、绿色化及专业化，实现化肥农药减量增效和高质量发展，为稳粮保供、绿色发展、乡村振兴提供有力支撑。

　　本书主要讲述了化肥、农药应用概况，肥料基础知识，农药基础知识，粮油作物化肥减量增效技术，蔬菜化肥减量增效技术，其他经济作物化肥减量增效技术，农业有害生物的主要防治方法、概念及种类，粮油作物主要有害生物综合防控技术，蔬菜病虫害及综合防控技术、其他经济作物病虫害及综合防控技术等方面的内容。

　　由于编者水平所限，加之时间仓促，书中不当与错误之处在所难免，恳切希望广大读者和同行批评指正。

编者

2024 年 5 月

目 录
CONTENTS

第一章 化肥、农药应用概况

第一节 化 肥

一、化肥在农业生产中的作用

在我国古代农业生产中，肥料施用历史悠久，早在距今 3000 年以前就有施肥记载。1937 年，永利化学工业公司铔厂生产出我国第一批硫酸铵，标志着我国有了自己的化肥工业。1949 年后，我国化肥工业从小到大、从弱到强，肥料种类从单一到多样，从供不应求到供需平衡甚至供过于求，为满足我国农业生产需求做出了重要贡献，为我国农业生产发展提供了强劲动力。

"化肥是高效的营养物质，能为作物提供养分，改善作物和土壤营养水平，提高农业生产力。"中国工程院院士、农业农村部科学施肥专家指导组组长、中国农业大学资源与环境学院教授张福锁强调，要正确认识化肥对农业生产的积极作用。张福锁表示："施用化肥以来，全国耕地从大面积养分匮缺转变为养分富集。"化肥在农业生产中主要发挥着以下几方面作用。

（一）增加作物产量

我国有限的耕地资源和众多的人口，要求我们在有限的耕地上生产出足够的农产品，化肥在农业增产中发挥了重要作用。根据联合国粮食及农业组织资料，发展中国家施用化肥可提高粮食作物单产 55%～57%，提高总产 30%～31%。全国化肥试验网数据显示，施用化肥可提高小麦、油菜等越冬作物单产 50%～60%，提高水稻、玉米、棉花单产 40%～50%。化肥在各项增产因素中的作用占 40%～60%。一般情况下，化肥对中低产田（无限制因子时）的增产作用大于高产田。施用化肥是农业生产中最有效、最快、最重要的措施。

（二）提高土壤肥力

耕地质量是粮食安全的基本保障。传统农业中，耕地养分含量主要由成土矿物决定，绝大部分土壤出现了不同程度的养分缺乏。例如，我国土壤有效磷含量相对较低，据第二次土壤普查数据，平均含量仅 7.4mg/kg（玉米地最适宜的土壤有效磷含量应不低于 8mg/kg）。通过施用磷肥，近 30 年来我国土壤有效磷含量上升到 23mg/kg。生产实践证明，连续多年合理施用化肥后，耕地肥力不但能保持而且能越种越肥。化肥施用还可以增加农作物生物量，提高地表覆盖度，减少水土流失。

无肥区作物单产呈现不断增加的趋势是生产力不断提高的有力证据。

（三）发挥良种潜力

作物产量都是基于从土壤中吸收的养分和光合作用转化而来的，化肥可提供作物生长发育所需的养分，促进植株生长，增大光合作用面积，增加农产品产量。通常，高产品种被认为是对肥料高效应的品种，肥料投入水平的合理控制成为良种良法栽培的一项核心措施。

（四）增加有机肥数量

化肥可促进当季作物增产，而作物的秸秆和根茬又可作为下一季作物的有机肥源，即以"无机"换"有机"，有机肥成为化肥养分不断再利用的载体。充分利用有机肥源是实现相当数量的化肥养分持续再利用的基本途径。

（五）补偿耕地不足

生产实践表明，合理增加施肥量，能有效增加作物产量，在更小的单位生产面积上获得更多的农产品。我国耕地面积由于多种原因正在逐渐减少，在农业生产中科学增加化肥施用量，实质上与扩大耕地面积的效果相似。按我国近年的平均肥效，每吨化肥提供的养分可增产 7.5t 粮食，若每公顷耕地的粮食单产也是 7.5t，则每增施 1t 化肥，相当于扩大耕地面积 $1hm^2$。

（六）发展经济作物的物质基础

在实现我国农业良种化、持续提高施肥量、获得粮食连年丰收的基础上，我国经济作物生产获得了大幅度发展。

2022 年 11 月，农业农村部印发《到 2025 年化肥减量化行动方案》指出，推进化肥减量化是全方位夯实粮食安全根基，加快农业全面绿色转型的必然要求，也是保障农产品质量安全和生态安全的重要举措。将建立健全以"高产、优质、经济、环保"为导向的现代科学施肥技术体系，完善肥效监测评价体系，探索建立公益性与市场化融合互补的"一主多元"科学施肥推广服务体系，加快构建完备的化肥减量化法规政策、制度标准和工作机制，着力实现"一减三提"。

未来，农业消费减少，受国际形势影响，出口形势严峻，产能退出缓慢，原料价格相对坚挺。具体表现在以下五个方面。

第一，农业需求上，随着化肥减量化、有机肥替代等项目的持续开展，肥料新产品、施肥新技术和机具的推广应用，测土配方施肥技术覆盖率的提升，化肥利用率不断提高，化肥用量逐步减少。随着农业供给侧结构性改革的持续推进，化肥需求数量和种类将发生改变。

第二，企业内部增效上，灵活采购方式，降低原料成本；不断优化人力资源结构；企业提升质量，改进工艺，降低生产成本。

第三，产业政策上，化肥优惠政策被取消殆尽；资源税、环保税、碳交易会陆续实施；能耗指标、清洁生产、大气排放等环保要求更严格。

第四，肥料产品发展方向上，新型肥料需求增速快，未来的新型肥料发展，要求养分供应综合管理，统筹考虑基肥、追肥；要求精准匹配作物养分需求，实现养分供应数量匹配、供需时间同步、肥料与作物空间耦合，提高养分吸收利用效率。

第五，在转型发展上，随着物联网、云计算等新技术的应用，肥料企业也可与农业大数据深度融合，适应下游需求变化，智能化施肥将成为一种新趋势，促进转型发展。一方面，利用农业大数据平台，可实时监测了解各地土壤情况和作物需肥特性，研发相应肥料产品，通过手机、电脑等终端远程控制智能施肥，实现全程监控、数据分析处理、科学施肥，提高化肥利用率，减少肥料浪费；另一方面，利用农调情况，可研判当地农业种植需求，采购原料，生产不同种类产品；同时，与农业大数据平台合作，为农户提供农药化肥定制化服务，满足不同农户、作物、栽培方式等多样化需求，形成公益性与市场化融合的施肥推广服务体系，构建产品与服务融合的销售模式。

我国是农业大国，也是化肥生产和使用大国。由于基础肥料产能过剩、品种发展不平衡、产品同质化严重等问题，化肥行业整体盈利能力较差、市场竞争日趋激烈。"减施增效""有机肥替代"等政策催生化肥市场产生新格局的趋势不会变。肥料产品将向高效化、复合化、长效化、功能化等方向发展，肥料产品不仅能够直接或间接为作物提供生长发育所必需的养分，还能改良土壤结构和理化性状、调节或改善作物生长、提升农产品品质。未来，环境友好、肥料利用率高或具有土壤修复功能的高效生态肥料将迎来巨大发展空间。

二、化肥施用现状及存在的问题

（一）化肥施用现状

化肥在我国农业增产中发挥着重要作用。20世纪初，我国部分地区开始施用化肥。新中国成立以来，我国化肥施用量逐渐增长。由于我国耕地基础地力偏低，化肥在提高农作物产量、提高土壤生产力方面发挥着重要的作用，化肥高投入支撑着我国粮食高产、稳产。2010年，我国成为世界第一大化肥生产国和消费国。据国际肥料工业协会统计，我国化肥消费量占世界总消费量的28.8%，氮肥、磷肥、钾肥的消费量分别占世界总消费量的31.2%、29.6%、18.8%。根据中国统计年鉴数据，随着农业生产发展，我国化肥施用量逐年增加，但也造成了面源污染、耕地质量下降、资源浪费等问题。2015年，农业部发布《到2020年化肥使用量零增长行动方案》，我国化肥施用量达到峰值后逐渐下降。2021年，我国化肥施用量为5 191.26万t，氮肥、磷肥、钾肥、复合肥施用量分别为1 745.32万t、627.15万t、524.75万t、2 294.04万t（表1-1）。2021年，青海省化肥施用量（实物量）为12.79万t，氮肥、磷肥、钾肥、复合肥施用量分别为4.22万t、3.46万t、0.26

3

万 t、4.85 万 t。2022 年，农业农村部发布《到 2025 年化肥减量化行动方案》，要求进一步减少化肥施用量，提高有机肥资源还田量、测土配方施肥覆盖率及化肥利用率。

表 1 - 1 2010—2021 年我国化肥施用量

单位：万 t

年份	化肥施用量 （折纯量）	氮肥施用量 （折纯量）	磷肥施用量 （折纯量）	钾肥施用量 （折纯量）	复合肥施用量 （折纯量）
2010	5 561.68	2 353.68	805.64	586.44	1 798.50
2011	5 704.24	2 381.42	819.19	605.13	1 895.09
2012	5 838.85	2 399.89	828.57	617.71	1 989.97
2013	5 911.86	2 394.24	830.61	627.42	2 057.48
2014	5 995.94	2 392.86	845.34	641.94	2 115.81
2015	6 022.60	2 361.57	843.06	642.28	2 175.69
2016	5 984.41	2 310.46	829.99	636.90	2 207.07
2017	5 859.41	2 221.81	797.59	619.74	2 220.27
2018	5 653.42	2 065.43	728.88	590.20	2 268.84
2019	5 403.59	1 930.21	681.58	561.13	2 230.67
2020	5 250.65	1 833.86	653.85	541.91	2 221.02
2021	5 191.26	1 745.32	627.15	524.75	2 294.04

我国幅员辽阔，种植的作物多种多样，化肥施用情况存在较大差异。农户施肥量调查数据结果显示，粮油、蔬菜、果树作物化肥施用总量占种植业化肥施用总量的 86.1%，其氮肥、磷肥、钾肥施用量，分别占全国氮肥、磷肥、钾肥施用总量的 87.9%、84.6%、82.9%。粮食作物化肥施用量最高，全国小麦、玉米、水稻三大粮食作物化肥施用量占全国化肥施用总量的 52.4%，分别占全国施肥总量的 13.7%、22.3%、16.3%，三大粮食作物氮肥、磷肥、钾肥施用量分别占全国氮肥、磷肥、钾肥施用总量的 57.4%、49.0%、44.4%。化肥施用量在不同区域之间存在明显差异，随着农业供给侧结构性改革和农业生产发展，区域之间施肥量差异会越来越大。整体上来看，华北、华东、华中、华南地区单位面积施肥量明显高于全国平均水平，占全国化肥施用总量的 65.7%，4 个地区氮肥、磷肥、钾肥施用量分别占全国氮肥、磷肥、钾肥施用总量的 65.3%、65.1%、67.1%。西南、东北地区单位面积施肥量低于全国平均水平，占全国化肥施用总量的 24.8%，2 个地区氮肥、磷肥、钾肥施用量分别占全国氮肥、磷肥、钾肥施用总量的 25.5%、24.2%、24.0%。西北地区单位面积施肥量基本与全国平均水平持平，占全国施肥总量的 9.5%，氮肥、磷肥、钾肥施用量分别占全国氮肥、磷肥、钾肥施用总量的 9.2%、10.7%、8.8%。不同区域种植制度存在差异，化肥集中施用时

期和施用量也不尽相同，春夏播种时期化肥施用量占到全年化肥施用总量的大部分。

（二）化肥施用中存在的问题

近 20 年来，我国虽然在肥料生产使用技术研发、科学施肥技术集成与推广应用等方面取得了巨大进步，但是施肥不科学问题尚未从根本上得以解决。当前，我国化肥施用存在 6 个方面问题。一是亩*均施用量偏高。随着农业科技的进步和相关政策的支持，农户施肥水平不断提高，但仍有部分农户受到传统的施肥观念和经验影响，误认为化肥施肥量与产量成正比，只注重化肥对增产的积极作用，忽视肥料报酬递减率和过度施肥对环境的不利影响，不能根据作物需肥规律和土壤肥力情况进行施肥，化肥投入成本在农业生产成本中的占比偏高。我国农作物亩均化肥用量 21.9kg，远高于世界平均水平（每亩 8kg），是美国的 2.6 倍、欧盟的 2.5 倍。二是施肥方式不合理。农户施肥多依靠传统经验，传统人工施肥方式仍然占主导地位，重施基肥，轻视追肥，导致作物生长前期养分过剩，养分流失，化肥利用率降低，而在作物生长中后期因养分供给不足影响作物产量。农户在施基肥或追肥时候多采用撒施方式，而不是用深施的方式，导致养分损失多，不能被农作物高效利用。三是施肥不均衡现象突出。农户施肥时对施肥的科学性和精准性认识不高，不了解土壤肥力状况、肥料特性和农作物需肥特性，加之受农户受教育水平所限，农户接受新型施肥方式有限。在浙江省，农户采用撒施施肥方式占比为 73%，采用机械深施、种肥同播、穴施/条施等施肥方式占比明显少于撒施施肥方式。粮油作物施肥方式以撒施为主；经济作物采用机械深施等施肥方式占比明显高于粮油作物，如瓜菜类蔬菜采用机械深施比例为 78%；果树多采用条施、穴施等方式。东部经济发达地区、长江下游地区和城市郊区施肥量偏高，蔬菜、果树等附加值较高的经济园艺作物过量施肥现象比较普遍。北方春油菜地区油菜平均产量为 2 239kg/hm^2，N、P_2O_5、K_2O 平均施用量分别为 153.1、102.2、54.3kg/hm^2；长江上游冬油菜区油菜平均产量为 2 540kg/hm^2，N、P_2O_5、K_2O 平均施用量分别为 169.5、76.7、65.8kg/hm^2；长江中游冬油菜区油菜平均产量为 2 147kg/hm^2，N、P_2O_5、K_2O 平均施用量分别为 163.5、71.1、84.9kg/hm^2；长江下游冬油菜区油菜平均产量为 3 393kg/hm^2，N、P_2O_5、K_2O 平均施用量分别为 239.5、116.0、84.5kg/hm^2；从以上数据可以看出受耕地地力、环境、管理水平等因素影响，不同地区施肥量存在较大差异。四是有机肥资源利用率低。目前，我国有机肥资源总量 7 000 多万 t，实际利用率不足 40%。其中，畜禽粪便养分还田率为 50% 左右，农作物秸秆养分还田率为 35% 左右。据统计，2017 年我国有机肥料生产企业 3 398 家，2018 年有机肥料生产企业较上年增加超过 310 家，产能增加 340 万 t 以上，产量增加 190 万 t。有机肥料相较于化肥，用量多，肥效慢，施用成本高，需长期施用才能见

---

* 亩为非法定计量单位，1 亩＝0.066 7hm^2。——编者注

效，施用有机肥导致种植成本明显增加，因此农户不愿施用有机肥。五是施肥结构不平衡。重化肥、轻有机肥，重大量元素肥料、轻中微量元素肥料，重氮肥、轻磷钾肥，农户使用单一性化肥较多，复合肥使用较少，施肥结构不合理，肥料利用率低，造成肥料浪费严重，"三重三轻"问题突出。六是缺乏配套施肥机械。由于农村劳动力大量转移向城市，从事种植业的劳动力以老年人和妇女为主，急需省时省力的施肥机械。近年来，施肥机械研究主要集中在机械深施、种肥同播、变量施肥等热门技术，针对匹配作物整个生育期施肥技术模式的施肥机械研发较少。目前，肥料生产设备和工艺以适应施肥机械为主，肥料产品与施肥机械、农艺措施融合度不足，施肥机械不能满足施用颗粒状、粉状、液体等不同剂型肥料的需求。

（三）化肥施用中问题出现的原因

化肥在农业生产中做出了巨大的贡献，具有施用量少、效果明显的优点，深受广大农户喜爱。但不合理施肥造成了耕地质量下降、土壤板结、农产品品质下降、农业面源污染等问题，其原因主要包括以下几个方面。

1. 科学施肥意识不强　农户在施肥种类、施肥量、施肥时间上，往往依靠过去的经验或听信其他农户的做法。由于城镇化加快，大量受教育的年轻人外出务工，农村空心化，种地农民年龄偏大，受教育程度低，对新理念、新技术接受速度慢，接受程度低。

2. 农户盲目施肥　农户坚持施肥越多产量越高的错误认识，为追求高产量大量施用化肥，造成资源浪费和环境污染。农户根据自己的种植经验盲目购买肥料，施肥结构不合理，偏重氮肥、轻视磷钾肥，偏重基肥、轻视追肥，偏重大量元素肥料、轻视中微量元素肥料。

3. 施肥方式相对单一，施肥机械化程度有待提升　受地形、农户习惯、自然环境等因素限制，机械深施、种肥同播、分层施肥、水肥一体化等新型施肥方式，没有得到大面积应用。农户施肥时，多采用表面撒施或穴施，施肥效率低，肥料浪费多，化肥利用率低，易造成环境污染。机械化施肥是现代农业发展的重要趋势，是节约劳力、保肥增效的关键措施，目前，在肥料生产和施用过程中，仍以肥料生产适应施肥机械的模式为主；施肥机械只满足以颗粒状为主的传统化肥的施肥作业要求，肥料产品与施肥机械、农艺间的匹配性差。

4. 新型肥料研发缓慢，成本较高　我国新型肥料研发起步较晚，产品缺乏领先的核心技术，创新能力依然较弱，涉及重大自主知识产权的技术较少，亟待新型肥料科学的持续创新与突破。我国不同农业生态区的资源禀赋与种植制度复杂多样，各区域农田管理措施不同，与之相适应的新型肥料产品开发和高效应用技术的要求也不尽相同，以致产品在不同区域土壤和作物上表现出差异化的应用效果。由于施用新型肥料投入成本较高，对于农户来说，虽然实现了化肥减量但并未实现增收，因此农户对施用新型肥料积极性不高。

三、化肥减量增效对青海生态农业发展的意义

我国是农业大国，农业是国民经济的基础，保障国家粮食安全和重要农产品有效供给始终是发展现代农业的首要任务。在人口压力大、环境资源紧张、农业基础薄弱，而且自然灾害多发、频发的严峻形势下，我国粮食生产实现"二十连丰"，用占世界 7% 的耕地养活了世界 22% 的人口，化肥作为增产关键因子做出了重要的贡献。然而，过量、不合理施肥及不适时施肥，导致化肥利用率不高，带来了土壤板结、土壤酸化、盐渍化、土壤肥力降低及耕地质量变差，过量化肥随水流入河流或地下水，造成水体污染，威胁着我国农产品质量安全和农业生态环境安全。因此，需要加快改变传统施肥方式，在稳产增产前提下，大力发展施肥新技术、新型肥料、施肥新机具，调整传统施肥结构，推进增施有机肥、种植绿肥、秸秆还田等多元替代化肥方式，精准匹配作物养分需求，促进化肥高效利用，减少生产中化肥投入，实现农产品产量与质量安全和农业生态环境保护相协调的可持续发展，同时降低农业生产成本，促进农民节本增效。

青海省情特殊、农情特殊，推进农业绿色发展、推进化肥减量化工作，是贯彻落实习近平总书记"三个最大"的具体体现，是对"绿水青山就是金山银山"理论的具体实践，是青海省生态文明建设的重大制度设计，是建设国家公园省的重要载体，是实施乡村振兴战略的抓手，是治理面源污染的重要举措，是一项一呼百应、利及长远的探索性、创造性工作，立意在生态，工作在农业，成效在市场，受益在群众，具有重要的政治、经济、生态效益，并有效满足了社会需求，将在全国乃至国际上产生重大影响。

从政治效益上看，生态文明建设是关系中华民族永续发展的根本大计。党的十八大以来，党中央、国务院把生态文明建设作为统筹推进"五位一体"总体布局和协调推进"四个全面"战略布局的重要内容，作出一系列重大决策部署，开展一系列根本性、开创性、长远性工作，提出一系列新理念、新思想、新战略，制度出台频度之密、监管执法尺度之严、环境质量改善速度之快前所未有，这些都为发展绿色农业提供了政策保障。青海省委、省政府因势利导明确提出，为全面提升农牧区农牧业绿色发展水平，农业农村部、青海省共建绿色有机农畜产品示范省，在全省范围开展化肥减量化工作，对于全国来说，这是一项有益探索，对全国化肥减量增效行动来说具有重要的示范作用，必将对守住绿水青山、建设美丽中国做出青海贡献。

从经济效益上看，青海省是全国五大牧区之一，全省牛羊存栏 2 000 多万头（只），有 2 800 余家规模养殖场，每年可提供 1 500 万 t 左右的有机肥原料，为发展循环农牧业，走农牧结合、种养联动之路奠定了基础。实施有机肥替代化肥，可以充分发挥有机肥原料丰富的资源优势，实行畜禽粪便的资源化合理利用，以农促牧，以牧带农，实现农牧业高质量发展。通过开展化肥农药减量增效行动，把青海建成全国重要的绿色农畜产品生产基地，在减少化肥用量的同时，改善农产品产地

环境，保障农畜产品质量安全，提供丰富的高质量绿色农畜产品，提升农畜产品品质，打造一批"青字牌"农牧特色品牌，实现优质优价，推动农牧业持续发展，农牧民持续增收，农牧区全面进步。

从生态效益上看，青海省地处"三江源头"，在全国具有特殊的生态地位。保护好青海省的生态资源，尤其是保护好三江源这个"中华水塔"，是关系国家生态的大事，对全国生态具有重大意义，不仅能够永续造福青海人民，维护社会稳定，更为下游乃至全国的生态建设提供保障。青海省地处黄土高原、青藏高原过渡地带，地位特殊，生态特殊，被公认为世界四大超净区之一，为发展绿色农业创造了得天独厚的条件，是开展化肥减量增效行动、部省共建绿色有机农畜产品示范省的最佳适宜区。青海省委、省政府以生态文明理念统领经济社会发展，实施"一优两高"战略，用绿色发展的理念培育新结构，部省共建绿色有机农畜产品示范省，在全省开展化肥农药减量增效行动，对于保护好青海省这片净土的生态环境、实现农牧业持续健康发展具有十分重要的意义。青海省连续5年开展化肥农药减量增效行动，对土壤养分和结构、野生动物、土壤重金属、微生物量碳、田间病虫害和杂草等方面进行了监测，监测结果表明，实施化肥农药减量增效行动后，土壤有机质、碱解氮、速效磷、速效钾、水稳性团聚体含量比未实施化肥农药减量增效行动的农田分别增加 1.39g/kg、5.31%、8.54%、135.7%、20.89%，pH 和全盐量分别降低了 0.18 和 7.50%；86.26% 的农户反映，实施化肥农药减量增效行动的农田土壤均未出现镉、铬、砷、汞、铅、镍等重金属超标现象；行动实施后野生动物数量增加，土壤微生物活性、数量明显提升，微生物量碳较未实施农田提升了26.43%，田间病虫害、杂草情况得到改善；90.26% 的农户认为实施化肥农药减量增效行动后病虫害有所好转，85.26% 农户认为行动实施后农田杂草情况有所改善。

从社会需求上看，随着生活水平的提高，人们对农产品质量安全提出了更高要求，绿色健康已成为人们的普遍共识。同时，农牧民自身的意识也在悄然发生变化，追求生态、有机和减量降成本的愿望渐浓。青海省农业农村厅近5年持续开展化肥农药减量增效行动，第三方评估结果显示，97%的种植户了解化肥农药减量增效行动，89.9%的种植户对此政策满意，9.27%的种植户基本满意，95.39%的农户接受，98.65%的农户希望物资补贴继续发放，96.71%的种植户希望继续开展；种植户对化肥农药减量增效行动的了解度、满意度、认可度、接受度均较高，绝大部分种植户希望继续开展，94.71%的种植户认为可以买到"放心菜、放心粮食"。目前，青海省化肥使用量实现了负增长，持续开展化肥减量化工作，可以改进施肥方式，调整施肥结构，促进农业增效、农民增收，助力乡村振兴。

四、青海省化肥减量增效取得的成效

化肥减量增效技术集成推广是提高肥料利用率、提升农产品品质、推动农业绿色发展的重要内容。青海省紧紧围绕减肥增效、推广配方肥，以"增产施肥、经济施肥、环保施肥"为理念，以"精、调、改、替、轮"技术措施为抓手，采用对使用配方肥、有机肥的种粮大户等新型农业经营主体直接补贴的模式，扩大配方肥和有机肥的使用面积，提高肥料利用率，切实减少化肥的使用量。

（一）减少化肥施用量，效益明显提升

为了解决肥料利用率低下、农业生产成本增加、施肥过量的问题，2005年，农业部印发了《关于下达2005年测土配方施肥试点补贴资金项目实施方案的通知》，以达到降成本、提产量、增收益的目的，也标志着我国测土配方施肥项目正式启动。测土配方施肥项目通过在试点县建立测土配方施肥实验室，开展取土化验、田间调查、试验示范、配方制订，初步形成了土壤肥料检测体系和良好的工作机制。2009年实现了农业县测土配方施肥项目全覆盖，为更好地服务于"三农"，解决农业技术推广"最后一公里"的问题，测土配方施肥的重点任务转向了开展"百县千乡万村"整建制推进测土配方施肥行动，通过建立技术示范区，展示测土配方施肥技术效果；利用取土化验数据，开展耕地地力评价，摸清县域耕地基础地力、耕地质量和养分状况；按照"大配方、小调整"的思路，制订适合本地区的"小配方"并定期向社会发布；探索开展测土配方施肥信息化服务，研发县域测土配方施肥专家系统，将个性化施肥方案推送给广大农户。2015年，农业部印发了《到2020年化肥使用量零增长行动方案》，测土配方施肥项目作为推进农业绿色发展和化肥减量增效的重要举措，继续发挥着重要作用。测土配方施肥项目目标也调整为保产量、保收益、保生态，开展经济作物测土配方施肥，完善经济作物施肥指标体系，推进化肥减量增效示范区建设，集成创新、推广高效施肥技术模式，开展肥料利用率试验，改进施肥方式，统筹基肥追肥，推广机械施肥促进农机农艺融合。2022年，农业农村部印发了《到2025年化肥减量化行动方案》，要求进一步减少化肥施用量，提高有机肥资源还田量、测土配方施肥覆盖率以及化肥利用率。

根据农业部的要求，青海省自2006年开始实施测土配方施肥项目，紧紧围绕"五个环节、十一项工作"，先后在全省22个县（市、区）和2个项目单位开展测土配方施肥工作。综合青海省的具体情况，选出播种面积较大、技术力量较强、化验室设备较完善的县（区）为示范县（区），先后选择了大通县、湟中区、互助县、乐都区、民和县5个县（区）为青海省的化肥减量增效示范县（区）。2016—2020年示范县（区）按照集中连片、整体推进的要求，5年累计集中连片示范化肥减量增效技术31.65万亩，累计推广测土配方施肥技术1 284.85万亩次，技术覆盖率超过95%，累计建立集中连片示范田31.65万亩，全省累计采集土壤样品6 325个，累计完成各类田间试验619个。经过实际测产，粮食作物平均亩产较常规施肥有所增加，平均每亩增产5.6kg，总增产粮食7.2万t，总增收15 840万元，经济效益显著。示范县（区）测土配方施肥技术覆盖率均超过95%，农用化肥施用量减少5%以上。与2010年相比，青海省2022年化肥施用量显著降低（表1-2）。

表1-2　2010—2021年青海省化肥施用量

单位：万 t

年份	化肥施用量 （折纯量）	氮肥 （折纯量）	磷肥 （折纯量）	钾肥 （折纯量）	复合肥 （折纯量）
2010	8.17	3.49	1.29	0.35	3.04
2011	8.26	3.65	1.26	0.38	2.98
2012	9.30	3.77	1.26	0.37	3.90
2013	9.80	3.86	1.53	0.26	4.15
2014	9.74	3.98	1.70	0.27	3.79
2015	10.13	4.08	1.77	0.27	4.01
2016	8.76	3.62	1.50	0.18	3.46
2017	8.67	3.54	1.46	0.19	3.48
2018	8.32	3.45	1.44	0.18	3.25
2019	6.19	2.62	0.95	0.21	2.41
2020	5.45	2.08	0.57	0.15	2.64
2021	4.89	1.92	0.50	0.12	2.34
2022	4.71	1.92	0.48	0.12	2.19

（二）优化施肥结构，改进施肥方式，扩大配方肥推广使用面积

2006—2021年，青海省累计推广测土配方施肥面积9 890.5万亩，每年为50万农户提供了测土配方施肥技术服务，小麦、油菜、马铃薯、玉米等主要作物测土配方施肥覆盖率超过90%。通过测土配方施肥技术的实施，土壤中的氮、磷、钾和中微量元素等养分结构趋于合理。盲目施肥和过量施肥现象基本得到遏制，传统施肥方式得到进一步改变。青海省充分调动和发挥供销合作社联合社等农资经营主体的积极性，农企合作推广配方肥，青海省农业技术推广总站引导企业与县（市、区）、乡（镇）、村建立配方肥的产需对接，做好技术服务，各县（市、区）结合当地实际，制订适合本县（市、区）的配方肥实施方案，建立整建制推进示范县（市、区）、示范乡（镇），年均配方肥推广使用面积超过300万亩。

（三）有机肥替代化肥技术应用面积逐年稳步增加，农产品品质得到改善

青海省是全国五大牧区之一，有机肥资源十分丰富。截至2024年8月，青海省登记的有机肥生产企业达78家，其中，西宁市12家、海东市14家、海西州15家、海北州16家、海南州12家、黄南州3家、果洛州4家、玉树州2家。2019年，在西宁市、海东市、海西州、海南州、海北州、玉树州、果洛州7个市（州）的19个县（市、区）及11个国有农牧场，开展有机肥全替代化肥及农作物病虫害绿色防控试点，面积达114万亩。2020年，在西宁市、海东市、海西州、海南州、

海北州、黄南州、玉树州、果洛州 8 个市（州）的 29 个县（市、区）及 7 个国有农牧场开展有机肥替代化肥及农作物病虫草害绿色防控行动，面积达 300 万亩。2021 年，在 8 个市（州）的 31 个县（市、区）及 7 个国有农牧场开展化肥农药减量增效行动，面积达 300 万亩。2022 年，在 8 个市（州）的 33 个县（市、区）及 15 个国有农牧场开展化肥农药减量增效行动，面积达 300 万亩。2023 年，在 8 个市（州）的 32 个县（市、区）及 2 个国有农牧集团公司和 2 个农场开展化肥农药减量增效行动，面积达 300 万亩。

农产品品质分析结果显示，青海省实施化肥农药减量增效行动后，小麦千粒重、葡萄糖含量、蛋白质含量、粗脂肪含量分别提升了 10.87%、11.52%、7.06%、18.61%，青稞千粒重、膳食纤维含量、总碳水化合物含量、粗脂肪含量分别提升了 22.32%、11.88%、7.44%、28.12%，马铃薯淀粉含量、维生素 C 含量、蛋白质含量分别提升了 10.13%、7.88%、10.82%，蚕豆总碳水化合物含量、粗蛋白含量、百粒重分别提升了 6.22%、2.43%、10.27%，藜麦千粒重、蛋白质含量、碳水化合物含量、脂肪含量分别提升了 8.73%、13.95%、9.35%、8.16%，油菜籽含油量提升了 10.97%、芥酸含量降低了 28.35%，枸杞甜菜碱含量、胡萝卜素含量提升了 4.58%、8.71%，菠菜维生素 C 含量提升了 24.59%，但对菠菜总糖含量影响不大。经第三方调查，青海省实施化肥农药减量增效行动后，化肥减量≥20% 的种植户占 81.15%，农药减量≥10% 的种植户占 89.14%，小麦、青稞、马铃薯、蚕豆、藜麦、油菜籽、枸杞、药材、蔬菜产量提升 10% 以上的种植户占比分别为 58.25%、39.66%、57.64%、58.61%、47.16%、45.19%、45.87%、56.46%、55.14%，形成了以藜麦、枸杞等经济作物为主的"雪山红""格桑丹珠""高原锦禾""柴藜""亿林""昆杞"等品牌，农作物价格得以提升，其中藜麦、枸杞实现了 10% 以上的溢价，实现了实施化肥农药减量增效行动后农户增产增效、农产品优质优价的目标。

（四）形成多种化肥减量化技术模式

为扎实推进化肥农药减量增效行动，青海省利用测土配方施肥技术，根据不同区域不同作物养分需求，做到平衡施肥，有机肥与其他肥料相互补充、相互促进，在降低化肥施用量的同时保护生态环境。自 2019 年起，选择川水区、浅山区、脑山区三类地区不同生态区域不同作物开展化肥减量增效技术试验 220 个，为化肥减量增效行动提供了数据支撑，掌握不同生态区域不同作物最佳施肥量，不断优化调整和验证主要农作物施肥技术模式，形成了适合不同生态区域和作物的"有机肥＋N"技术模式，减少化肥用量，促进提质增效，提升农产品品质，达到保护环境和减量增效相统一的目的。

1. "有机肥＋N"技术模式 根据不同生态区和作物选择不同的"有机肥＋N"技术模式。

在三江源国家公园和青海湖水源涵养区域，可选择"商品有机肥（农家肥）＋

有机叶面肥"技术模式，商品有机肥建议用量为每亩 300～400kg，农家肥建议用量为 1 500～2 500kg，有机叶面肥根据作物生长情况喷施 1～2 次。

在三江源国家公园和青海湖水源涵养区域外，种植马铃薯、小麦、青稞、油菜等作物时可选择"商品有机肥（农家肥）＋配方肥＋有机叶面肥"技术模式。大田粮油作物的商品有机肥建议用量为每亩 100～200kg，农家肥建议用量为 1 000～1 800kg，配方肥建议用量为 12～15kg，有机叶面肥根据作物生长情况喷施 1～2 次；露地蔬菜的商品有机肥建议用量为每亩 400～700kg，农家肥建议用量为 3 000～6 000kg，配方肥建议用量为 15～20kg，有机叶面肥根据作物生长情况喷施 2～3 次。

各地根据气候条件和作物种类，选择适合当地的施肥模式，采取"商品有机肥（农家肥）＋配方肥＋有机叶面肥＋合理轮作"技术模式，开展麦类—豆类、麦类—油菜、麦类—马铃薯、粮油作物—蔬菜等轮作方式，用地与养地相结合。

种植设施蔬菜时，可选择"商品有机肥（农家肥）＋配方肥＋水溶肥"技术模式。商品有机肥建议用量为每亩 700～1 000kg，农家肥建议用量为 4 000～7 500kg，配方肥建议用量为 45～60kg，水溶肥建议用量为 20～40kg。

有条件的设施蔬菜种植区域，可选择"商品有机肥（农家肥）＋水肥一体化＋有机叶面肥"技术模式。商品有机肥建议用量为每亩 700～1 000kg，农家肥建议用量为 4 000～7 500kg，利用水肥一体化设备将水溶肥冲施，建议用量为 20～40kg，有机叶面肥根据蔬菜长势，喷施 2～3 次。

2. 测土配方施肥技术　测土配方施肥技术以土壤养分化验结果和肥料田间试验为基础，根据农作物需肥规律、土壤供肥性能和肥料效应，计算出氮肥、磷肥、钾肥和中微量元素肥等肥料的施用数量、施用时期和施用方法。有针对性地补充作物所需营养元素，使各种养分平衡供应，满足农作物的需求，达到提高农作物产量、改善农产品品质、提高化肥利用率、节约成本、增加收入的目的。测土配方施肥技术包含"测土、配方、生产、供应、施肥"5 个方面的内容。

（1）田间试验。通过田间试验，了解每个施肥单元不同作物优化施肥量，基肥、追肥施肥比例，施肥时期及施肥方法；掌握土壤养分校正系数、土壤供肥量、作物需肥数、肥料利用率等参数；建立作物施肥模型，为肥料配方的制订和施肥分区的划分提供依据；利用作物外观形态观察、化学诊断、酶学诊断等方法进行植物营养诊断，与土壤养分检测相结合，掌握作物养分丰缺状态。

（2）土壤养分检测。土壤养分检测是肥料配方制订的重要依据，通过进行土壤氮、磷、钾及中微量元素养分测试，了解土壤供肥能力状况。

（3）配方设计。通过田间试验、土壤养分数据分析等，划分出施肥分区；根据气候、地貌、土壤、耕作制度等因素，结合专家经验，制订出不同作物的施肥配方。

（4）校正试验。为验证肥料配方的准确性，以当地主栽作物和品种为研究对象，对比配方肥增产效果，改进测土配方施肥技术参数。

（5）配方加工。肥料生产企业根据肥料配方进行生产，通过销售网络销售给农户。

（6）农户施用。将测土配方施肥技术转化成肥料产品，农户购买配方肥后按照施用技术要求进行施肥，结合其他栽培措施，取得高产量，获得高收益。

3. 机械化深施肥技术　机械化深施肥技术是指使用肥料深施机具，根据农艺要求的数量、施肥部位和深度将化肥均匀地深施于土壤中作物根系密集部位，既可以提高肥效，又可以节肥增产。

按照机械化深施农艺要求，种、肥间要有一定距离（大于 3cm）的土壤隔离层，既满足农作物苗期生长对养分的需求，又避免种、肥混合出现烧种、烧苗现象；肥带宽度略大于播种带宽度；肥条均匀连续，无明显断条和漏施；土壤耕深一致；土碎田平，虚实得当。深施追肥是指主要运用追肥机、中耕施肥机等机械在农作物各生长期（主要环节）进行化肥追施。作业时要经常观察开沟施肥情况，以免造成漏施、断条等非正常现象。机械化深施应与测土配方施肥、作物栽培模式等相结合，发挥综合效益。

4. 水肥一体化技术　水肥一体化技术是将灌溉与施肥相结合的农业技术措施。根据土壤养分含量和作物的需肥规律和特点，将可溶性固体或液体肥料配兑成的肥液与灌溉水一起，借助压力差，通过管道系统供水、供肥，通过滴头形成滴灌，均匀、定时、定量浸润作物根系发育生长区域，使主要根系土壤始终保持疏松并含有适宜的水分和足够的养分。

5. 秸秆还田技术　秸秆还田的主要方式有粉碎还田、反转灭茬、留高茬、过腹还田、堆肥、沤肥等。秸秆直接还田时应尽量切碎，增加与土壤接触面，使土壤保持适宜的含水量，以便秸秆吸收水分，加速腐烂分解。秸秆还田时，一般边收获，边切碎，边耕翻入土。秸秆直接还田时，应加入适量的化学氮肥或腐熟的人畜粪、尿等含氮量高的物质，用以调节碳、氮比，将秸秆干物质的含氮量提高到 1.5%～2.0%为宜。

第二节　农　　药

一、农药在农业生产中的作用

农药广泛应用于农林牧业生产的产前、产中到产后全过程，同时也应用于环境和家庭除害防疫，以及工业品的防蛀、防霉等。

农药是重要的农业生产资料，由于具有高效、快速、经济、使用简便等特点，成为防治农作物病、虫、草、鼠害的重要手段。农药的施用大幅度降低了病、虫、草、鼠等对农作物的危害，使得农业有了稳产的可能性，农产品产量和质量均有所提高。我国每年施用农药挽回的损失可解决 1 亿人口的吃饭穿衣问题，农药为我国解决温饱问题做出了不可磨灭的贡献，发挥了举足轻重的作用。但大多数农药又是有毒物质，如果使用不当会产生负面影响。所以，要客观、科学、公正、辩证地评价农药的功过，才能扬其利、避其害。随着科学技术的进步，农药必将会被不断改进与提高，继续发挥重要作用。

（一）农药对农业的贡献

农药由于在防治农作物病、虫、草、鼠害等方面具有高效、快速、经济和简便等特点而被世界各国广泛应用。我国年均使用农药逾 28 万 t（折纯量），施用药剂防治的种植面积达 3.2 亿 hm²。通过使用农药，每年可挽回粮食损失 4 800 万 t、棉花 180 万 t、蔬菜 5 800 万 t、水果 620 万 t，总价值在 550 亿元左右。近年来，由于许多高效、低毒、低残留的新农药出现，农药使用的投入产出比已超过 1∶10，一般农药品种的投入产出比也在 1∶4 以上。由此可见，农药在现代农业生产中的作用是巨大的。

（二）提高粮食单产离不开农药

据估算，到 2050 年我国每年需粮食 7.2 亿 t，即需要从目前正常年份的约 4.8 亿 t，净增 2.4 亿 t，在可用耕地面积不变的情况下要求粮食亩产应比目前的水平提高 33％ 以上。提高单位面积粮食产量，必须依靠品种改良、栽培技术提高、水源保证、中低产田改良以及农机、化肥、农药、农膜等生产资料的投入。上述农业生产技术和生产资料缺一不可，并且需要有机结合。广泛推广应用农药，尽可能减少由病、虫、草、鼠等有害生物危害造成的占总产量 30％ 的损失，是最现实、最可行的措施之一。

（三）农药应用促进农业现代化

农药的使用量与一个国家或地区社会经济的发展呈正比，农药的使用是现代农业不可或缺的一部分，与农业机械化、良种化、化肥化共同构成了现代农业的四大支柱。我国农药行业经过多年的发展，逐渐发展成为全球最大的农药生产国及全球最大的农药出口国，形成了包括科研开发、原药生产、制剂加工、原材料及中间体配套的完整农药产业体系，这得益于完备的化工产业体系以及极具竞争力的成本控制水平。同时，我国大力支持"三农"发展，农药行业迎来结构调整期，农药的生产和使用也逐步迈入规范化、科学化阶段。各农药企业不断提高技术水平和研发投入，自动化和智能制造水平不断提高，安全生产和环保效果明显提升，呈现全产品线覆盖和全产业链发展趋势，农药行业生产集约化程度逐渐提高。农药的综合应用与发展使得农业生产更加高效、便捷，有助于实现农业的规模化、集约化经营，促进农业现代化。

（四）农药开发和使用的发展趋势

农药作为现代农业的重要组成部分，其贡献和危害同时存在，若能科学合理使用，则对保障粮食增产、农民增收和农产品有效供给起到不可替代的作用。若使用不当，则会导致农产品农药残留超标、污染生态环境、给人类健康带来隐患等一系列问题。提高农药利用率，节约使用农药，发展高效、低毒、环境友好型农药，替换并取代高毒农药等都是未来农药发展的必然趋势。

二、农药施用现状及存在问题

（一）农药施用现状

农药行业在未来发展中需要加快转型升级，优化产业布局，合理安排新增产能；提高自主研发能力，加强农药与种子、化肥、农机等协同研发，有效降低农业成本。还要强化产业链一体化布局，逐步改变农药企业多、小、散的格局，提高产业集中度；促进产品多元化发展，鼓励农药企业向下游拓展产业链条。

近年来，我国加强了对农药行业的环保监管和执法力度，推动了农药行业的结构调整和优化升级。一方面，环保政策促使一批低端、低效、高污染的农药企业退出市场，提高了市场集中度。另一方面，环保政策也刺激了一批高端、高效、低污染的农药企业加大研发投入和技术创新，提高了市场份额，提高了市场集中度。

我国是全球农药生产和出口领先国家，2022 年我国农药产量约为 250 万 t，占全球总产量的 38.5%；出口量为 140 万 t，占全球总出口量的 28.9%。我国主要出口除草剂、杀虫剂和杀菌剂，其中除草剂出口量最大，占总出口量的 55.5%。2023 年，我国农药市场受益于国内外需求增加、国家政策支持和技术创新等因素，农药产量和出口量保持稳定增长。

2010—2022 年，我国农药市场规模从 2010 年的 180.6 亿元上升至 2022 年的 296 亿元，年均复合增长率为 4.5%。我国作物用农药市场规模在 2022 年为 259 亿元，占我国农药市场总规模的 89.2%。作物用农药以除草剂、杀虫剂和杀菌剂为主，2022 年我国作物用农药市场规模中，除草剂占比为 46.4%，杀虫剂占比为 23.2%，杀菌剂占比为 21.6%，其他农药占比为 8.8%。

"十四五"期间，我国农业发展进入加快推进全面绿色转型的新阶段，对农药减量增效提出新的更高的要求。既要保障国家粮食安全和重要农产品有效供给，又要推进化学农药减量增效工作，迫切需要强化科学合理使用，提高农药利用效率；守护好人民群众"舌尖上的安全"，迫切需要建立农药使用监管制度，规范农药使用行为；践行"绿水青山就是金山银山"的理念，持续改善农业农村生态环境，迫切需要转变过度依赖化学农药防病治虫方式，大力推进绿色防控，实施病虫害综合防治、可持续治理。面对这些新形势、新要求，必须加大工作力度，采取综合措施，扎实推进化学农药减量增效工作。

（二）农药施用中存在的问题

1. 农药对人类健康的风险 农药产品的毒性分为剧毒、高毒、中等毒、低毒、微毒 5 个级别，普遍具有急性毒性、慢性毒性以及环境危害性，部分液体农药可能还具有易燃易爆性，这些特点使得农药在其整个周期（包括生产、包装、仓储、运输、使用、废弃物处理等）都会对人类健康和环境产生很大的安全威胁。

农药可通过眼睛、皮肤、消化道和呼吸道进入人体。如果人体内农药含量超过了正常人的最大耐受限量，就会导致机体的正常生理功能失调，引发病理改变和毒性危害，主要表现为急性中毒和慢性中毒。

2. 害虫再猖獗对农业生产的风险　害虫再猖獗是指应用某些农药防治某些害虫，起初表现出良好的防治效果，害虫数量显著减少，但经过一段时间，可能会引起防治对象或在防治时数量不多的其他害虫大量产生。害虫再猖獗的最主要原因是没有从整个农业生态系统角度考虑农药的使用，打破了生态系统的相对平衡，因此造成了害虫种群数量变动。与抗药性的影响相同，害虫再猖獗不仅严重破坏了生态平衡，而且使生产成本大幅度上升。

随着全球气候变化、农业产业结构调整、农田耕作制度变更以及害虫适应性变异等因素的影响，主要农业害虫在我国有再猖獗的趋势，发生面积不断扩大、危害频率增加、灾害程度加重。一些历史上已被有效控制的重大害虫再次成灾，例如，20 世纪 50 年代后期蝗虫已被基本控制，但 1986—2000 年，河南省、山东省、河北省、安徽省、山西省、陕西省、海南省等省先后多次发生高密度蝗群；2002 年，蝗虫特大暴发，发生面积达 4.4 亿亩，为 40 年来发生最为严重的一年；2005 年，水稻褐飞虱在江淮及长江中下游稻区暴发，危害面积达 2 240 万 hm²，引起水稻大面积倒伏，甚至整片枯死，稻谷损失超过 300 万 t，造成直接经济损失 40 多亿元。

农药使用不当还会引起药害，使作物发生组织损伤、生长受阻、植株变态、落叶落果等一系列非正常生理变化，影响农产品产量和品质。

发生药害的主要原因包括药液配制不合理、连续重复施药、施药方法不当、施药时期不当、施药环境不适宜、农药质量不合格等。

3. 抗药性对农业生产的风险　长期、单一、大量使用农药，农药防治效果会逐渐下降，以致完全丧失防治病虫害的作用，这种现象称为抗药性。这种抗性可以遗传给后代，这些具有遗传抗性的后代在同一药剂的处理下，最终发展成抗药性种群，从而使药剂无效并暴发病虫灾害。1960 年，我国有 137 种害虫对农药产生了抗药性，到了 1981 年已经达到 589 种，20 年间增加了 400 多种。在我国已发现很多害虫对杀虫剂产生了抗药性，如蚜虫对乐果、溴氰菊酯，菜青虫对敌百虫等部分有机磷农药，都产生了不同程度的抗药性。小菜蛾自 1953 年被报道对滴滴涕（DDT）产生抗性后，至今已对 50 多种农药产生了不同程度的抗性，几乎涉及了所有的防治用药。

一旦害虫有了抗药性，农户为了提高防治效果，往往会加大药液浓度、增加用药次数，其结果是药打得越多，害虫抗药性越强，一种新农药在几年时间内防治效果越来越差。害虫对农药产生抗性的原因主要有两方面：一是害虫本身的原因，二是使用技术的原因。对外界不良环境逐渐适应，是自然界一切生物的本能。害虫也不例外，施药后，一些残存下来的抗药性比较强的个体继续繁衍，会产生抗药性较强的后代，如果多次使用同一种农药，某些害虫群体对所用农药会反复选择和淘汰，抗药性差的逐渐死亡，抗药性强的继续生存，这样害虫的抗药性一代比一代强，时间一久，就会形成新的抗药性很强的群体，对农作物进行大面积危害。同时，若药剂本身湿润性不好或喷洒得不均匀，有些耐药性较明显的个体在这种情况下容易逃脱且存活下来，较快繁衍出抗药性后代。

随着农药使用，害虫本身在生理上也会发生一些变化，以适应不良环境。有些药剂会改变害虫表皮的生理透性，使药剂越来越不容易透过表皮，使害虫不容易中毒；有的则会引起害虫体内酶系统的改变，激活一种解毒酶，使药剂解除毒性，从而失去药效。经常使用同一种农药，会使虫体内某种解毒酶越来越活跃，在解毒酶的作用下，药剂的防治效果会逐渐降低。

4. **农药对环境的污染**　农药对环境的污染是多方面的。进入环境的农药在环境各要素间迁移和转化，对整个生态系统造成危害。例如，在农田喷粉剂时，仅有10%的农药附在植物体上；喷施液剂时，仅有20%附在植物体上，其余部分40%～60%降落于地面，5%～30%飘浮于空气中。落于地面上的农药会随降雨形成的地表径流流入水域，或者经过下渗进入土壤。这样农药就扩展到大气、水体及土壤中，从而造成农业环境污染。

（1）农药对大气的污染。农药污染大气的途径主要包括农药生产企业排出的废气、农药喷施时的扩散、残留农药的挥发等。大气中的残留农药或被大气中的飘尘所吸附，或以气体和气溶胶的状态悬浮于空气中，随着大气的运动而扩散，使污染范围不断扩大，一些高稳定性的农药进入大气层后传播到很远的地方，污染区域更大，并对其他地区的农作物和人体健康造成危害。

（2）农药对水体的污染。农药对水体的污染也很普遍，可能通过地表径流、灌溉或大气沉降进入水体，对水生生物造成危害，甚至影响饮用水安全。1983年以前，全世界生产了约150万t DDT，其中有约100万t至今仍残留在海水中。

（3）农药对土壤的污染。土壤是农药的主要接受体和承载体，土壤对农药具有净化作用，经过一系列的净化作用，部分农药会失去生物活性，但仍有不少难降解的高毒农药残留在土壤中。曾有报道指出，分解土壤中95%的"六六六"最长需要20年时间，95%DDT被分解则需要30年。这些残留在土壤中的农药，虽然不会直接引起人、畜中毒，但部分被农作物吸收，最终会间接对人类造成危害。由于农药本身不易被阳光和微生物分解，对酸和热稳定，不易挥发且难溶于水，故残留时间很长，尤其在黏土和富含有机质的土壤中残留性更大。农药对土壤微生物也同样产生作用，进而影响土壤中酶的活性，使营养物质发生转化，改变农业生态系统营养循环的效率、速度，最终导致土地生产力持续下降。

（4）农药对生物的影响。农药的使用会给生物链带来严重的破坏，而使用高毒农药会使自然界中害虫与其天敌之间的平衡关系被打破。我国有十分丰富的生物资源，其中有许多受到保护的物种，但大量的农药进入环境后，生物多样性被破坏。

就生物防治方面来说，农药经食物链不断浓缩，在消灭害虫的同时也会杀死害虫的天敌，破坏原有的物种平衡。有害生物、农作物、有益生物及自然环境相互作用，构成了一个相互依存、不可分割的系统，在这个系统中，无论哪部分组成发生变化都会影响整个系统的运作，也就会影响整个生态系统的稳定度。一些化学农药的不当使用，杀死了害虫，也作用于害虫的天敌，破坏了害虫种群与天敌种群之间的平衡制约关系，从而使部分害虫失去了天敌的控制，同时一部分次要害虫上升为主要害虫危害作物。这些害虫迅速崛起、暴发，导致我国有害生物发生频率增加，在20 世纪 60 年代以前，我国的稻飞虱每 5～10 年甚至更长时间才暴发 1 次，发生频率为 10％～20％，而现在每 3 年就有 2 次暴发，发生频率已上升到 80 年代的 70％。

（三）农药施用中存在的问题原因分析

化学农药以其快速、高效的特点，被广泛使用并迅速发展。化学农药的使用，为及时有效控制重大病虫危害、保障农业丰收做出了巨大的贡献。但是，由于滥用农药导致了农药污染、残留加重等问题，影响农产品质量、食品安全和生态环境安全，农药的安全使用已引起各方面的广泛关注。

由于农作物病虫害种类多、发生情况各异，农药品种、剂型繁多，适宜的防治对象和防治时期千差万别，药效、毒性、安全间隔期都不尽相同，因此农民很难掌握有效的防治方法。农民在施药过程中，存在缺乏植保知识、安全意识薄弱、购药行为盲目、用药时间不当、用药剂量不当、配药方法粗放、施药方法不当、环保意识淡薄等问题。不当用药，乃至盲目用药、违禁用药、滥用农药的现象在一些地区时有发生，不仅造成农产品中农药残留量超标、防治效果不好、生产成本增加、影响农产品质量安全等问题，也在社会上造成很大的负面影响。一些农民环保意识薄弱，农药包装废弃物随意丢弃，污染农业生产环境，破坏农村的居住条件，对人、畜存在着很大的安全隐患。

1. 安全用药意识较弱　自我保护意识不强，配药、喷药时，大多数农户不戴手套或不采取其他安全防护措施。安全储药意识不强，大多数农户随处随手放置农药。环境保护意识不强，仍然有部分农户用药后随意扔掉空瓶、空袋。

2. 用药主体素质较低　用药主体文化程度不高，以初中、小学为主，而且近几年随着农村大量年轻有文化的人员外出务工，留下务农的农村从业劳动者文化程度较低的情况加剧；植保知识欠缺，对常见病虫害的识别能力欠缺，对农药标签的识别能力不够，包括农药标签、安全间隔期、毒性等基础知识；对植保知识的掌握程度不足，大多未参加过专业培训，对病虫防治知识的认识来源于电视、广播、各种病虫害防治通知、农药销售商。

3. 科学用药水平不高

（1）购药行为盲目。由于农药零售商的农药来源不同，对农药知识的了解程度和使用技术的掌握程度参差不齐，导致他们对所经营农药产品的质量把关不严，销售假冒伪劣农药事件时有发生，而且无法做到针对农民的防治需要而供药，更谈不上对农民进行科学、安全用药指导了。

（2）用药时间不当。一些农户不管有无病虫发生，均是每 2~3d 打 1 遍药，造成农药的浪费，同时加重了污染。

（3）用药剂量不当。大多农户、种植户用药量超过农药标签推荐的量，有的甚至超过标签推荐量的 1.5~2 倍。

（4）配药方法粗放。大多农户配药时因缺少量筒而选用农药瓶盖量取农药，因此无法精确量取农药，但农药瓶盖的型号很多，农户也不知道其具体容量，只是一个概数。同时，还存在严重的乱混乱配现象，有的农户在施药时喜欢多种农药混用，一般混用 2~3 种农药。

（5）施药方法不当。①不掌握安全的施药技术，逆风施药、高温施药、沿前进方向左右摇摆施药等，不仅防治效果不好，还极易造成施药人员中毒。②农民施药观念落后，仍习惯大容量喷雾，往往把作物喷到出现"药水滴淌"现象，甚至错误地认为雾滴直径越大越好，农药喷得越多越好，不仅浪费严重，而且加重环境污染和农药残留，防治效果也不好。很多农民因不了解液力雾化的原理，习惯将喷头紧贴作物喷洒，使尚未完全雾化的药液以很高的速度冲向作物，致使药液难以附着在作物表面，极易流失。有些农民人为将喷头孔扩大，甚至将喷头卸除，直接喷淋。③农民少有获得正确施药方法的渠道。因不了解机动弥雾机的气力雾化原理，看不见细小雾滴，不相信其存在，不知道其喷幅可达 9m，在使用机动弥雾机时，仍习以为常地采用针对性的喷雾方式，不考虑风向，一律沿前进方向左右 Z 形喷雾。自以为可以少走些路，却造成雾滴分布极不均匀，容易形成重喷、漏喷，完全没有发挥机动药械喷幅大、工效高、防效好的优势，极易造成施药人员中毒；既费工、费药，防效也不好。

4. **施药机械落后**

（1）机械化程度低。手动施药器械仍然占主导地位，而且器械本身的技术含量低，对施药人员的技术要求高。

（2）缺乏专用施药机械。一种机械、一种喷头"包打天下"的现象普遍，大部分手动喷雾器仅配备一种径向进液式圆锥雾喷头，而且喷头质量差，雾化效果不好，不适应不同作物、不同病虫草害的防治需要。缺乏工效高、对靶性强、农药利用率高的大、中型施药机械，特别缺乏适合果树、保护地和针对防蝗的施药机械。

（3）制造工艺粗糙，机械质量差。多数手动喷雾器存在滴漏问题，且机具上没有安全防护标志。

5. **造成严重后果**

（1）残留污染环境。有些农药由于性质较稳定，不易分解，在施药作物中残留，或者通过飘移流失进入大气、水体和土壤后，不仅污染环境，而且直接或间接通过食物链生物浓缩对人、畜和有益生物的健康安全造成威胁。

（2）有害生物抗药性增长迅速，用药量不断增加。长期使用化学农药，会造成某些有害生物产生不同程度的抗药性，致使常规用药量无效。如果提高用药量，往往造成环境污染和毒害，且使抗药性进一步升高造成恶性循环。

三、农药减量增效的意义

农药是重要的化工产品和农业生产资料，施用农药是防治农作物病虫害、促进现代农业高产高质高效发展、保障国家粮食安全的重要手段。多年来，我国种植业生产主体以小农户为主，农户科学使用农药的意识淡薄，乱用、滥用农药的现象时有发生，农药使用总量呈上升趋势，随之也带来生产成本增加、资源浪费、环境污染、农产品农药残留超标、作物药害等问题。据统计，2012—2014 年农作物病虫害防治中，农药年均使用量为 31.1 万 t（折纯量），较 2009—2011 年年均使用量增长了 9.2％。为推进农业发展方式转变，有效控制农药使用量，保障农业生产安全、农产品质量安全和生态环境安全，促进农业可持续发展，农业农村部（原农业部）分别于 2015 年 2 月、2022 年 11 月制定印发了《到 2020 年农药使用量零增长行动方案》《到 2025 年农药使用量零增长行动方案》，明确了农药减量的总体思路、基本原则、目标任务、技术路径、重点任务、保障措施。

农药减量的总体思路是坚持"预防为主、综合防治"的方针，树立"科学植保、公共植保、绿色植保"的理念，依靠科技进步，依托新型农业经营主体、病虫害防治专业化服务组织，集中连片整体推进，大力推广新型农药，提升装备水平，加快转变病虫害防控方式，大力推进绿色防控、统防统治，构建资源节约型、环境友好型病虫害可持续治理技术体系，实现农药减量控害，保障农业生产安全、农产品质量安全和生态环境安全。农药的过量使用不仅增加生产成本，也会影响农产品质量安全，不利于农业的绿色可持续发展，因此必须实施农药减施增效行动。

（一）实现病虫害可持续治理需要农药减施增效

农药是防治病虫害的重要手段，近年来我国年均使用农药防治农作物病虫害 73.0 亿亩次，约占总防治面积的 87.0％。但农药的开发创制投入高、难度大、周期长，现有有效成分数量和作用靶标位点有限，长期乱用、滥用农药会加速防治靶标产生抗药性，形成病虫害越防越难、农药越用越多的恶性循环。实施农药减施增效行动，要综合运用生物防治、物理防治、化学防治、抗性品种选育等多种手段，减少用药数量和频次，延缓抗药性产生，实现病虫害的可持续治理。

（二）提高农业生产效益需要农药减施增效

当前，我国农业生产向规模化、集约化、专业化快速发展，但与欧美等农业发达地区相比，生产效益仍然较低，国际竞争力不足。过量施用农药会增加农药成本、药械成本、人工成本等，降低生产效益。实施农药减施增效行动，要引导生产者正确选药、科学用药、精准施药，减少用药量，找到农药投入成本最小、防治策略最优和生产效益最大之间的平衡点，提高农业生产效益，促进农民节本增收。

（三）保障农产品质量安全需要农药减施增效

近年来，我国粮食生产实现了产量与质量双提升，蔬菜、水果等主要农副产品的农药残留合格率在97%以上。但个别因过量施药而造成的农药残留超标的案例，时刻警醒我们要实施农药减施增效行动，促进生产者科学用药，严防过量和违规用药，严格遵守安全间隔期和限用农药使用范围，保障农产品质量安全。

（四）保障生态环境安全需要农药减施增效

我国水稻、小麦、玉米三大粮食作物农药利用率虽然已经从2015年的36.6%提高到2020年的40.6%，但施用的农药并不能真正百分百用于防治靶标并发挥药效，其余部分通过飘移、弹跳等方式流失。过量施用农药会超过环境承载力，杀死天敌昆虫等有益生物、污染土壤和水体、破坏生物多样性和生态环境。实施农药减施增效行动，要研发新药剂、新助剂、新药械等，优化防治技术，提高防治效果，最大限度降低农药对非靶标生物的影响，是保障生态环境安全的重要抓手，是贯彻落实习近平总书记提出的"三个最大""四地建设"的重要载体，对青海省农业绿色高质量发展具有极其重要的积极意义。

四、农药减量增效取得的成效

"十三五"以来，青海省认真贯彻落实习近平生态文明思想，坚持"预防为主、综合防治"的总方针，牢固树立"科学植保、公共植保、绿色植保"理念，以农药减量使用行动为植保工作主线，按照"少用药、用好药、会用药"的总要求，围绕"控、替、精、统"四字技术路线，以专业化统防统治组织为龙头，以种植业规模种植基地为载体，以植保项目为抓手，不断夯实农作物病虫害监测预警基础，切实抓好农作物病虫害专业化统防统治，大力推广绿色防控技术，积极开展植保新技术的试验示范，大面积推广普及生物农药和低毒、低残留、低用量农药。近年来，青海省农药减量使用行动取得了重要阶段性成果。

（一）农药施用量明显下降

青海省持续推动化肥农药减量增效工作，农药使用量呈逐年下降趋势，科学用药水平明显提升，青海省农药使用量由2018年的2 061.91t下降到2021年的1 068.80t，减少48.2%（表1-3）。2019年以来，青海省实施的农药减量使用行动相关试验示范项目，始终把农药减量增效放在第一位，充分发挥项目的示范带动作用。2019—2023年，青海省化肥农药减量增效行动累计投入省级财政资金23.37亿元，切实推进了青海省农药减量使用工作。

表 1 - 3　2010—2021 年青海省农药施用量

单位：t

年份	农药施用量
2010	2 061.91
2011	1 995.36
2012	1 805.38
2013	1 996.96
2014	1 886.40
2015	1 956.18
2016	1 939.34
2017	1 875.00
2018	1 784.30
2019	1 398.40
2020	1 232.70
2021	1 068.80

（二）农作物病虫害监测预警工作不断完善

随着农药减量工作的推进，农作物病虫害监测预警和绿色防控工作也不断加强。对农作物病虫害准确预测预报，做到有的放矢、精准用药，才能减少农药施用次数，避免乱用药。青海省作物重大病虫害监测预警技术日趋完善，在全省 28 个农业县（市、区）的 155 个乡（镇）建设了 165 个相对固定的病虫监测点；初步形成了省—县（市、区）—乡（镇）三级病虫害监测预报体系。全省有害生物监测面积达 695 万亩，监测覆盖率为耕地面积的 75％以上、播种面积的 80％以上。病虫害监测预警自动化、智能化水平提升到新的现代化水平。

（三）绿色防控技术有效集成，面积增大

青海省积极引进、示范与推广灯诱、色诱、性诱、食诱、寄生杀虫、使用生物农药和农药减量增效助剂等绿色防控技术，既注重单项技术推广，更注重绿色防控技术集成推广。2019—2023 年，全省绿色防控示范与推广面积累计 1 334 万亩次，绿色防控覆盖率提高到 47.57％。绿色防控技术的推广应用，减少了农药施药次数及农药使用量，减轻了环境污染，增加了农作物病虫害防控技术手段。

（四）专业化防治组织发展壮大

青海省专业化防治组织，在农药减量增效工作的推动下，不断壮大专业化防治队伍，提升装备和能力。目前全省组建由政府扶持的以协会、合作社、农资经销商等为主的多元化专业化防治队 59 支，其中工商注册 17 家，从业人员 1 550 人，拥

有各类植保药械 1 200 台（套），以担架式、推车式、车载式液泵喷雾器为主，日作业能力 12 万亩；在应对迁飞性、暴发性病虫害防治中打破行政界限，在跨县、跨州连片防治方面发挥了积极的作用，提升了防治水平和防治效果。

  总体来看，青海省化肥农药减量的趋势已经形成，但是减量增效的长效发展压力仍然存在。农民认识水平、技术瓶颈、政府重视程度和支持力度、市场机制等因素仍是深入推进农药减量增效面临的主要困难。"十四五"时期，青海省围绕质量兴农、绿色兴农，深入推进化肥农药减量行动，努力实现 3 个转变：目标上由"减总量"向"降强度"转变，路径上由"控增量"向"去存量"转变，减药主要对象从经济作物向大田作物转变。一是推进集成创新。以粮食主产区、园艺作物优势产区和设施蔬菜集中产区为重点，集成组装一批农药减量增效技术模式。重点推广应用农业防治、生物防治、物理防治等绿色防控技术，推进统防统治与绿色防控融合。二是推广新产品、新机具。重点研发高效、低毒、低残留农药和生物肥料、生物农药等新型产品；积极推广先进施药机械，加快替代落后机械。三是加力推进机制创新。加快培育一批有技术、有实力的社会化服务组织，开展统配统施、统防统治服务。引导大型农资企业开展农化服务，共建化肥农药减量增效示范基地。探索农村合作金融、农业租赁金融、农业信贷保险等服务创新，支持农民、企业和新型经营主体开展化肥农药减量等社会化服务，助力化肥农药减量增效行动顺利开展。

第二章 肥料基础知识

"有收无收在于水，收多收少在于肥。"肥料是作物的粮食，在农业生产中发挥着重要作用，是农业生产的物质基础之一，决定着农产品的产量和品质。肥料促进作物生长，与水分相互协同促进增产，有助于发挥作物品种优势，改善农产品品质，是农业高质高效生产的关键因素。

为减少化肥不合理投入，改进施肥方式，提高肥料利用率，实现节本增效和环境保护，2015 年，农业部印发《到 2020 年化肥使用量零增长行动方案》，提到以保障国家粮食安全和重要农产品有效供给为目标，加快转变施肥方式，深入推进科学施肥，大力开展耕地质量保护与提升，增加有机肥资源利用，减少化肥不合理投入，2015—2019 年逐步将化肥使用量年增长率控制在 1% 以内，力争到 2020 年，主要农作物化肥使用量实现零增长。2017 年，中共中央办公厅、国务院办公厅印发《关于创新体制机制推进农业绿色发展的意见》，提出继续实施化肥农药使用量零增长行动，推广有机肥替代化肥、测土配方施肥，支持低消耗、低残留、低污染农业投入品生产。2018 年，中央 1 号文件对加强农业面源污染防治，实现投入品减量化，推进有机肥替代化肥、畜禽粪污处理等做出了安排。2021 年，农业农村部、国家发展改革委、科技部、自然资源部、生态环境部及国家林业和草原局联合印发《"十四五"全国农业绿色发展规划》，明确指出，化肥农药持续减量连续 4 年实现负增长；以化肥减量增效为重点，集成推广科学施肥技术，在粮食主产区、园艺作物优势产区和设施蔬菜集中产区，推广机械施肥、种肥同播等措施，示范推广缓释肥、水溶肥等新型肥料，改进施肥方式；以有机肥替代推动化肥减施，以果菜茶优势区为重点推动粪肥还田利用，减少化肥用量，增加优质绿色产品供给。2022 年，农业农村部印发《到 2025 年化肥减量化行动方案》，提出建立健全以"高产、优质、经济、环保"为导向的现代科学施肥技术体系，完善肥效监测评价体系，探索建立公益性与市场化融合互补的"一主多元"科学施肥推广服务体系，加快构建完备的化肥减量化法规政策、制度标准和工作机制，着力实现"一减三提"，即进一步减少农用化肥施用总量，进一步提高有机肥资源还田量，进一步提高测土配方施肥覆盖率，进一步提高化肥利用率。

第一节 肥料的种类及特性

在农业生产中，施肥是非常重要的增产增收措施，但施肥也对农田生态系统产生了明显的影响。因此，根据肥料特性选择适合的肥料并科学施用，在提高作物生产经济效益的同时能保护农田生态环境。

肥料可根据成分、肥效、酸碱性、形态、施肥阶段、需用量等进行分类。根据肥料来源可分为化学肥料和农家肥料，根据肥料成分组成方式可分为复合肥料和单质肥料，根据施肥时期可分为基肥（底肥）、种肥和追肥，根据肥料成分可分为无机肥料、有机肥料、生物肥料等。

一、无机肥料

无机肥料指化学肥料，简称化肥，是指用化学和（或）物理方法制成的含有一种或几种农作物生长所需要的营养元素的肥料的总称，具有成分较单一、养分含量高、作物易吸收、肥效快、大多水溶性好、施用方便等特点。

化肥根据原料可以分为氮肥、磷肥、钾肥、复合肥、微量元素肥料、矿质化学肥料、配方肥等；根据所含养分数量可分为单一肥料、多养分肥料［复混（合）肥料］；根据肥效作用方式可分为速效肥料、缓效肥料（缓释性肥料和缓溶性肥料）；根据肥料的物理性状可分为固体肥料、液体肥料、气体肥料；根据肥料的化学性质可分为碱性肥料、酸性肥料、中性肥料；根据作物对营养元素的需求量可分为大量元素肥料、中量元素肥料、微量元素肥料、有机营养元素肥料；根据肥料的反应性质可分为生理酸性肥料、生理碱性肥料、生理中性肥料。

（一）氮肥

氮肥是指以氮元素为主要成分，施用于农业生产中，为作物提供氮素营养的肥料。氮元素在作物体内含量为其干重的 $3\sim50g/kg$，是构成作物体内蛋白质、叶绿素、酶和维生素的重要成分。作物细胞内的蛋白质是原生质的重要组成部分，叶绿素是作物能够进行光合作用制造养分的重要色素，酶和维生素调节作物体内各种生理生化作用。因此，氮元素是作物生命的基础物质。

土壤中氮元素的来源主要包括豆科作物根瘤菌将大气中的氮气还原成氨；动植物残体腐烂后，氮回归到土壤中；大气降水和降尘；土壤吸附氨；人为施入氮肥。土壤中氮元素的消耗途径主要有农田植物吸收利用；降水或灌溉导致土壤中氮元素淋溶和流失；土壤微生物将硝酸盐或亚硝酸盐还原为氮气和气态氮化物；土壤中的氨挥发。

在作物生长发育过程中，如果氮元素供应不足，作物体内生长激素含量会下降，蛋白质和叶绿素合成受阻，导致作物植株矮小、生长缓慢、叶色发黄、叶片变薄、分蘖或分支减少、植株易早衰、产量降低、品质变差。相反，如果氮元素供应过量，作物徒长，营养生长强于生殖生长，作物贪青晚熟，会导致叶片变得肥厚、植株柔嫩、茎秆柔软、易倒伏、易发生病虫害。

按照氮素形态，氮肥可分为铵态氮肥、硝态氮肥、酰胺态氮肥和缓效氮肥。

1. 铵态氮肥　铵态氮肥施入土壤后，易被土壤胶体吸附或固定，移动性较差，淋溶损失较小，肥效相对较长；在碱性和钙质土壤中易挥发；可转化为硝酸盐或被微生物转化为有机氮；一次大量施入可导致作物营养失调。

（1）硫酸铵。硫酸铵可做基肥、种肥和追肥，具有良好的溶解性，铵离子易被作物吸收利用和土壤吸附，长期大量使用易导致土壤酸化、板结。硫酸铵可施用于各种作物，但用于喜硫作物如葱、蒜、十字花科作物等，或用在缺硫土壤中可明显起到增产作用。

（2）碳酸氢铵。碳酸氢铵可做基肥、种肥和追肥，但不可与种子、茎、叶、根系等直接接触，并且施用浓度不宜过高，以免灼伤作物。碳酸氢铵可长期施用且不影响土质，但碳酸氢铵稳定性差、易挥发，不宜与草木灰、石灰等碱性肥料混用，以免氮素被分解损失，降低肥效。因此，施用碳酸氢铵后立即覆土或浇水，覆土深度 5～10cm，减少挥发损失。

（3）氯化铵。氯化铵可做基肥和追肥，性质与硫酸铵相似，长期施用易导致土壤酸化、板结。氯化铵不宜施用于薯类作物、烟草、果树及糖料作物。

2. 硝态氮肥　硝态氮肥施入土壤后不易被土壤胶体吸附或固定，移动性较大，易淋溶损失，肥效快；可被微生物还原为氨或反硝化成氮气；可促进钾、钙、镁等元素的吸收。

（1）硝酸铵。硝酸铵是我国农业生产中常用的硝态氮肥，可做基肥、种肥和追肥，具有良好的溶解性，铵离子和硝酸根离子均可被作物吸收利用，属于生理中性肥料。但硝酸根易被淋溶，导致肥料利用率降低和环境污染。因此，硝酸铵适用于旱地，不宜用于多雨时节和水田。

（2）硝酸钾。硝酸钾可做基肥、种肥和追肥，具有良好的溶解性。因含有氮和钾两种元素，属于复合肥料，是生理中性肥料。硝酸钾做基肥时不可与过磷酸钙、有机肥料混合施用，以免造成氮素损失。硝酸钾储存时避免堆放在易燃易爆物或热源附近，以防发生火灾或爆炸。

3. 酰胺态氮肥　酰胺态氮肥施入土壤，被土壤胶体吸附后，移动缓慢，淋溶损失小，肥效较铵态氮肥和硝态氮肥缓慢；作物易吸收；经水解可生成铵盐。

农业生产中常用的酰胺态氮肥为尿素。尿素适用于各种土壤和作物，可做基肥和追肥，因含有缩二脲，会降低种子发芽率，抑制幼苗根系生长，甚至导致烧苗、烧根等，所以不适合做种肥。尿素为有机态氮肥，被土壤中脲酶水解为碳酸铵或碳酸氢铵，被作物吸收利用，肥效相较于硝态氮肥和铵态氮肥缓慢。尿素表施，特别是表施在碱性土壤上，会导致氨挥发损失，因此施用时应深施覆土。尿素适合做叶面肥，喷施到作物上，可较长时间保持湿润，并且被作物吸收后立即参与生理活动，肥效快。

4. 缓效氮肥　缓效氮肥的显著特点是氮元素溶解度小，在作物生育期内缓慢逐步释放，供作物持续吸收利用，肥效稳定持久。

缓效氮肥主要包括缓释氮肥和控释氮肥；缓效氮肥在化学或生物作用下分解有机氮化合物供作物吸收利用；控释氮肥通过包裹不敏感材料使氮素缓慢释放，可分为包膜氮肥和有机微溶性氮肥。由于逐步释放氮素营养可减少养分损失，施用缓效氮肥可提高肥料利用率，减轻环境污染。缓效氮肥大量施用一般不会对作物造成损害，适合用于沙土、水田、多雨地区、花卉、果树等，是未来新型氮肥研发方向，但此类氮肥价格较其他种类氮肥偏高，限制了其在农业生产中的应用和推广。

（二）磷肥

磷肥是指以磷元素为主要养分的肥料。磷元素在作物体内含量为其干重的 $2\sim11g/kg$，主要以有机态磷形式存在，是作物体内磷脂、植素、核酸、蛋白质、磷酸腺苷和酶的重要组成部分，在作物生长前期促进幼苗和根系生长发育，在生长中后期加速碳水化合物代谢，促进种子、果实发育及籽粒饱满、成熟，参与作物光合磷酸化作用，促进碳水化合物合成、分解和转运，促进作物体内氮元素和脂肪代谢，增强作物抗寒、抗旱、抗病和抗倒伏能力。

磷元素在土壤中的存在形式可分为有机态磷和无机态磷。有机态磷主要来源于动植物残体和有机肥料，大部分须经过微生物作用转化为无机态磷才可以被作物吸收利用。无机态磷含量与成土母质有密切关系，一般占土壤全磷量的 $50\%\sim90\%$。无机态磷主要分为水溶性磷、固相磷酸盐、吸附态磷和蓄闭态磷。水溶性磷主要是指碱土金属低价磷酸盐和碱金属磷酸盐，可转化为枸溶性磷酸盐和难溶性磷酸盐，易被作物吸收利用。固相磷酸盐占土壤中无机态磷的绝大部分，主要有磷酸钙盐、磷酸铁盐、磷酸铝盐等。吸附态磷主要是指吸附在土壤黏土矿物、铁铝有机络合物、碳酸盐、铁铝氧化物等表面的磷元素。蓄闭态磷是指被铁、铝氧化物膜状物包裹的磷酸铁、磷酸铝，很难被作物吸收利用。

磷元素缺乏时，作物的症状较为复杂。在作物生长发育过程中，当磷元素供应不足时，症状表现较晚，植株生长发育缓慢、瘦弱、矮小，根系发育不良，分蘖减少，穗头变小，瘪粒增多，产品品质变差。磷元素缺乏初期，叶片小且生长缓慢，叶灰绿色或暗绿色，缺乏光泽。同时，由于糖代谢受阻，促使花青素产生，叶逐渐变为紫红色。磷元素缺乏严重时，一般从下部老叶开始，叶片干枯死亡并脱落，逐渐向上蔓延。小麦缺磷时，会延迟分蘖甚至不分蘖，抽穗晚，穗粒干瘪；油菜缺磷时，易脱荚，果实瘦小，出油率降低；马铃薯缺磷时，薯块变小且耐储性变差。磷元素供应过量时，作物呼吸作用变强，消耗过多养分，生长受阻，叶片变厚且密集，节间变短，生殖生长过早，作物早熟，产量降低。同时，磷肥过多可能引起缺锌、缺铁、缺锰、缺镁等症状。

磷肥可根据溶解性分为水溶性磷肥、弱酸溶性磷肥和难溶性磷肥。

1. 水溶性磷肥　水溶性磷肥中的磷酸盐可溶解于水，磷元素易被作物吸收利用，肥效快，适合大多数土壤和作物，包括过磷酸钙、重过磷酸钙、氨化过磷酸钙等。

（1）过磷酸钙。过磷酸钙具有吸湿性，易结块，与杂质反应会导致肥效变差，因此在储存过程中应注意防潮。由于过磷酸钙含有少量游离酸，因此呈酸性，具有腐蚀性。适用于各类土壤和作物，可做基肥、种肥和追肥，但更适合做基肥，施用时应避免与种子或根系直接接触，以防烧坏种子或幼苗。过磷酸钙与有机肥料混用，利于发挥肥效，减少有机肥料氮素损失。

（2）重过磷酸钙。重过磷酸钙可做基肥和追肥。施用方法与过磷酸钙相同，可改良碱性土壤。对喜硫作物，如十字花科作物、豆科作物和薯类作物，肥效不如过磷酸钙。

2. 弱酸溶性磷肥　弱酸溶性磷肥又称枸溶性磷肥，是指能够在2％柠檬酸或中性柠檬酸氨溶液中溶解的磷肥。弱酸溶性磷肥肥效较水溶性磷肥肥效慢，弱酸溶性磷肥包括钙镁磷肥、沉淀磷肥、偏磷酸钙、脱氟磷肥、钢渣磷肥等。

（1）钙镁磷肥。钙镁磷肥可做基肥、种肥和追肥，由于肥效缓慢，做基肥深施效果更佳。钙镁磷肥与有机肥混合或堆沤后施用，可减少磷元素的固定，提高肥效。

（2）沉淀磷肥。沉淀磷肥可做基肥、种肥、追肥。与钙镁磷肥施用方法相同。

3. 难溶性磷肥　难溶性磷肥中的磷酸盐只溶于强酸，肥效缓慢且稳定，属迟效性磷肥，包括磷矿粉、矿质鸟粪、骨粉等。

（1）磷矿粉。磷矿粉可做基肥，具有较长肥效，但由于肥效迟缓，不适合做种肥和追肥。磷矿粉可与有机肥料或生理酸性肥料混用，提高肥效。

（2）骨粉。骨粉宜做基肥，适合与有机肥料、生理酸性肥料混用或施用于酸性土壤，提高肥效。

（三）钾肥

钾肥是以钾元素为主要养分的肥料。钾元素在作物体内含量为其干重的$3\sim50g/kg$。钾元素可激活作物体内多种酶，调节细胞渗透压，调节气孔开闭，是维持细胞电中性的主要阳离子，促进糖类和脂类物质代谢，加快蛋白质合成，提高作物光合作用速率，加快光合产物转运，增强作物抗逆性，提高作物产量和提升农产品品质。

土壤中的钾可根据存在形态分为矿物态钾、非交换性钾、交换性钾和水溶性钾。矿物态钾主要存在于云母、长石等硅酸盐矿物中，是土壤钾的主要存在形态，但因其钾离子释放速度非常缓慢，所以作物难以吸收利用。非交换性钾是土壤中速效钾的直接来源和储备，含量和释放速度因不同土壤有所差异。交换性钾是土壤胶体表面吸附的钾离子，可被交换到土壤溶液中，供作物吸收利用，是作物吸收利用的主要来源。水溶性钾是土壤溶液中的钾离子，可被作物直接吸收利用，是影响土壤供钾能力强弱的主要因素。

当钾元素供应不足时，作物新陈代谢紊乱，细胞逐渐解体死亡。由于钾离子在作物体内移动性大，可被再次利用，因此缺钾症状先在下部老叶上表现出来，逐渐向上扩展。叶片叶缘发黄干枯，逐渐变褐色焦枯灼烧状，下部老叶表现得尤为明显，叶片卷曲皱缩或出现褐斑。缺钾严重时，叶片变为干枯状或红棕色，坏死脱落。缺钾症状一般较缺氮、缺磷症状出现得晚，基本上在作物生长中后期才较明显表现出来。不同作物缺钾症状也有一些差异。小麦、青稞等禾本科作物缺钾时，下部叶片有褐色斑点，叶尖和叶缘焦枯黄化；节间短，茎秆细弱，分蘖减少，抽穗不齐，成穗率低，籽粒干瘪。豆科作物和十字花科作物先是叶片脉间失绿变黄，呈现花斑叶，严重时叶缘焦枯卷曲，褐斑于脉间向内扩展，叶片表皮失水皱缩，逐渐焦枯脱落。当钾元素供应过量时，虽然不直接表现出症状，但由于拮抗作用，抑制钙、镁离子吸收，导致养分失衡，农作物产量和品质降低。

钾肥根据来源可分为工业钾肥和其他钾肥。

1. **工业钾肥**　工业钾肥指由工业化生产制备的钾肥，如硫酸钾、氯化钾、硝酸钾、磷酸钾、钾镁肥等。工业钾肥可做基肥或追肥。

（1）硫酸钾。硫酸钾可做基肥和追肥，做基肥时应注意施肥深度，做追肥时应早施且条施或穴施，集中施于作物根系附近。硫酸钾属于生理酸性肥料，钾含量高，水溶性好，适合用于马铃薯、大蒜、葡萄、西瓜等忌氯作物。

（2）氯化钾。氯化钾可做基肥和追肥，特别适用于棉花、麻类等生产纤维的作物，忌氯作物和在盐碱地上不宜施用。

2. **其他钾肥**　其他钾肥来源较多，但因成分差异较大，导致肥效存在差异，如草木灰、窑灰钾肥等。

草木灰是指作物残体燃烧后剩余的灰烬，来源广泛且成分复杂，除含钾外，还含有其他多种元素，如钙、镁、硫、硅等。草木灰可做基肥、追肥，应条施或穴施集中施用，不宜与铵态氮肥混用，以免氮素损失。

（四）配方肥

配方肥是指以土壤测试和田间试验为基础，根据作物需肥规律、土壤供肥性能和肥料效应，以各种单质化肥和（或）复合肥料为原料，采用掺混或造粒工艺制成的适用于特定区域、特定作物的肥料。

在青海省，配方肥种类主要有35%的小麦配方肥（纯氮16%、五氧化二磷14%、氧化钾5%）、35%的油菜配方肥（纯氮15%、五氧化二磷15%、氧化钾5%）、40%的马铃薯配方肥（纯氮16%、五氧化二磷14%、氧化钾10%）、35%的马铃薯配方肥（纯氮13%、五氧化二磷12%、氧化钾10%）、35%的青稞配方肥（纯氮17%、五氧化二磷13%、氧化钾5%）、35%的枸杞配方肥（纯氮20%、五氧化二磷10%、氧化钾5%）、35%的大蒜配方肥（纯氮8%、五氧化二磷15%、氧化钾12%）、45%的玉米配方肥（纯氮17%、五氧化二磷21%、氧化钾7%）。

（五）中量元素肥料

中量元素肥料主要指含有钙、镁、硫、硅等元素一种或一种以上的肥料。

中量元素水溶肥技术指标：固体产品的中量元素含量≥10.0%，水不溶物含量≤5.0%，pH（1∶250倍稀释）3.0～9.0，水分含量≤3.0%；液体产品的中量元素含量≥100g/L，水不溶物含量≤50g/L，pH（1 : 250 倍稀释）3.0～9.0。在中量元素水溶肥料中添加微量元素，其含量不低于 0.1%或 1g/L，不高于中量元素含量的 10%。

（六）微量元素肥料

农作物对微量元素需求量极小，但缺乏微量元素会影响作物正常生长发育。微量元素肥料是指含有氯、硼、铁、锰、锌、铜、钼等元素一种或一种以上的肥料。

微量元素水溶肥技术指标：固体产品的微量元素含量≥10.0%，水不溶物含量≤5.0%，pH（1 : 250 倍稀释）3.0～10.0，水分含量≤6.0%；液体产品的微量元素含量≥100g/L，水不溶物含量≤50g/L，pH（1 : 250 倍稀释）3.0～10.0。

二、有机肥料

有机肥料指主要来源于植物或动物、经过发酵腐熟后施入土地为植物提供营养的含碳有机物料。有机肥料含有丰富的营养元素和化合物，施入土壤后，可增加或更替土壤有机质，经微生物作用形成腐殖酸，有改善土壤理化性状、提高土壤生物活性、促进作物生长等作用，但施用量大，劳动强度大，宜使用施肥机械减轻劳动强度。根据有机肥料的来源可分为商品有机肥、堆沤肥、绿肥、杂肥等。

（一）商品有机肥

以畜禽粪污、动植物残体等为原料，经腐熟发酵后制成的有机肥料。发展商品有机肥可充分利用畜禽粪污资源，减少农业面源污染，改善土壤理化性状，培肥地力，改善农产品品质，实现"以农带牧，以牧促农"绿色循环农牧业。商品有机肥可做基肥和追肥，建议深施且秋施或早施。

商品有机肥技术指标：有机质含量（以烘干基计）≥30%，总养分的质量分数（以烘干基计）≥4%，水分的质量分数≤30%，pH 5.5～8.5，种子发芽指数≥70%，机械杂质的质量分数≤0.5%，粪大肠菌群数≤100 个/g，蛔虫卵死亡率≥95%。

（二）堆沤肥

以杂草、秸秆、落叶、粪尿等为主要原料，通过堆沤发酵制成的有机肥料。堆沤场地应具备防渗、防雨、排水等条件。

堆沤前将原料和辅料充分混合均匀，物料含水量 45%～65%，碳氮比（20～40）：1，pH 5.5～9.0。堆体温度应尽快超过 55℃，维持在 55～65℃，超过 65℃应进行翻堆、曝气、搅拌，以降低堆体温度。槽式堆肥时间不少于 7d，条垛式堆肥时间不少于 15d。质量要求可参照商品有机肥。

（三）绿肥

直接或间接用作肥料的绿色植物都称为绿肥。绿肥可增加或更替土壤有机质，转化和富集土壤养分，使养分保留在耕作层，增加土壤中氮元素含量，加快土壤熟化进度，改良中低产田，固土、固沙，减少水土流失。可做绿肥的植物有许多种，简要介绍以下几种。

1. 箭筈豌豆　一年生豆科植物，主根明显，根系发达，耐贫瘠，耐旱，适应性强，分布广泛。箭筈豌豆适合间、套、混作，进行刈割后直接翻埋土壤中。在青海省，主要在山地种植箭筈豌豆。

2. 苜蓿　一年生或多年生豆科植物，喜干燥气候，耐低温、盐碱。在青海省，主要种植紫花苜蓿，除可做绿肥外还可做饲草。

3. 油菜　一年生十字花科植物，落叶、落花和残留的根系均具有良好的肥田效果，可促进土壤中难溶性磷释放。油菜与箭筈豌豆混播的肥田效果更好。

（四）杂肥

杂肥是以动植物粪便、糟渣肥、泥炭、秸秆等为原料加工而成的肥料。由于杂肥是由多种原料混合而成的，成分复杂，含有氮、磷、钾 3 种营养元素和其他中微量元素。但肥效和营养成分含量方面不如来源相对单一的有机肥料，但也可改善土壤结构，提高土壤的保水保肥能力。杂肥施用与有机肥一样，可做基肥、追肥。

三、生物肥料

生物肥料指肥料中拥有一种或一种以上特定微生物通过生命活动，使农作物得到特定的肥料效应的制品。生物肥料具有活化土壤养分、促进作物生长、改善土壤理化性状、提高作物抗逆性等作用。

（一）生物有机肥

在以动植物残体为主要原料，经无害化处理、腐熟的有机肥料中添加具有特定功能的微生物复合而成的具有微生物肥料和有机肥料功能的肥料。生物有机肥中添加的微生物主要有枯草芽孢杆菌、胶冻样类芽孢杆菌、解淀粉芽孢杆菌、哈茨木霉菌、巨大芽孢杆菌、地衣芽孢杆菌等。

生物有机肥技术指标：有效活菌数≥0.2 亿/g，有机质含量（以烘干基计）≥40.0%，水分的质量分数≤30.0%，pH 5.5～8.5，粪大肠菌群数≤100 个/g，蛔虫卵死亡率≥95.0%，有效期≥6 个月。

（二）复合微生物肥料

复合微生物肥料是指由营养物质与具有特定功能的微生物复合制成，可提供、保持或改善植物营养状况，增加农作物产量或改善农产品品质的活体微生物产品。

复合微生物肥料技术指标：固体产品的有效活菌数≥0.2 亿/g，有机质含量（以烘干基计）≥20.0%，总养分的质量分数（以烘干基计）8.0%～25.0%，杂菌率≤30.0%，水分的质量分数≤30.0%，pH 5.5～8.5，粪大肠菌群数≤100 个/g，蛔虫卵死亡率≥95%，有效期≥6月；液体产品的有效活菌数≥0.50亿/mL，总养分的质量分数（以烘干基计）6.0%～20.0%，杂菌率≤15.0%，pH 5.5～8.5，粪大肠菌群数≤100个/mL，蛔虫卵死亡率≥95%，有效期≥3个月。复合微生物肥料中含有2种以上有效菌，每克/每毫升中每种有效菌数不少于0.01亿。

（三）农用微生物菌剂

农用微生物菌剂是指特定功能性有效菌经工业化生产扩繁后加工制成的活菌制剂。可直接或间接改良土壤，维持根据微生物区系平衡，降解有毒有害物质，促进作物生长发育，提高作物产量和品质。根据所含微生物功能或种类可分为有机物料腐熟剂、固氮菌菌剂、根瘤菌菌剂、解磷类微生物菌剂、光合细菌菌剂、硅酸盐微生物菌剂、菌根菌剂、促生菌剂、生物修复菌剂。

农用微生物菌剂技术指标：颗粒产品的有效活菌数≥1.0亿/g，霉菌杂菌数≤$3.0×10^6$个/g，杂菌率≤30.0%，水分的质量分数≤20.0%，细度≥80%，pH 5.5～8.5，粪大肠菌群数≤100个/g，蛔虫卵死亡率≥95%，保质期≥6个月；粉剂产品的有效活菌数≥2.0亿/g，霉菌杂菌数≤$3.0×10^6$个/g，杂菌率≤20.0%，水分的质量分数≤35.0%，细度≥80%，pH 5.5～8.5，粪大肠菌群数≤100个/g，蛔虫卵死亡率≥95%，保质期≥6个月；液体产品的有效活菌数≥2.0亿/mL，霉菌杂菌数≤$3.0×10^6$个/mL，杂菌率≤10.0%，pH 5.0～8.0，粪大肠菌群数≤100个/mL，蛔虫卵死亡率≥95%，保质期≥3个月。复合菌剂产品中，每克/每毫升中每种有效菌数不少于0.01亿，以单一的胶质芽孢杆菌制成的粉剂产品有效活菌数不少于1.2亿/g。

有机物料腐熟剂技术指标：颗粒产品的有效活菌数≥0.50亿/g，纤维素酶活性≥30.0U/g，蛋白酶活性≥15.0U/g，水分的质量分数≤20.0%，细度≥70%，pH 5.5～8.5，粪大肠菌群数≤100个/g，蛔虫卵死亡率≥95%，保质期≥6个月；粉剂产品的有效活菌数≥0.50亿/g，纤维素酶活性≥30.0U/g，蛋白酶活性≥15.0U/g，水分的质量分数≤35.0%，细度≥70%，pH 5.5～8.5，粪大肠菌群数≤100个/g，蛔虫卵死亡率≥95%，保质期≥6个月；液体产品的有效活菌数≥1.0亿/mL，纤维素酶活性≥30.0U/mL，蛋白酶活性≥15.0U/mL，pH 5.5～8.5，粪大肠菌群数≤100个/mL，蛔虫卵死亡率≥95%，保质期≥3月。

四、新型肥料

新型肥料区别于传统的常规肥料，主要体现在以下几点：一是提高功效或扩展功能，例如除提供营养外还具有防病、抑虫、增强抗逆性等功能，或者采用包裹其他材料、添加抑制剂等方式，提高肥料利用率；二是肥料形态发生变化，除常规的固体肥料外，可根据用途生产气体肥料、液体肥料、膏状肥料等不同形态的肥料，改善肥料使用效能；三是应用新型材料，添加肥料助剂、添加剂、增效剂等，使肥料高效化、稳定化、多样化；四是施用方式发生变化，针对不同作物、不同时期、不同栽培方式研发肥料，着重解决生产中某些问题；五是直接或间接为作物提供营养或改善农产品品质，如农用微生物菌剂、复合微生物肥料等。新型肥料发展趋势与农业绿色高质量发展趋势密切相关，新型肥料高效化、复合化、长效化、环保化，是未来肥料研发和应用方向。

（一）缓/控释肥料

缓/控释肥料指通过养分化学复合或物理作用，按照设定的释放速率和释放期调控养分释放速率的肥料。缓/控释肥料释放养分的规律以满足作物养分需求为目标，养分利用率较高。

1. 缓/控释肥料类型　市场上的缓/控释肥料种类多，可依据不同控释时间和养分配比分为多个种类，根据包膜材料和包膜方式，可大致分为聚合物包膜肥料、包裹型肥料和硫包衣肥料等。

（1）聚合物包膜肥料。聚合物包膜肥料是指在肥料颗粒表面裹覆高分子包膜材料。此类肥料通常采用两种生产工艺：一是喷雾涂层法，将高分子聚合物包膜材料用喷头雾化喷涂到肥料颗粒表面，形成包膜层；二是反应制膜法，在肥料颗粒表面喷涂反应单体，经反应后形成高分子聚合物包膜层。

（2）包裹型肥料。包裹型肥料是指将一种或多种肥料或营养物质包裹在另一种肥料或营养物质表面而形成的复合肥料，区别于聚合物包膜肥料。

（3）硫包衣肥料。硫包衣肥料用硫黄做包裹材料，在肥料表面包裹一层硫包衣，以控制养分缓慢释放，又提供硫元素。硫包衣尿素是最早实现工业化生产应用的硫包衣肥料。

2. 缓/控释肥料特点　缓/控释肥料可根据作物生长周期同步释放所需养分，基本满足作物生育期养分需求，减少肥料损耗，提高肥料利用率。缓/控释肥料具有养分缓慢稳定释放的特点，可减少施肥次数和施肥量，降低成本投入；包膜材料上，可根据不同目的选择不同材料，例如杀菌驱虫、改善土壤理化性状等。因此，选择缓/控释肥料时，应根据作物生育期长短、土壤特性、施用目的、养分含量等进行选择。

3. 缓/控释肥料施用技术　根据测土分析结果和作物需肥规律确定施肥量。由于缓/控释肥能减缓肥料中营养元素的释放速度，肥效稳定且持久，可以和速效肥配合做基肥一次性施用或前期追肥，与常规的施肥量相比可以减少用量 $10\%\sim20\%$。施用缓/控释肥料时，应避免与作物直接接触，施肥后立即覆土。肥料与作物之间的距离为 $7\sim10\mathrm{cm}$。

（二）尿素改性类肥料

尿素是含氮量最高的氮肥，可制成多种复合肥料。目前，尿素存在颗粒小、强度差、易结块等缺点。针对以上的问题，可对尿素进行有针对性的改性，可以提高肥料利用率。

1. **尿素改性类肥料类型** 尿素改性类肥料可分为大颗粒尿素、稳定性尿素、包膜尿素、微肥尿素等，根据不同尿素改性类肥料特性选择适合的施肥方法。

大颗粒尿素是在甲醛存在下二次缩合形成的颗粒较大的尿素产品，表面光滑，颗粒均匀，不易结块，更适合机械化施肥。稳定性尿素是指在尿素造粒过程中加入一定量脲酶抑制剂、硝化抑制剂或脲酶抑制剂与硝化抑制剂的组合，可减缓尿素的水解，抑制硝酸根的形成，使氮素养分在土壤中保持更长时间，提高有效性。包膜尿素指在尿素外表面包裹一层或多层渗透扩散阻滞层，以减缓或控制肥料养分溶出速度的一种肥料。

2. **尿素改性类肥料特点** 尿素改性类肥料由于采用包膜技术或添加抑制剂，肥效缓慢释放，肥效期长，是普通尿素的2倍；肥料利用率高，氮元素利用率较普通尿素提高10%；由于肥料利用率提高，可实现肥料减量增效，减少肥料用量15%；减少因施肥造成的环境污染；可采用机械化施肥或一次性施肥，减少人工和肥料投入。

3. **尿素改性类肥料科学施用技术** 对尿素改性类肥料不可采取表面撒施，应采取条施、穴施等方法。尿素改性类肥料由于肥效持久但养分释放速度慢，施用时，应与尿素、有机肥、磷钾肥、微量元素肥料等肥料配施。改性尿素也不适合做叶面肥、水溶肥。

（三）水溶肥料

水溶肥料是指用水稀释或溶解后用于灌溉施肥、无土栽培、叶面施肥、浸种蘸根等用途的液体或固体肥料。不仅营养元素比较全面，而且肥效快，施用后能在较短的时间内获得预期效果；可根据不同作物的需肥特点生产出不同类型的专用肥。

1. **水溶肥料类型** 水溶肥料种类众多，根据成分可分为大量元素水溶肥料、中量元素水溶肥料、微量元素水溶肥料、有机肥料水溶肥料、含氨基酸水溶肥料、含腐殖酸水溶肥、含硅水溶肥料等；根据作用功能可分为营养型水溶肥料、功能型水溶肥料、药肥型水溶肥料等。

2. **水溶肥料特点** 水溶肥料施用时先溶解，再进行二次稀释，这样不仅利于肥料施用均匀，作物容易吸收，提高肥料利用率，还可以防止烧苗。水溶肥料相较于普通肥料养分含量高，可水肥同步供应，节水节肥，但难以在土壤中长期存留，所以要严格控制用量，避免肥料流失。水溶肥料可随水冲施或水肥一体化施用，省时省工。

3. **水溶肥料施用技术** 水溶肥料多种多样，施用方法也灵活多变。可溶解或稀释后通过水肥一体化设备进行滴灌或喷灌，或者溶解、稀释后叶面喷施或浸种。施用叶面肥时，应注意防止因浓度过高而造成烧苗。施用水溶肥料时应选择早晨或傍晚无风的时候，避免与农药混用，防止与农药发生反应，降低肥效或产生药害。

（四）功能性肥料

功能性肥料是指除了具有为作物提供养分和培肥土壤以外的特殊功能的肥料，

适用于特定的土壤和作物，并且不以特殊功能为主要目的。

1. **功能性肥料类型**　功能性肥料按照功能进行分类，有改土型、保水型、促生型、除草型、杀虫型、灭菌型等。

2. **功能性肥料特点**　功能性肥料除为作物提供必要的养分外，还可根据其功能类型提高肥料利用率、改良土壤结构、提高作物抗逆性、防除或抑制杂草等，发挥肥料潜力，消除或减轻其他高产限制因素。

3. **功能性肥料施用技术**　施用功能性肥料时，应根据施肥目的、作物、土壤类型等选择适合的肥料，确定施肥量，合理施肥。

（五）微生物肥料

1. **微生物肥料类型**　微生物肥料种类众多，可以通过微生物活动提高土壤和环境中养分供应总量，改善作物营养状况，同时产生促进作物生长或提高作物抗逆性的物质，促进作物产量增加。根据微生物种类可分为五大类：细菌型肥料，如固氮菌肥、根瘤菌肥、解钾菌肥、解磷菌肥、光合菌肥；放线菌型肥料，如抗生菌；真菌型肥料，如内生菌根和外生菌根；藻类肥料，如固氮蓝藻菌；复合型微生物肥料，由两种及以上微生物按比例混合而成。

2. **微生物肥料特点**　微生物肥料可增加土壤中养分元素供应量，减少化肥使用量，提高肥料利用率，分泌大量多糖物质和激素类物质，促进土壤团粒结构形成和作物生长发育，增强作物抗病性，改善农产品品质。

3. **微生物肥料施用技术**　微生物肥料严禁与化肥、农药、杀虫剂等合用、混用。施用微生物肥料前，应了解微生物肥料的功能和使用条件，做到有针对性地选用。施用时集中施用，使微生物肥料集中在作物根系附近，改善植物的根系和根系生物、营养环境，保证小范围内有较高的微生物数量，利于微生物肥料与土壤土著菌竞争，实现定殖。穴施、条施优于撒施。施用生物有机肥并灌水，有助于提高微生物活性，加速繁殖，但应避免大水漫灌。

（六）叶面肥

1. **叶面肥类型**　叶面肥种类丰富，根据所含成分可分为大量元素叶面肥、中量元素叶面肥、微量元素叶面肥、含氨基酸叶面肥、含腐殖酸叶面肥、含有机质叶面肥等。

2. **叶面肥特点**　叶面肥喷施后，叶面直接吸收各种养分，短时间缓解作物缺肥症状，肥料用量少，养分利用率高，弥补根系营养不足的问题，环境污染小。

3. **叶面肥施用技术**　叶面肥一般在苗期、始花期或产量形成期等作物需肥关键时期喷施。叶面肥宜在无风阴天或者晴天早晨和傍晚喷施，避免中午或雨天施用。不同作物对肥料的需求不同，应科学把控叶面肥浓度，以免造成肥害或不能满足作物养分需求的情况。叶面肥喷施时的雾滴越细小、越均匀，喷施效果越好，喷施在作物生长旺盛的上半部叶片和叶背。由于叶面施肥的浓度一般都比较低，作物每次的吸收量也很少，因此喷施次数不宜过多，以避免施肥过量造成危害。

第二节　科学施肥

想要取得农作物高产，就要根据不同营养元素对作物的作用机理，结合作物需肥规律和肥料特性，适时适量精准施肥，才能达到减量增效的目的。

一、施肥原理

（一）养分归还学说

德国化学家李比希提出，作物在种植和收获过程中必然要带走土壤中大量养分，土壤养分会逐渐减少，土壤会变得贫瘠。为保持土壤肥力，必须将带走的养分用施肥的方式归还土壤。

（二）最小养分律

李比希在总结了前人研究成果的基础上提出，作物在生长发育过程中需要吸取各种养分，但决定作物产量水平的是土壤中有效含量最小的养分。在一定范围内，产量随最小养分含量的增减而升降，与其他养分无关。最小养分不是固定不变的，解决了某种最小养分之后，另外某种养分可能成为最小养分。

（三）限制因子律

英国布莱克曼提出，影响作物生长的因子中，除了养分以外，还有土壤、光照、温度、栽培技术等，这些都可成为作物生长发育的限制因子，当某一因子不足时，增加其他因子不能使作物生长增加，直到补足该因子时，作物才能继续生长。

（四）报酬递减律

从一定土地上所得的报酬，随着向该土地投入的劳动和资本量的增加而有所增加，但达到一定水平后，随着投入的单位劳动和资本量的增加，报酬的增加速度却在逐步降低。当施肥量超过适量时，作物产量与施肥量之间的关系就不再是曲线模式，而呈抛物线模式了，单位施肥量的增产量会呈递减趋势。

二、施肥原则

（一）高产、优质、高效相统一

不同作物或作物在不同的生育时期对营养元素的种类、数量及其比例都有不同的要求。施肥时应根据土壤类型、作物目标产量、生育时期、栽培方式与其他农业技术措施，选用适合的肥料，以生产出优质农产品。

（二）用地与养地相结合

为保证耕地持续稳定的生产能力，实现耕地可持续利用，需要用养结合。可通过增施有机肥、轮作休耕、合理施肥等措施实现用养结合，提升土壤的养分含量，为农作物的高产、稳产创造良好的基础条件。

（三）注重氮、磷、钾搭配

在农作物生长过程中，氮、磷、钾发挥着不可替代的作用。不同种类的农作物需要这 3 种元素的比例也不同。在农作物生长过程中，缺少其中任何一种元素，都会对农作物的生长产生影响，即使使用再多的其他肥料，也于事无补。科学合理地搭配使用这 3 种元素，不但能保证农作物的正常生长，而且可提高肥料利用率，降低生产成本。严格按照要求使用肥料，也可以减少农作物的生理性病害。

（四）适量补充中微量元素

作物对中微量元素的需求量很小，但合理施用中微量元素，可促进作物生长，改善农产品品质。当中微量元素缺乏时，作物生长发育会受到明显的影响，产量降低，品质下降；中微量元素过多会导致作物中毒，轻则影响产量和品质，严重时甚至危及人、畜健康。

（五）经济与环保相协调

施用肥料时，应根据作物种类、时节及肥料种类选用适合的肥料，精准施肥，提高肥料利用率，降低肥料投入，减少农业面源污染。

三、肥料施用注意事项

（一）了解土壤养分状况

施肥前，通过取土化验，分析土壤养分状况，确定土壤养分丰缺情况，结合目标产量和作物需肥规律，合理确定需要的肥料种类、用量、施用时期、施用方法等。

（二）使用适合的施肥方法

根据作物养分需求规律和土壤的特点，选择适合的施肥方法。在农业生产中，常用的施肥方式是基肥、种肥、追肥。基肥是在播种或定植前，提前施入土壤中的肥料，通常采用撒施、条施、穴施、机械施肥。种肥是指在播种或定植时，施于种苗附近供其生长所需的肥料，施用方法有拌种、蘸根、种肥同播、分层施肥等。追肥是指在作物生长期内为补充作物营养所施用的肥料，可根据作物生育期来施用，追肥方式主要有冲施、撒施、水肥一体化、叶面喷施等。

常见的施肥方法有机械深施、分层施肥、种肥同播、水肥一体化、叶面喷肥等。机械深施是指利用农业机械，在耕翻的同时，按照农艺要求，将一定数量的各类肥料深施于土壤表层以下，一般深度为 6～10cm。分层施肥是指在深耕深翻时，将缓效肥料施在土壤中，在播种或定植时，再将少量速效肥料施在土壤表层的施肥方法。种肥同播是指在播种过程中，将种子和肥料同时播入土壤中的施肥方法，种子与肥料应保持 5cm 左右的距离，以防止烧苗。水肥一体化是指根据作物需肥规律和土壤养分含量，利用压力系统，将可溶性肥料或液体肥料配制成肥液，与灌溉水一起通过管道定时定量均匀输送到作物根系附近，以满足作物养分需求。叶面喷肥是指利用无人机或其他设备将肥液喷洒到作物叶片上，也叫根外追肥，具有用量少、吸收快的优点。

（三）选择适合的肥料

根据作物生长时期、需求和肥料特性综合考虑，选择适合的肥料。了解各种肥料使用禁忌，如铵态氮化肥最好不要与碱性肥料混施，磷肥最好不要分散施用。

（四）合理确定施肥量

施肥量可直接影响作物生长发育，施肥过少不能完全满足作物生长发育的需求，影响作物正常生长，产量降低；施肥过多，导致养分过剩，造成浪费和环境污染，甚至产生烧苗现象。

四、肥料选购方法

（一）看清肥料包装

选购肥料前应仔细查看肥料包装。正规肥料包装字迹清晰，产品包装上应有标签、说明书，包装内应有产品质量检验合格证。标签和使用说明书应当标明产品名称、生产企业名称和地址，肥料登记证号、产品标准号、有效成分名称和含量、净重、生产日期及质量保证期、适用作物、适用区域、使用方法和注意事项等内容。

（二）看清肥料的养分含量

养分含量指肥料中供给作物所需要的氮、磷、钾或中微量元素含量总和。尿素的养分含量一般标注总氮含量，磷酸二铵一般标注总养分含量，钾肥一般标注氧化钾含量，而复合肥一般标注氮、磷、钾分别的含量以及总养分的含量。使用者购买肥料时，尽量购买氮、磷、钾总养分含量在 40％以上的肥料，不但可以提高肥料利用率，满足作物生长发育需求，还可以减少肥料施用量，避免因施用过量对土壤造成污染。

（三）分清"养分的形态"

不同肥料中养分的状态不是完全相同的，养分的状态会直接影响作物长势和肥效。目前，氮广泛使用的形态有 3 种：酰胺态氮，常见的是尿素；铵态氮，常见的是硫酸铵；硝态氮，但硝态氮在生产绿色无公害食品时要谨慎使用。

（四）通过正规渠道购买肥料

要到有经营资格的正规农资经销店购买肥料，购买正规企业生产的肥料，确保肥料质量，不要购买流动性兜售或无经营资质商店销售的肥料。购买后索要发票或相关凭证，以备肥料出现问题，可作为维权证据。

第三章 农药基础知识

第一节 农药的种类和特性

一、生物农药

(一) 生物农药的概念

生物农药 (biopesticides)，包含活体微生物（病毒、细菌、真菌）、昆虫致病线虫、植物源农药、微生物源农药、微生物次生代谢产物（抗生素）、昆虫信息素以及用于表达抗虫、抗病、抗病毒、耐除草剂等农药活性的基因和昆虫天敌。生物农药的优点是对环境安全和对人类健康威胁小，在整个农药市场中的份额逐年上升。

(二) 生物农药的特点

与化学农药相比，生物农药具有以下 4 个特点。

第一，生物农药中的活体生物（包括微生物）、信息素等对靶标有明显的选择性，乃至专一性，因而对哺乳动物的毒性较低，对人、畜较安全。

第二，大多数生物农药防治谱较窄，特别是活体微生物及昆虫信息素对靶标有明显的选择性，有时甚至表现为专一性。

第三，生物农药中的活体生物（微生物、天敌昆虫等）本身就是自然环境中生存的生物体。这些生物体死亡后很快就被其他微生物分解，不易对环境产生不利影响。植物提取物、抗生素则是植物和微生物的次生代谢产物，亦是天然产物，在自然界参与能量和物质的循环，在环境中容易通过光解、水解、酶解等途径降解，对环境压力小，对非靶标生物比较安全。

第四，与传统化学农药作用的速效性相比，大多数生物农药，尤其是活体微生物及某些植物提取物和抗生素，对靶标生物作用缓慢。

(三) 生物农药的类型

1. **植物源农药** 植物源农药是指利用植物的某些部位（根、茎、叶、花或果实）所含的稳定的有效成分，按一定方法对受体植物使用后，使其免遭或减轻病、虫、杂草等有害生物危害的植物源制剂，又称植物性农药，包括从植物中提取的活性成分、植物本身和按活性结构合成的化合物及衍生物。其类别有植物毒素、植物内源激素、植物源昆虫激素、拒食剂、引诱剂、驱避剂、绝育剂、增效剂、植物防卫素、异株克生物质等。按有效成分、化学结构及用途分类，包括生物碱、萜烯类、黄酮类、精油类、光活化毒素。

2. **微生物源农药**　微生物源农药是指通过微生物发酵工业大规模生产的农药，包括利用微生物代谢物制成的农药，这些代谢物本质上是微生物进行生物合成的化学物质，与化学合成农药在结构上相似，但生产过程利用了微生物的作用。例如，阿维菌素是一种高效的杀虫剂，是由特定的微生物发酵产生的，具有与化学合成农药相似的效力，但生产过程中有微生物的参与。这类农药具有对植物无药害、对环境友善等优点。

3. **昆虫信息素**　昆虫信息素是指由昆虫个体的特殊腺体分泌到体外，能影响同种或异种其他个体行为、发育和生殖的微量的挥发性化学物质。信息素分为种内信息素（外激素）和种间信息素（他感作用物质），前者包括性外激素、标迹外激素、报警外激素和群集外激素，后者包括利它素、利己素、协同素等。昆虫对这些物质的感受形式可以分为嗅觉（空中传播）、味觉（接触感受）等。

4. **微生物农药**　微生物农药是指利用微生物及其基因产生或表达的各种生物活性成分，制备出的用以防治植物病虫草害以及调节植物生长的制剂的总称，包括使用活体微生物制成的制剂，如苏云金杆菌、白僵菌等，这些微生物在自然界中天然存在，可以通过生物防治措施来控制害虫和其他有害生物。微生物农药的使用，本质上是一种生物防治措施，而不是通过化学手段。按照用途，微生物农药可分为微生物杀虫剂、微生物除草剂、微生物生长调节剂、微生物杀菌剂、微生物生态制剂等。这类农药一般也具有对植物无药害、对环境友善等优点。

5. **天敌昆虫**　用于害虫控制的捕食性天敌昆虫主要有蜻蜓目、螳螂目、半翅目、蛇蛉目、脉翅目、鞘翅目、革翅目、双翅目，部分螨类等类群也可作为害虫的天敌。捕食性天敌昆虫大多以捕食对象的体液为食，如半翅目和脉翅目昆虫，一些捕食螨也有此类作用。另一些则不仅取食害虫的体液，也取食害虫的其他身体组织，如鞘翅目昆虫等。

寄生性天敌昆虫中以膜翅目所包含的种类最为丰富，对害虫的控制效果也比较明显。其中，赤眼蜂科、姬蜂科、茧蜂科、蚜茧蜂科、蚜小蜂科、跳小蜂科、金小蜂科、肿腿蜂科、长尾小蜂科和旋小蜂科等科中的多数种类均为寄生性。常见的寄生性天敌昆虫还包括以下种类，如双翅目寄蝇科的许多种类是鳞翅目害虫的天敌，麻蝇科和头蝇科的一些种类对害虫也有一定的控制作用；捻翅目昆虫是叶蝉类害虫的常见寄生性天敌；鞘翅目坚甲科昆虫是一些天牛幼虫的体外寄生性天敌等。

6. **转基因植物**　主要指表达农药活性的转基因植物。转基因植物是拥有来自其他物种基因的植物，该基因的变化过程可以来自不同物种之间的杂交，但现在更多的是特指那些在实验室里通过重组 DNA 技术，人工插入其他物种基因以创造出拥有抗虫、抗病和抗逆新特性的植物。

二、化学农药

（一）化学农药的种类及特点

化学农药是植物保护上使用的化学药剂的总称，是指用于预防、消灭或者控制危害农业和林业的病、虫、杂草及其他有害生物，有目的地调节植物、昆虫生长的化学合成或者来源于生物或其他天然物质的一种物质或者几种物质的混合物及其制剂。广义的农药包括用于有害生物防治的化学农药和生物农药及作物的生长调节剂，通常根据不同的特征进行分类，并在商品化时进行相应的标识。常用的分类特征有毒性、防治对象和作用方式、组成和物理状态、剂型和使用方法、选择性和稳定性等。

根据农药防治的有害生物种类，可分为杀虫剂、杀菌剂、除草剂、杀鼠剂、植物生长调节剂等不同类型。

1. 杀虫剂 杀虫剂是指用于防治农业、林业害虫和病媒害虫的农药，广义的杀虫剂还包括杀螨剂和杀软体动物剂，是一类能够杀死有害昆虫、害螨、蜗牛、蛞蝓等或阻止其危害的农药。其商品包装上农药标签底部的标识带为红色。

杀虫剂类型，按其化学成分，可分为无机杀虫剂和有机杀虫剂。无机杀虫剂，如砷酸钙、砷酸铝、亚砷酸、氟化钠等，由于其残留毒性高、防效较低，目前已较少使用。有机杀虫剂按其来源又分为天然有机杀虫剂和人工合成的有机杀虫剂。天然有机杀虫剂包括植物性（鱼藤酮、除虫菊、烟草等）和矿物性（矿物油等）两类。人工合成的有机杀虫剂种类繁多，按其化学成分可以分为有机氯类、有机磷类、氨基甲酸酯类、拟除虫菊酯类、沙蚕毒素类、有机氮类等。

2. 杀菌剂 杀菌剂是指用于防治植物病害的农药，包括杀真菌剂、杀细菌剂、杀病毒剂和杀线虫剂，是一类能够杀死病原生物，抑制其侵染、生长和繁殖，或是提高植物抗病性的农药。其商品包装上农药标签底部的标识带为黑色。

杀菌剂类型一般按其化学成分分为无机杀菌剂（铜制剂、硫制剂等）和有机杀菌剂（有机硫杀菌剂、有机砷杀菌剂、有机磷杀菌剂、取代苯类杀菌剂、有机杂环类杀菌剂、抗生素类杀菌剂等）；按其使用方式分为土壤处理剂、种子处理剂和叶面喷洒剂；按其作用方式分为保护性杀菌剂、治疗性杀菌剂、铲除性杀菌剂、抗病激活剂等。

3. 除草剂 除草剂是指用来毒杀和消灭农田杂草和非耕地植物的一类农药。其商品包装上农药标签底部的标识带为绿色。

除草剂类型按其有效成分的化学结构分为无机除草剂和有机除草制（苯氧羧酸类、二苯醚类、酰胺类、均三氮苯类、取代脲类、苯甲酸类、二硝基苯胺类、氨基甲酸酯类、有机磷类、磺酰脲类、杂环类等）；按其对植物作用的性质分为选择性除草剂和灭生性除草剂；按其在植物体内的输导性分为内吸传导型除草剂和触杀型除草剂；按其使用方法分为土壤处理和茎叶处理剂。

4. 杀鼠剂 杀鼠剂是指用于防治有害啮齿动物的农药，其商品包装上农药标签底部的标识带为蓝色。杀鼠剂大都属于胃毒剂，主要采用毒饵施药。一般将杀鼠剂分为无机杀鼠剂、抗凝血类杀鼠剂、植物类杀鼠剂和其他杀鼠剂；按其作用速度可以分为急性杀鼠剂和慢性杀鼠剂两大类。

5. 植物生长调节剂 植物生长调节剂是一类能够调控植物生长发育的农药，其标签特征标识带为深黄色。按作用方式，可以分为生长促进剂和生长抑制剂。生长促进剂可以促进植物细胞分裂、伸长和分化，打破植物休眠，促进开花，延缓衰老和器官脱落，提高坐果率，促进果实膨大，增加收获量等。生长抑制剂有几种不同类型，其中生长素传导抑制剂抑制顶端优势，促进侧枝侧芽生长；生长延缓剂抑制茎尖分生组织活动，延缓生长；生长抑制剂破坏茎尖分生组织，抑制芽的生长；乙烯释放剂抑制细胞伸长生长，促进果实成熟、衰老和营养器官脱落；脱落酸促进植物的叶和果实脱落。

（二）化学农药的剂型

化学农药剂型种类很多，包括干制剂、液制剂和其他制剂，分为供加水稀释使用的浓缩剂型、供加有机溶剂稀释使用的浓缩剂型、直接使用（不稀释）的剂型和专供种子处理和特殊用途的剂型。

1. 乳油 乳油是指农药原药用溶剂溶解后，加入适当的乳化剂混合，制成的均相透明油状液体制剂。乳油加水稀释，可自行乳化，分散成相对稳定的乳状液。这类剂型的制剂有效成分含量高，储存稳定性好，使用方便，防治效果好。但由于乳油中含有相当量的易燃有机溶剂，如管理不严易发生事故，使用不当易发生药害。此外，乳油产品的包装价格较贵，乳油中的有机溶剂在大量喷施时也会造成环境污染。

2. 粉剂 粉剂是指农药原药、填料和少量助剂经混合，粉碎至一定细度后制成的粉状制剂。粉剂的质量指标有：有效成分含量、粉粒细度、分散性等。粉剂有效成分含量一般在10%以下。粉粒细度上要求，95%粉剂能通过200目筛，粉粒直径一般在30μm以下。粉剂具有使用方便，药粒细、能较均匀分布，撒布效率高、节省劳动力、加工费用低等优点，特别适用于供水困难地区和防治暴发性病虫害。但粉剂用量大，有效成分分布的均匀性和药效的发挥不如液态制剂，而且飘移污染严重，目前这类剂型的制剂在使用上受到很大限制。

3. 可湿性粉剂 可湿性粉剂是指原药、填料、表面活性剂和辅助剂混合，并粉碎至一定细度而制成的可被水湿润而悬浮在水中成为悬浮液的粉状制剂，主要供喷雾使用。可湿性粉剂是一种农药有效成分含量较高的干制剂，但对粉粒细度、悬浮性和湿润性要求较高。形态上类似于粉剂，使用方法上类似于乳油，在某种程度上克服了这两种剂型的缺点。

4. 粒剂 粒剂是指用农药原药、辅助剂和载体制成的松散颗粒状制剂，一般按其颗粒大小分为颗粒直径在1 700μm以上的大粒剂、300～1 700μm的颗粒剂和小于300μm的细粒剂或微粒剂。施用粒剂可以避免撒布时微粉飞扬、污染周围环境，同时减少操作人员吸入微粉造成人身中毒的风险；制成粒剂还可以使高毒农药低毒化，并能控制有效成分的释放速度；粒剂撒施方便，方向性强，可以使药剂到达所需要的部位；粒剂一般不黏附于植物的茎叶上，可以避免造成植物药害或对茎叶过多的污染。但解体性粒剂在储运过程中易破碎，从而失去粒剂的特点；此外，粒剂有效成分含量低，用量较大，储运不方便。

5. 可溶性粉剂　可溶性粉剂又称水溶性粉剂，是将水溶性农药原药、填料和适量的助剂混合制成的可溶解于水中的粉状制剂，有效成分含量多在50%以上，供加水稀释后使用。这种剂型的制剂具有使用方便、分解损失小、包装经济、储运安全、无有机溶剂等优点。

6. 悬浮剂　悬浮剂俗称胶悬剂，是指将不溶于水的固体或不混溶的液体原药、辅助剂，在水或油中经湿法超微粉碎后制成的分散体，是一种具有流动性的糊状制剂，使用前用水稀释，形成稳定的悬浮液。悬浮剂兼有可湿性粉剂和乳油的优点，为不溶于水和有机溶剂的农药提供了广阔的开发应用前景。

7. 缓释剂　缓释剂是利用控制释放技术，通过物理化学方法，将农药储存于其加工品之中，制成可使有效成分控制释放的制剂。控制释放包括缓慢释放、持续释放和定时释放，但农药制剂的释放方式通常为缓慢释放，故称为缓释剂。缓释剂可以减少农药的分解以及挥发流失，使农药持效期延长，减少农药施用次数，还可以降低农药毒性。液体农药固形化，便于包装、储运和使用，减少飘移对环境的污染。

8. 超低量喷雾剂　超低量喷雾剂一般指农药有效成分含量20%～50%的油剂，有的制剂中需要加入少量助溶剂或化学稳定剂等。超低量喷雾剂无需稀释，可以直接喷洒，因此需要选择高效、低毒、低残留、相溶性好、挥发性低、比重大、黏度小、闪点高的原药和溶剂，以保证药效和使用安全，减少环境污染。

9. 种衣剂　种衣剂泛指用于种子包衣的各种制剂。用种衣剂处理种子后，种子表面形成具有一定包覆强度的保护层，用以防治有害生物、提供营养、调节种子周围小环境、调节作物生长和种子形状以便于播种操作等。种衣剂直接用于作物种子处理，由于黏合剂对农药的固定和缓释作用，因而具有高效、经济、安全及持效期长的特点。

10. 烟剂　烟剂又称烟雾剂，是指用农药原药和定量的助燃剂、氧化剂、发烟剂等均匀混合配制成的粉状制剂，点燃时药剂受热气化在空气中凝结成固体微粒。烟剂颗粒细小，扩散性好，能深入到极小的空隙中，充分发挥药效。但受风和气流的影响较大，一般只适用于森林、仓库和温室大棚里的有害生物防治。在喷烟机械发展的基础上开发出来的热雾剂，与烟雾剂具有相似的特点。

第二节　科学用药

一、农药施用原则

（一）正确掌握施药适期

1. 害虫　害虫盛发期包括卵孵盛期、幼虫/若虫盛发期和成虫盛发期。要根据害虫的生活习性，在最易杀伤害虫并能有效控制危害阶段进行施药。如大部分幼虫在3龄前虫体小、食量小、危害轻、活动范围小，抗药力弱，此时施药，可以达到很好的防治效果。食叶害虫和刺吸式口器害虫应在低龄幼虫/若虫盛发期防治；钻蛀性害虫应在卵孵盛期防治。

2. 病害 农作物易感病的生育期即是防治适宜时期。

3. 杂草 在杂草敏感期施用除草剂。以种子繁殖的杂草，幼芽或幼苗期是防治适期。使用广谱灭生性除草剂时，最好在杂草盛发初期施药。

4. 害鼠 毒饵的投放宜掌握在鼠类断食阶段和大量繁殖前，因而春季灭鼠效果最好。

（二）对症施药

要准确识别病虫害的种类，确定重点防治对象，并根据发生期、发生程度选择合适的农药品种和剂型。如防治病害，要掌握先保护后治疗的原则，在病害发生前施用防护剂；病害发生后，在最佳施药时期施用治疗剂。

（三）合理用药

应在有效浓度范围内，尽量使用低浓度药品进行防治，避免盲目提高药量、浓度和施药次数，过量施用极易造成药害。防治次数要根据药剂的残效期和病虫害的发生程度来定，避免定期普遍施药。避免配药时不称不量、随手倒药的不合理做法。

（四）适法施药

对于不同的农药剂型，应采用不同的施药方法。如乳油、可湿性粉剂、水剂等，以喷雾为主；颗粒剂，以撒施或深层施药为主；粉剂，以撒毒土法为主；内吸性强的药剂，可采用喷雾、泼浇、撒毒土法等；触杀性药剂，以喷雾为主。针对不同作用机制的农药，应采取不同的施药方法，以达到最高防效为目的。

根据病害的发生部位、害虫的活动规律以及农药的剂型，选择不同的施药方法和施药时间。危害上部叶片的病虫，以喷雾为主；钻蛀性或危害作物基部的害虫，以撒毒土法或泼浇为主；夜出为害的害虫，以傍晚施药效果较好。

（五）合理轮换和混用农药

轮换使用性能相似而品种不同的农药，以提高农药的防治效果。农药的合理混用不但可以提高防效，而且还可扩大防治对象，延缓病虫产生抗药性。

农药混用时，必须注意以下4点：一是遇碱性物质分解、失效的农药，不能与碱性农药、肥料或碱性物质混用；二是混合后会产生化学反应，以致引起植物药害的农药或肥料，不能相互混用；三是混合后出现乳剂破坏现象的农药剂型或肥料，不能相互混用；四是混合后产生絮状物或大量沉淀的农药剂型，不能相互混用。

(六) 注意人畜安全

在使用农药时，要严格遵守安全使用规程，施药期间要穿戴好相应的防护用品，不能进食、饮水和吸烟，防止中毒事故，同时要注意农药残毒问题。

二、农药施用注意事项

施用农药时会受到天气以及环境因素影响，使施用农药的效果达不到预期。不同天气、不同环境下，施用农药的注意事项也不相同。阴雨天施用农药时，农药很容易被雨水冲刷掉，或者雨水稀释农药，达不到预期的效果，农药流入土壤里面还可能会造成环境污染。高温炎热天气施用农药，农药容易挥发，分解，影响农药效果，甚至还可能引起施药人员的中毒。施药气温一般适合在 20～30℃。

禁止直接喷撒可湿性粉剂农药。可湿性粉剂是在原药中加入一定量的湿润剂和填充料，经机械碾磨或气流粉碎制成的粉状物，与一般粉剂相比，有效成分含量高，流动性差。因此，可湿性粉剂只能供溶水后配成悬浮液使用，禁止作为粉剂直接喷撒。

禁止使用颗粒剂农药时浸水喷雾。颗粒剂具有很强的专用性、特效性和投放的目标性，主要用于地面及地下施药，防治杂草或害虫，禁止浸水喷雾。另外，生产颗粒剂的原药多属高毒农药，经过粒化处理后毒性降低，可以增加使用时的安全性；浸水喷雾会使原药毒性复归，容易引起施药人员中毒。

药剂拌种时要在通风良好的场所进行，远离水源、居所、畜牧栏等场所。禁止使用配置农药的器具直接取水。农药配置时现用现配。

施药结束后未用完的药液，应妥善处理，严禁倒入沟渠、水库等。严禁将农药空瓶、空袋等农药包装废弃物直接丢弃在河流、沟边、渠旁。这些随意乱扔的农药空包装会污染土壤、空气和水体，下雨后会形成径流污染，使水环境恶化，对人类和环境造成极大危害。

三、选择农药品种的原则

在植株生长的某一个阶段，仅有一两种病虫害是需要防治的主要种类，其他种类在防治主要病虫害时可以兼治。在喷药以前，要确定以哪一种为防治对象，是病害就使用杀菌剂，是虫害就使用杀虫剂，是害螨就使用杀螨剂，是杂草就使用除草剂。

(一) 根据病虫危害特性选择农药

每一种病、虫都有其危害特性，有的病虫仅危害叶片，有的病虫仅危害果实，有的病虫既危害叶片，也危害果实；有的害虫营钻蛀性生活，一生中仅有部分发育阶段暴露在外面等。了解病虫的危害特性，有助于选择到合适的农药品种。例如，防治危害叶片的咀嚼式口器害虫，要选择胃毒剂或触杀剂；防治刺吸式口器害虫

（如蚜虫、黑刺粉虱和介壳虫等），要选择内吸性强的杀虫剂；防治蛀干害虫（如天牛、吉丁虫），要选择熏蒸作用强的杀虫剂。

（二）根据病虫害发生规律选择农药

根据病虫害的发生规律选择农药品种，在防治上可以做到有的放矢。例如，多种病害在发病以前都有一个初侵染期，如果在这个时期喷药，就要选择具有保护作用的杀菌剂。当病菌一旦侵入寄主以后，必须用内吸性杀菌剂。有些病害具有侵染时期长和潜伏侵染的特性（如树脂病和溃疡病），在防治时既要考虑防治已经侵入寄主的病菌，又要考虑防止新病菌的侵染，因此，需要选择既有治疗作用、又有保护作用的杀菌剂。

（三）根据病虫的生物学特性选择农药

每种病、虫都有其自身的生物学特性，了解这些特性是开展病虫害防治的基础。例如，防治在土壤中越冬的大果实蝇、花蕾蛆、吉丁虫等害虫时，在春季害虫出土期于地面喷药，应选择触杀性强的杀虫剂；而在成虫产卵期往树上喷药，选择既有触杀作用、又有胃毒作用的杀虫剂。防治蛀干害虫，在防治蛀入枝干内的幼虫时，要用熏蒸剂，并施药于蛀道内；防治成虫或卵时，要用触杀剂喷雾于树干上。

（四）根据农药的特性选择农药

各种农药都有一定的适用范围和适用时期。有些农药品种对气温的反应比较敏感，在气温较低的情况下效果不好，而在气温高时药效才能充分发挥出来，如快螨特，在夏季使用的防治效果明显高于春季。有的农药对害虫的某一发育阶段有效，而对其他发育阶段防治效果较差，如噻螨酮，对害螨的卵防治效果很好，对活动态螨防治效果很差；灭幼脲等昆虫生长调节剂类杀虫剂，只有在低龄幼虫期使用，才能表现出良好的防治效果。

第四章　粮油作物化肥减量增效技术

第一节　小麦化肥减量增效技术

一、需肥特点

小麦需肥期主要在分蘖期、拔节期和灌浆期。小麦在营养生长向生殖生长过渡时期对氮营养的需求最大，分蘖期吸收的氮量为全生育期氮吸收总量的20.80%，拔节期为33.27%，灌浆期为25.56%（表4-1）。分蘖期、拔节期追施氮肥，可促进营养生长，增加产量。小麦在拔节期需磷、钾养分也较多，分别占全生育期磷、钾吸收总量的40.68%和41.24%，其次为分蘖期。

表4-1　小麦不同生育期吸收氮、磷、钾数量和比例

小麦生育期	氮		磷		钾		氮：磷：钾
	吸收量/(kg/hm²)	占总量/%	吸收量/(kg/hm²)	占总量/%	吸收量/(kg/hm²)	占总量/%	
苗期	11.04	3.92	1.29	3.05	9.49	3.48	1：0.12：0.86
分蘖期	58.62	20.80	8.47	20.01	62.35	22.86	1：0.14：1.06
拔节期	93.78	33.27	17.22	40.68	112.49	41.24	1：0.18：1.20
抽穗期	44.00	15.61	6.08	14.36	29.91	10.97	1：0.14：0.68
灌浆期	72.06	25.56	8.47	20.01	51.84	19.01	1：0.12：0.72
成熟期	2.37	0.84	0.80	1.89	6.67	2.44	1：0.34：2.81
合计	281.87	100.00	42.33	100.00	272.75	100.00	1：0.15：0.97

小麦对氮、磷、钾的总吸收比例为1：0.15：0.97；氮、磷、钾吸收量比例在各生育阶段稍有不同，小麦苗期氮、磷、钾吸收比为1：0.12：0.86，吸收氮多、钾少、磷更少；分蘖期至拔节期，吸收磷、钾的比例明显增加。小麦在抽穗期对氮、磷、钾需求较小，在灌浆期的营养需求明显高于抽穗期。成熟期基本不用追肥。

二、推荐施肥量及施肥模式

（一）有机肥全替代化肥模式

一般每亩施商品有机肥200～300kg做基肥，或者选择充分腐熟的农家肥，每亩施 1 200～1 800kg。有机叶面肥在开花后到乳熟初喷施 1～2 次。

（二）部分替代模式

基肥占施肥总量的 60％～70％为宜，基肥应以有机肥为主，适量添加氮肥、磷肥、钾肥等化学肥料。每亩施商品有机肥 100～150kg（或农家肥 600～900kg），配施配方肥（氮、磷、钾质量比为 15∶15∶5）20～25kg。拔节期用 99％磷酸二氢钾 50～70g＋尿素 50g，兑水 20kg 均匀喷雾；也可根外追肥，以氮肥为主，结合降水每亩追施尿素 7.5～10kg。拔节期合理追肥，可促进分蘖，提高亩穗数。孕穗期用 99％磷酸二氢钾 70g＋10％氨基酸微量元素水溶肥 50mL，兑水 20kg 均匀喷雾，可促进幼穗分化，形成更多的籽粒。抽穗期用 99％磷酸二氢钾 100g＋10％氨基酸微量元素水溶肥 50mL，兑水 20kg 均匀喷雾，可提高授粉率，增加结籽数。灌浆期用 99％磷酸二氢钾 100g，兑水 20kg 均匀喷雾，可防止植株早衰，增加千粒重。

三、配套技术

（一）播前准备

土壤耕层深厚、松软肥沃、结构良好是争取小麦高产、稳产的重要基础。一般要求耕深 20～25cm。深耕可增强土壤保肥、保水能力，改善土壤理化性状，促进根系生长，同时还能减轻土壤病、虫、草危害。

小麦连作易造成养分供应受到限制，并且容易造成杂草及病虫害发生与蔓延，从而严重影响小麦的正常生长发育。因此，小麦不宜连作，必须进行轮作倒茬，豆类、马铃薯、油菜、蔬菜等均可为前茬作物。

（二）选用优良品种

选用优良品种是一项经济有效的增产措施，一般可增产 20％～40％。应提高种子质量，选用籽粒饱满，纯度、净度、发芽率均高且无虫害的种子。同时要注意良种与良法相配套。

（三）适时早播

小麦适时早播可增产 14％～17％。适时早播的优点是出苗率高，初生根发育好、入土深、根系吸水能力强，分蘖成穗率高，有利于形成大穗，获得高产。一般日平均气温稳定通过 0℃，5cm 土壤温度达 3℃时为小麦的适宜播种期。青海省川水地区在 2 月下旬至 3 月中旬，浅山地区在 3 月中下旬，脑山地区在 3 月下旬至 4 月上旬播种为宜。播深 3～5cm。

（四）合理密植

小麦播种实行分层施肥条播，其优点是施肥集中，肥料损失少，植株容易吸收，田间通风透光性好，又便于中耕除草、追肥、病虫害防治等田间作业。山旱地可采用沟播技术。种植密度根据以田定产、以产定穗、以穗定苗、以苗定籽的原则确定，一般川水地区亩播种 16～17.5kg，亩保苗 28 万～32 万株；浅、脑山地区亩播种 20～23kg，亩保苗 32 万～40 万株。

（五）适时收获

小茎秆呈杏黄色、穗下节淡绿色、籽粒变硬，即可收获。

第二节　青稞化肥减量增效技术

一、需肥特点

青稞生育期短，前期对营养物质需求极为敏感，故基肥要足，追肥要早。青稞苗期对氮、磷、钾的吸收量分别为氮、磷、钾总吸收量的 7.73％、4.5％、6.13％（表 4-2）。分蘖期、孕穗期是青稞植株生长发育的最旺盛期，对养分的需求也处于高峰期；拔节期是决定青稞产量的关键期，也是吸收养分的高峰期，对氮、磷、钾的吸收量为氮、磷、钾总吸收量的 45.65％、32.53％和 38.55％。拔节期增施肥料能够有效促进穗分化，增加粒数。孕穗期，对氮的需求下降，而对磷、钾的需求增加。

表 4-2　青稞不同生育期吸收氮、磷、钾数量和比例

青稞生育期	氮		磷		钾		氮：磷：钾
	吸收量/(kg/hm²)	占总量/%	吸收量/(kg/hm²)	占总量/%	吸收量/(kg/hm²)	占总量/%	
苗期	15.46	7.73	2.35	4.50	12.15	6.13	1：0.15：0.79
分蘖期	47.65	23.84	7.65	14.66	45.78	23.09	1：0.16：0.96
拔节期	91.24	45.65	16.98	32.53	76.45	38.55	1：0.19：0.84
孕穗期	38.87	19.45	22.65	43.40	58.98	29.74	1：0.58：1.52
成熟期	6.66	3.33	2.56	4.91	4.94	2.49	1：0.38：0.74
合计	199.88	100	52.19	100	198.3	100	1：0.26：0.99

青稞对氮、磷、钾的总吸收比例为 1：0.26：0.99；氮、磷、钾吸收比在各生育阶段稍有不同，青稞苗期氮、磷、钾吸收比为 1：0.15：0.79，吸收氮多、钾少、磷更少；拔节期至孕穗期，吸收磷、钾的比例明显增加，而且在孕穗期吸收钾的比例大于氮。成熟期养分需求不高。

二、推荐施肥量及施肥模式

（一）有机肥全替代化肥模式

亩施商品有机肥 300～400kg，或者选择充分腐熟的农家肥，每亩施 1 300～

1 900kg。中期适时追施有机叶面肥，一般进行 2～3 次，可促进根系生长，防止叶片早衰，提高光合作用效率。

（二）部分替代模式

有机肥替代 30％的化肥，播前每亩施入商品有机肥 200～300kg、尿素 30kg、磷酸二铵 20kg 做种肥。青稞二叶一心时期，每亩追施尿素 3～4kg，保证幼苗生长养分需求，促进弱苗转壮；孕穗期，每亩追施尿素 2～5kg，促进青稞分蘖，增加穗数；拔节期，每亩追施尿素和钾肥 5～6kg，促进干物质积累，增加穗粒重。追肥的同时适量喷施叶面肥，可选用 0.3％尿素和 0.2％硼砂溶液混匀后使用，促进抽穗和分蘖。

三、配套技术

（一）整地

种植青稞最适宜的土壤是沙壤土，要求有机质含量在 1％以上，全氮、速效磷、速效钾含量高，耕层深厚，结构疏松，理化性状良好，水、肥、气、热协调。应做到尽早秋耕深翻，春季保墒，精整土地。

（二）播种

选用大粒青稞种子，适当降低播种量，以培育壮苗和节省种子。播前用 1％的石灰水浸种，或者用 25％多菌灵、402 抗菌剂拌种，防治青稞条纹病和黑穗病。播种量按以产定穗、以穗定苗、以苗定种的原则，并根据品种特性、分蘖力强弱、播种先后、千粒重大小及整地质量而定。一般亩播量应控制在 19～23kg。播种方式有撒播、条播，条播行距 15～25cm。种子覆土深度 2～3cm，最深不超过 5cm。播期以 3 月中旬至 4 月初为宜。种子挑选以良种为宜。

（三）田间管理

青稞三叶一心时及时松土除草，苗齐后疏密补稀，对生长过旺的地块用 0.1％～0.15％的矮壮素溶液喷施，防止倒伏和贪青晚熟。

（四）收获

蜡熟末至完熟期收获为宜。

第三节　马铃薯化肥减量增效技术

一、需肥特点

马铃薯在整个生育期间，因生育阶段不同，对营养物质种类和数量的需求也不同。幼苗期吸肥量很少，团棵期吸肥量迅速增加，到结薯期和成熟期达到高峰。马铃薯对氮的吸收量最高，其次是钾，磷最少（表4-3）。对氮、磷、钾肥的需求量随茎叶和块茎的不断增长而增加。按对氮素吸收量高低排序为成熟期＞结薯期＞开花期＞团棵期＞苗期，磷和钾吸收量的变化趋势与氮素相同。

表4-3 马铃薯不同生育期吸收氮、磷、钾数量和比例

马铃薯生育期	氮		磷		钾		氮∶磷∶钾
	吸收量/(kg/hm²)	占总量/%	吸收量/(kg/hm²)	占总量/%	吸收量/(kg/hm²)	占总量/%	
苗期	12.35	1.51	1.77	0.84	10.40	1.35	1∶0.14∶0.84
团棵期	25.65	3.14	5.65	2.67	29.32	3.81	1∶0.22∶1.14
开花期	156.42	19.15	29.82	14.09	116.43	15.11	1∶0.19∶0.74
结薯期	265.89	32.56	80.23	37.90	287.65	37.34	1∶0.30∶1.08
成熟期	356.45	43.64	94.21	44.5	326.52	42.39	1∶0.26∶0.92
合计	816.76	100.00	211.68	100.00	770.32	100.00	1∶0.26∶0.94

马铃薯对氮、磷、钾的总吸收比例为1∶0.26∶0.94；氮、磷、钾吸收量在各生育阶段稍有不同，马铃薯苗期对氮、磷、钾的吸收比为1∶0.14∶0.84，吸收氮多、钾较多、磷少；团棵期吸收磷、钾的比例明显增加，并且对钾的吸收大于氮。开花期对钾的吸收有所下降。结薯期到成熟期对钾的吸收接近氮。

二、推荐施肥量及施肥模式

（一）有机肥全替代化肥模式

马铃薯施肥要重施基肥，适量追肥，基肥占总施肥量的70%。商品有机肥做基肥时，亩施500～800kg，或者选择充分腐熟的农家肥，每亩施1 500～2 300kg。马铃薯开花后，植株已封行，可喷施有机叶面肥1～2次。

（二）部分替代模式

有机肥与化肥配施做基肥，亩施商品有机肥200～300kg（或充分腐熟农家肥1 200～1 800kg）、配方肥25～30kg。可根据马铃薯生长时期合理追肥，苗期时，当植株生长至株高15～20cm时，结合培土，亩施氮、钾肥共10kg；薯块膨大期时，追施高钾复合肥；盛花期喷施0.3%磷酸二氢钾，每隔7～10d喷施1次。若叶片发黄，可适量添加尿素，以提高马铃薯品质和产量。

三、配套技术

（一）播前准备

1. 选用良种好处 在同样栽培条件下，良种较一般种薯可增产3%～50%，尤

其在晚疫病流行年份或马铃薯退化严重地区，推广抗病品种可成倍增产。优良品种增产原因主要在于其对环境条件有较强的适应性，对病毒、病菌有较强的抵抗力及其具有的丰产性。

2. **选用良种原则** 马铃薯退化现象严重时一般减产 30%～50%，因此选用抗退化品种是先决条件。选用良种的原则是根据用途确定适宜的品种。粮用马铃薯品种具有较强的抗病性、丰产性、淀粉含量高、淀粉粒大，蒸食易爆裂，食用品质好。菜用型马铃薯抗病、高产、薯块大、芽眼浅、淀粉含量低、味道好。加工型马铃薯抗病、高产、淀粉含量高、芽眼浅、还原糖含量低、薯块整齐。

（二）轮作倒茬

轮作可以调节土壤养分，改善土壤，避免单一养分缺乏，而且能减少病虫感染危害的机会，尤其是通过土壤和残株传带的病害及杂草。马铃薯适宜与禾谷类作物轮作，不宜与茄科、十字花科作物轮作。

1. **选地整地** 深耕是保证根系发育，改善土壤中水、肥、气、热条件，满足马铃薯对土壤环境的要求和提高产量的重要措施之一。选择土层深厚、结构疏松、排水通气良好、富含有机质的地块。对选好的地块进行深耕整平。

2. **种薯准备** 选择具有品种特性、薯块完整、无病虫害、无伤冻、薯皮光滑的薯块作种。在播种前 30～40d 将种薯从窖中取出，摊放在室温 15～18℃ 的散射光下进行催芽。芽长 2.0～2.5cm，长出幼根，块茎呈深绿色时为宜。

（三）播种方法

1. **开沟点种法** 在平整好的土地上，用犁开沟，行距 50cm，沟深 10～15cm，随后按株距要求点播种薯，再施种肥，覆土。优点是省工省力、速度快、播种深度一致，适宜大面积推广。

2. **挖穴点种法** 在平整好的土地上按株、行距要求挖穴点种，再施种肥、覆土。优点是株、行距整齐，质量较好，有利于保墒、出全苗。缺点是费工费力，只适于小面积采用。

3. **机械播种** 采用整薯播种，优点是速度快，株、行距规格一致，播种深度均匀，出苗整齐，开沟、点播、覆土一次完成，省工省力，利于抗旱保墒。

（四）合理密植

早熟品种宜密植，生产种薯时需要密植。晚熟品种宜稀播，生产商品薯时可稀播。通常用确定叶面积系数的方法来确定合理密度，水肥条件较好的地块，叶面积系数可定得低一些；水肥条件较差的地块，叶面积系数可定得高一些。

（五）田间管理

1. **查苗补苗** 如发现缺苗，要采用扦插的方法及时补苗。

2. 中耕培土　培育壮苗的管理：疏松土壤，提高地温，消灭杂草，防旱保墒，促进根系发育，增加结薯层次。结薯层主要分布在 10～15cm 深的土层内，疏松的土层有利于根系的生长发育和块茎的形成、膨大。中耕培土可防止"草荒"，减少土壤水分、养分消耗；还可以疏松土壤，增强透气性，有利于根系生长和土壤微生物的活动，促进有机质分解，提高有效养分含量。

3. 适时浇水　马铃薯需水量较大，每形成 500kg 干物质需水 200kg 左右。播种至出苗期需水少，主要依靠种薯本身水分；出苗至现蕾期需水较多，可根据天气、干旱情况浇 1 次水；现蕾至开花期（结薯盛期）是马铃薯需水高峰，应及时浇水。

第四节　春油菜化肥减量增效技术

一、需肥特点

苗期、蕾薹期是春油菜吸收氮的主要时期，其氮吸收量占全生育期氮吸收量的 65.98%（表 4-4），是追施氮肥的最佳时期。蕾薹期、成熟期是磷吸收的高峰期，吸收的磷占全生育期磷吸收量的 64.05%。钾的吸收高峰期在蕾薹期，吸收的钾占全生育期钾吸收量的 51.09%。蕾薹期是春油菜养分吸收的关键时期，对氮、磷、钾的需求相对集中，要及时追肥，保证养分的供应。

表 4-4　春油菜不同生育期吸收氮、磷、钾数量和比例

春油菜生育期	氮		磷		钾		氮：磷：钾
	吸收量/(kg/hm²)	占总量/%	吸收量/(kg/hm²)	占总量/%	吸收量/(kg/hm²)	占总量/%	
苗期	65.97	22.56	14.84	15.56	50.55	18.07	1：0.22：0.77
蕾薹期	127.01	43.42	36.76	38.55	142.93	51.09	1：0.29：1.13
结荚期	51.23	17.52	19.45	20.39	55.45	19.82	1：0.38：1.08
成熟期	48.25	16.50	24.32	25.50	30.83	11.02	1：0.50：0.64
合计	292.46	100.00	95.37	100.00	279.76	100.00	1：0.33：0.96

春油菜对氮、磷、钾的总吸收比例为 1：0.33：0.96；氮、磷、钾吸收比在各生育阶段稍有不同，春油菜苗期氮、磷、钾吸收比为 1：0.22：0.77，吸收氮多、钾较少、磷最少；蕾薹期氮、磷、钾吸收比为 1：0.29：1.13；结荚期氮、磷、钾吸收比为 1：0.38：1.08，吸收钾最多，并且对钾的吸收高于氮，磷最少；成熟期氮、磷、钾吸收比为 1：0.50：0.64，吸收氮最多，钾次之，磷最少。

二、推荐施肥量及施肥模式

（一）有机肥全替代化肥模式

1. 白菜型春油菜　播种前结合整地施入基肥，供春油菜吸取营养，为丰产打

下基础。亩施商品有机肥 200～300kg，或者亩施充分腐熟的农家肥 1 200～1 800kg。

2. 甘蓝型春油菜　亩施商品有机肥 300～400kg，或者亩施充分腐熟的农家肥 1 800～2 400kg。

薹花期后，油菜需肥量下降，应控制施肥量，可采用喷施有机叶面肥的方法追肥。

（二）部分替代模式

1. 白菜型春油菜　每亩施用商品有机肥 100～150kg（或充分腐熟农家肥 600～900kg），配方肥 20～25kg。

2. 甘蓝型春油菜　每亩施用商品有机肥 150～200kg（或充分腐熟农家肥 900～1 200kg），配方肥 25～30kg。

春油菜进入生长旺盛期后，营养生长与生殖生长同时进行，薹心和腋芽迅速伸长，叶片大量增加，花蕾不断分化，吸收养分较多，应及时补施少许氮、磷肥。薹花期春油菜生长最旺盛，对水肥反应敏感，要早施、重施薹花肥，可以起到增产的效果。

三、配套技术

（一）甘蓝型春油菜配套技术

1. 轮作倒茬　由于春油菜种子小，顶土能力弱，所以整地的好坏直接影响油菜出苗和根系发育。一般采取冬灌、春灌和打土保墒的方法，使土壤平整疏松。油菜不宜连作，要实行合理的轮作倒茬，较为理想的轮作作物为小麦、青稞、马铃薯。

2. 选用良种　选用良种是保障春油菜高产、稳产的一项经济有效的增产措施。一般在川水地区适宜种植青杂1号、青杂2号、垦油1号、互丰010等；浅山地区适宜品种为垦油1号、互丰010、青油14号；脑山地区适宜品种为青杂3号、青油241等。宜采用种子包衣剂播前处理良种。

3. 播种

（1）播种时间。春油菜播种提倡一个"早"字，一般日平均气温稳定在2～3℃时即可播种。一般川水、浅山地区在3月中下旬，脑山地区在4月上旬播种。

（2）播种方法。采用分层施肥条播或旱作沟播技术。

（3）合理密植。高水肥地块1.3万～1.5万株，中等肥力地块1.5万～2.0万株，低水肥地块2.0万～2.3万株。亩下籽量为0.25～0.5kg，播深2～3 cm，行距25～30cm。

4. 田间管理

（1）间苗和补苗。春油菜合理密植必须通过间苗、补苗来实现，间苗是为改善幼苗营养条件而进行匀苗的技术措施。川水地区在油菜 3～4 片真叶时结合中耕除草进行间苗，5～6 片真叶时定苗。旱地在幼苗 4～5 片真叶时，可一次性进行间苗、定苗。

（2）合理灌水。春油菜 4～5 片真叶时，结合间苗、追肥浇苗水。春油菜薹花期正值气温较高期，油菜生长旺盛，该期为需水最多和最迫切的"临界期"，应及时浇水。现蕾后营养生长和生殖生长都较旺盛，是分枝、开花、角果发育的主要阶段，及时浇水有利于提高结果率，增加角粒数。

（3）中耕除草。中耕除草应结合追肥和间苗、定苗同时进行。

5. **适时收获**　在全田 80％角果呈黄色时收获。

（二）白菜型春油菜配套技术

1. **蓄水保墒**　种植春油菜的地块，在前茬作物收获后，为了熟化土壤，接纳雨水，应及时深翻 15cm，深翻后晒垄 20d 左右。

2. **精细整地**　在播前 7～15d，每亩用 48％氟乐灵 0.15～0.2kg 与 20kg 细土拌匀撒施或兑水 25kg 喷雾，并及时浅耕，做到土壤疏松平整。

3. **选用良种**　选用产量高、早熟、抗病性强的品种。

4. **适时早播**　春油菜适宜在立夏前，即 4 月下旬至 5 月上旬播种，采用机械条播。

5. **合理密植**　春油菜密度的大小，直接影响到产量的高低。密度过大，根系、分枝生长受限制，植株营养面积小，产量低。一般亩播量 0.5～1kg，亩保苗 5 万～6 万株。

6. **田间管理**　在春油菜 3～4 片真叶时，结合人工除草进行间苗，去除弱苗、杂苗、高脚苗。除草采取人工除草与药剂除草相结合的方式。

7. **适时收获**　在全田 80％角果呈黄绿色、大部分角果内种子呈褐色或黑色时收获。

第五节　玉米化肥减量增效技术

一、需肥特点

玉米在不同生长时期需要养分比例不同。玉米从出苗到拔节，吸收氮较多；从拔节到开花，吸收磷、钾较多；从开花到成熟，吸收氮、磷较多。玉米的磷素营养临界期在三叶期，一般在种子营养转向土壤营养时期；玉米的氮素营养临界期则比磷稍后，通常在营养生长转向生殖生长的时期。玉米在临界期对养分需求并不大，但养分比例要适宜。

玉米生长需要从土壤中吸收多种矿物质营养元素，以氮素居多，钾次之，磷居第三位。

二、推荐施肥量及施肥模式

(一) 有机肥全替代化肥模式

商品有机肥或农家肥做基肥，结合秋翻或春翻施入，撒施均匀。亩施商品有机肥 800～1 000kg。

(二) 部分替代模式

每亩施配方肥 30kg，商品有机肥 500～800kg。拔节孕穗期是玉米施肥的高峰期，是生殖生长和营养生长的关键时期，对养分的需求量大大增加，可以因地制宜适当追肥。同时，利用作物秸秆还田，可以增加氮肥用量 10%～15%，能协调碳氮比，促进秸秆腐解。

三、配套技术

(一) 品种选择

现阶段，市场上出现了较多的玉米品种，各品种具有不同的生长特性与适应能力。因此，要将当地的种植制度、环境条件等纳入考虑范围，科学选择玉米品种，保证所选品种具有较强的适应能力、抗病能力与高产、稳产特性，并且适应当地生态条件，符合当地栽培制度要求。

(二) 种子处理

为保证种子的萌发率，应于播前 7d 充分晾晒种子，有效杀灭种子表面的病原微生物。要避免在水泥地上直接晒种，否则种子容易被灼伤。同时，要认真筛选种子，剔除坏种、杂物，严格控制种子的净度与纯度。若具备相应条件，种植人员可规范开展发芽率试验，对种子的发芽能力进行评测。

(三) 地块选择

玉米具有较强的适应性，对生长环境的要求不高。但为了提高玉米产量，降低病虫害发生概率，种植人员要结合玉米生长特性，科学选择种植地块。种植地块应具备深厚的土层、较高的地势、丰富的有机质含量及良好的通风条件与排灌条件。需要特别注意的是，尽量不要在易积水地块、土壤黏重地块种植玉米，以免影响玉米植株的正常生长，导致无法实现玉米稳产、高产目标。

(四) 整地施肥

科学选定种植地块后，应在播种前开展整地工作，为种子萌芽提供良好的土壤条件。现阶段，种植人员主要采用深耕机、深松机等机械翻耕土壤，控制翻耕深度在25cm以上,有效打破犁底层。完成深耕作业后,精细耙地,清理石头等各种杂物,保证土壤处于细碎、上虚下实的状态。

(五)科学播种

在播种时间方面,应将当地种植制度、玉米品种特性等纳入考虑范围,科学确定玉米播种日期。为提升播种效率,可利用精量播种机开展播种作业,一次性完成开沟、施肥、播种、镇压等工作。在播种过程中,应合理控制机械行进速度,均匀播种,避免因漏播或重复播种而影响播种质量。根据玉米品种与土地生产能力合理确定播种量,便于玉米在后期生长过程中充分利用光、热等自然资源,保证玉米生长质量。

(六)间苗定苗

播种7d后,玉米会陆续出苗。此时应及时开展巡查工作,动态掌握玉米出苗情况。如果存在严重的缺苗问题,需要及时开展移栽作业或补种经过催芽的种子,保证苗齐。一般在玉米3~4片真叶期开展间苗作业,在5~6片真叶期进行定苗,依据"去小留大、去杂留纯"原则进行间苗和定苗。

(七)中耕除草

通常情况下,种植人员需要在玉米大喇叭口期前开展两三次中耕除草作业。前两次主要采用浅中耕方式,避免伤及玉米根系。在中耕过程中,要及时清除田间杂草,避免其对玉米植株生长造成威胁。在第三次中耕作业过程中,要同步实施培土,为玉米根系生长发育提供良好的条件。若田间杂草生长较为旺盛,可采用化学防控技术。一般于玉米5~7片真叶期开展除草作业。

(八)水肥管理

在追肥管理方面,应结合土壤肥力、植株长势等情况,科学制订追肥方案。一般采用开沟或穴施等方法开展追肥作业,尽量在雨前追施,以提升肥效。在灌溉管理方面,要密切关注天气变化和土壤墒情,适时适量地开展灌溉作业。其中,大喇叭口期、吐丝期玉米植株对水分需求较大,如果水分供应不足,会对玉米抽穗、吐丝、受粉等产生不良影响,无法保证玉米产量。因此,要将这些阶段作为灌溉的关键节点。此外,若雨水充沛,田间出现积水情况,也应及时开展排水作业,避免因土壤湿度过大而影响玉米植株根系的生长发育。

第六节　蚕豆化肥减量增效技术

一、需肥特点

蚕豆在苗期、花期对氮的需求量较大,其中盛花期对氮养分的吸收进入高峰期，占总量的 27.88%（表 4-5）。各生育期需氮量表现为盛花期>结荚期>显蕾期>苗期>收获期。蚕豆在整个生育期都需要吸收磷，其中盛花至结荚期对磷的需求量最大，结荚期为吸收磷的高峰期，占总量的 25.61%。各生育期需磷量表现为结荚期>盛花期>显蕾期>苗期>收获期。蚕豆在显蕾期、盛花期对钾的需求量较大，其中盛花期对钾需求量最大，占总量的 27.51%。从养分吸收量高低来看，蚕豆植株对这 3 种养分的吸收表现为氮>钾>磷；从整个生育期来看，蚕豆在盛花期出现养分吸收高峰，说明蚕豆在盛花期养分需求量大，生长旺盛，盛花期是蚕豆生长对养分需要的重要时期。

表 4-5　蚕豆不同生育期吸收氮、磷、钾数量和比例

蚕豆生育期	氮		磷		钾		氮：磷：钾
	吸收量/(kg/hm²)	占总量/%	吸收量/(kg/hm²)	占总量/%	吸收量/(kg/hm²)	占总量/%	
苗期	18.28	14.28	2.8	16.18	11.44	11.81	1：0.15：0.63
显蕾期	27.53	21.51	3.23	18.67	23.61	24.37	1：0.12：0.86
盛花期	35.68	27.88	4.23	24.45	26.65	27.51	1：0.12：0.75
结荚期	30.1	23.52	4.43	25.61	19.40	20.03	1：0.15：0.64
收获期	16.4	12.81	2.61	15.09	15.77	16.28	1：0.16：0.96
合计	127.99	100.00	17.3	100.00	96.87	100.00	1：0.14：0.76

蚕豆对氮、磷、钾的总吸收比例为 1：0.14：0.76。氮、磷、钾吸收比在各生育阶段稍有不同，蚕豆苗期氮、磷、钾吸收比为 1：0.15：0.63，吸收氮多、钾较少、磷很少；显蕾期对钾的吸收有所提升；盛花期和结荚期对钾的吸收都略小于氮，磷很少；收获期对钾的吸收接近于氮。

二、推荐施肥量及施肥模式

（一）有机肥全替代化肥模式

商品有机肥或农家肥做基肥，亩施商品有机肥 300~400kg，或者每亩施充分腐熟的农家肥 1 800~2 400kg。追肥要适时适量，当蚕豆幼苗长出 3~4 片真叶时，结合中耕，喷施有机叶面肥。

（二）部分替代模式

亩施商品有机肥 150~200kg（或充分腐熟的农家肥 900~1 200kg），配施配方肥 20~25kg。种植蚕豆的施肥原则是重施基肥、增施磷肥、看苗施氮肥、分次追肥。针对不同类型蚕豆品种的养分吸收特点，合理配施有机肥和氮、磷、钾肥，增施钙、硼、钼等中微量元素，可减少氮肥损失，提高氮肥利用率。

三、配套技术

（一）合理倒茬

蚕豆忌连作，因为连作时，蚕豆根瘤分泌大量的有机酸，有机酸在土壤中积累会抑制根瘤菌的繁殖和根际有益微生物的活动，使结荚减少，病害加重，产量下降，品质变劣。可与小麦进行轮作。

（二）深耕整地

蚕豆是双子叶作物，顶土能力弱，种子较大，发芽吸水多，根系入土深。根瘤菌又是好气性菌类，要求土壤疏松。因此精细整地极为重要，前茬作物收割后，及时进行深翻，加厚耕作层，提高土壤蓄水保肥能力。

（三）选用良种

选用良种是蚕豆高产的关键措施，应选用粒大饱满、无虫蛀、无霉变的种子。播种前晒种 3～5d，以提高种子发芽率和发芽势，保证苗全、苗齐、苗壮。

（四）适时早播

适时播种，蚕豆出苗迅速整齐，幼苗生长快，分枝力强，根系发达，植株生长旺盛。当地温达到 3～4℃时，可适时播种，一般川水地区在 3 月上中旬，浅山地区在 3 月下旬，脑山地区在 4 月上旬播种为宜。播种方式方面，采用宽窄行种植或用点播机播种。

（五）合理密植

蚕豆产量由亩株数、单株荚数、荚粒数和籽粒重量决定。蚕豆的荚粒数和籽粒重量受栽培条件的影响较小，而单株荚数的变化却比较大，特别是受密度的影响较大。密度过大，个体和群体矛盾突出，个体生长发育不良，田间郁蔽早，从而造成花荚大量脱落而减产。密度过小，个体发育虽好，却不能形成理想的群体，达不到增产的目的。一般川水地区亩播量 17.5kg，亩保苗 1.1 万～1.4 万株；浅山地区亩播量 25kg，亩保苗 1.8 万～2 万株；脑山地区亩播量 22kg，亩保苗 1.6 万～1.8 万株。

（六）田间管理

1. 查苗补苗　蚕豆出苗后应及时查苗、补种。
2. 中耕除草　中耕除草不仅可以清除蚕豆田间杂草，减少土壤中养分消耗，还可疏松土壤，减少土壤水分蒸发，而且对蚕豆根瘤形成极为有利。一般中耕除草 2～3 次。

3. **适时浇水** 蚕豆在营养生长阶段对水分的需求不是很迫切,如果苗期土壤中的水分过多,植株徒长,使节间变长、结荚部位升高,后期容易发生倒伏,所以除特别干旱外,蚕豆苗期一般不需要浇水。蚕豆需水的临界期是初花期,此期营养生长与生殖生长并进,植株干物质增加迅速,叶面积明显增大,光合作用和蒸腾作用也随之加剧,对水分的需求十分迫切,应及时浇水。

4. **适时摘心** 蚕豆属无限生长花序,由下而上不断开花结荚。蚕豆摘心可控制徒长、减少养分消耗。蚕豆主茎开花 10~12 层时及时摘心。摘心时应注意两点,一是只摘除顶部生长点,不可露出空心;二是在晴天露水干后进行,以便伤口迅速愈合。

(七)适时收获

蚕豆叶片大部分脱落,基部 4~5 层荚已变黑,中上部种子脐部呈黑褐色时即可收获。

第七节　藜麦化肥减量增效技术

一、需肥特点

藜麦对氮的需求较高,同时也要注意磷和钾的供应,以保证营养物质的平衡。与传统农作物不同,藜麦生长在独特的生态环境中,其生长过程耗能较低,使用有机肥能够更好地满足其生长需求。藜麦在生长期不同阶段对营养物质的需求也会有所不同。在生长初期,可以适量喷施氮肥、磷酸二氢钾等肥料以促进营养吸收;而在生长后期,则需要适量施用钾肥、磷肥等来提高果实品质和产量。

二、推荐施肥量及施肥模式

(一)有机肥全替代化肥模式

商品有机肥或农家肥做基肥,亩施商品有机肥 200~300kg,或者每亩施充分腐熟的农家肥 400~450kg。如果生长中后期发现藜麦有缺肥症状,可适当喷施叶面肥。

(二)部分替代模式

有机肥可选用商品有机肥,每亩 150~210kg,配施复合肥 20~25kg,以促进花芽分化和花期授粉。追肥方面,每亩施入复合肥 10~15kg,每亩补施硼肥 1.5~2.0kg。一般在藜麦植株长到株高 40~50cm 时,每亩撒施三元复合肥 10kg;在藜麦生育后期,叶面喷施磷、钾叶面肥,可促进开花结实和籽粒灌浆。

三、配套技术

(一) 土壤培肥

1. 轮作制度　轮作方式主要有以下 4 种。

(1) 藜—麦轮作。采用藜麦、小麦 2 年轮作。藜麦收获后，小麦增粮保产，藜麦产生经济效益。

(2) 藜—豆—麦轮作。采用藜麦、豆类、小麦 3 年轮作。藜麦收获后，种植豆类养地，小麦增粮保产，藜麦产生经济效益。

(3) 藜—豆轮作。采用藜麦、豆类 2 年轮作。藜麦收获后，种植豆类快速养地，藜麦产生经济效益。

(4) 与绿肥轮作。采用藜麦、绿肥 2 年轮作。藜麦收获后，种植绿肥快速养地，藜麦产生经济效益。

2. 深耕土壤　耕深 30cm，加速有机质熟化和增加土壤有机质含量。

3. 秸秆还田　恢复和创造土壤团粒结构，固定和保存氮、磷、钾等营养元素，促进土壤中难溶性养料溶解。

(二) 大田生产

1. 深翻整地　前茬收获后及时深翻土地，耕深 25～30cm。

2. 覆膜除草　选用黑色地膜，在气温稳定通过 2～3℃时覆膜，地膜之间间隔 30～35cm。

(三) 品种选择

根据市场需求和品种种植区域及类型，确定种植品种。

(四) 播种期

气温稳定达到 5～10℃时播种，每公顷播种 12 万株。

(五) 播种方法

机械播种采用精量播种覆膜的方法，一次性完成覆膜、播种等作业。根据膜宽和垄距确定种植行数和行距，一般选用 80～90cm 地膜（每幅播种 2～3 行，行距 30～40cm）或 100～120cm 地膜（每幅播种 3～4 行，行距 30～40cm），株距 20～33cm；播种深度 3～5cm，每穴播 2～3 粒种子。

采用点播器点播或滚动式播种器穴播时，播种深度 3～5cm，行距 30～40cm，株距 20～25cm，每穴播 2～3 粒种子，播后覆盖播种孔。

（六）田间管理

1. **定苗**　藜麦苗期及时放苗、查苗、补苗。3～5 片真叶期时间苗、定苗，留壮苗，间弱苗，每穴留苗 1 株。

2. **灌溉**　有灌溉条件的地区，在藜麦 6 片真叶期、现蕾期、开花期、灌浆期等生长时期根据土壤墒情灌水 2～4 次。

3. **除草**　未覆黑色地膜的地块，藜麦苗期、现蕾期除草 1～2 次。

（七）收获

在藜麦主穗顶部干枯、植株上部只有 3～5 片绿叶时收获。

第五章 蔬菜化肥减量增效技术

第一节 瓜类蔬菜化肥减量增效技术

瓜类蔬菜种类很多，有黄瓜、南瓜、冬瓜、丝瓜等，属于同化器官（叶）和储藏器官（果）同步发育型蔬菜。生长特点是营养生长与生殖生长同时进行，施肥时要保证氮、磷、钾中微量元素的平衡，注重磷肥和钾肥，同时施用锰、铜、钙等中微量元素。例如，微量元素锰和铜对黄瓜的生长发育影响较明显，每1000kg黄瓜对氮、磷、钾的需求量分别为氮4.1kg、五氧化二磷2.3kg、氧化钾5.5kg，吸收比例为1∶0.6∶1.3。建议早施多元微肥，促进瓜类蔬菜的生长发育，提高蔬菜产量。

一、设施黄瓜化肥减量增效技术

（一）推荐施肥量及施肥模式

1. **基肥** 在上茬作物收获后结合深翻将商品有机肥或农家肥（每亩施用商品有机肥1 500～2 000kg或农家肥4 500～6 000kg）作为基肥一次性施入，耕翻深度20～25cm。

2. **追肥** 选用水溶性肥料在黄瓜全生育期追肥7～8次，其中初花期追肥1次，初花期到盛花期追肥2次，盛花期到采收期施肥4～5次。

（二）配套技术

1. **品种选择** 选用抗病、优质、高产、商品性好且在青海省种植比较广泛的、有代表性的黄瓜品种，如津春、津研、津杂、津优、博耐、博杰等系列品种。若要嫁接，砧木种子可选黑籽南瓜、南砧1号。

2. **茬口安排** 早春茬于11月下旬至12月上旬育苗，2月中、下旬定植；秋延迟茬于5月下旬至6月上旬育苗，7月上、中旬定植；越冬茬于8月中、下旬育苗，10月中旬定植。

3. **播种育苗**

（1）育苗方法。有穴盘育苗、营养钵育苗、嫁接育苗等。

（2）种子消毒与催芽。温汤浸种时，先将种子投入55℃的温水中浸泡15min，水温降到30℃时再浸泡4～6h，取出晾晒10min，用湿纱布包起放置于25～30℃的环境中催芽，70％种子露芽时即可播种。若进行嫁接，砧木种子也需浸种催芽，其方法与黄瓜基本相同，但水温要提高到 70～80℃，浸泡 15min，水温降至 30℃时再浸泡 6～8h。

（3）播种。选晴天上午播种。先给苗床灌水，待水渗下后，撒事先配好的营养土，厚度 1cm，再将露白的种子按 10cm×10cm 的距离平放在苗床上，然后覆盖 1.5～2cm 厚的土，若进行嫁接，种子可适当放密一些；若采用营养钵、72 穴穴盘、营养块育苗，每穴放 1 粒种子，上覆育苗基质。最后覆盖地膜并加小拱棚。黑籽南瓜比黄瓜晚播种 5～7d，可用沙床播种。

（4）嫁接。嫁接方法有靠接法、劈接法、插接法等多种方法。在青海省，常用的为靠接法和插接法。①靠接法：黄瓜刚见真叶，砧木第一片真叶半展开时，即可嫁接。首先用 70％酒精对刀片、竹签和手进行消毒，再用刀片或竹签去掉砧木的生长点及 2 个腋芽，在子叶下方 0.5cm 处往下斜切 0.5～1cm 长的切口，深至胚轴 1/3～1/2 处；取一株带根的黄瓜苗，在子叶下 1.2～2cm 处向上切一个与砧木切口长短相等、方向相反的切口，切口达胚轴的 2/3，最后使两个切口上下相吻合，后用夹子或塑料布固定，再用湿土把黄瓜的根埋好，形成两根供养一苗，并加盖小拱棚。待接穗成活后，将接穗的根在接口处剪断。②插接法：黄瓜幼苗子叶展开、砧木南瓜幼苗第一片真叶至 5 分硬币大小时为嫁接适期。操作时，竹签粗 0.2～0.3cm，先端削尖。将竹签的先端紧贴砧木一片子叶基部的内侧，向另一片子叶的下方斜插，插入深度为 0.5cm 左右，不可穿破砧木表皮。用刀片在黄瓜子叶下约 0.5cm 处入刀，在相对的两侧面各切一刀，切面长 0.5～0.7cm，刀口要平滑。接穗削好后，将竹签从砧木中拔出，并插入接穗，插入的深度以削口与砧木插孔平为准。

（5）温度管理。嫁接后 3d 是愈伤组织生长的重要时期，温度控制在白天 25～30℃，晚上 18℃左右，并用遮阳网等进行遮光，嫁接苗要及时喷水，促进伤口愈合。4～5d 后可逐步降低温度，温度控制在白天 22～25℃，夜间 15～20℃。此后逐步延长光照时间，去掉遮阴物，并进行通风，定植前 7d 温度可降低至 15～20℃，进行炼苗。苗期不要过分控水，三叶一心时即可定植。

（6）除腋芽。嫁接时因一些生长点和腋芽未除彻底，有时砧木会萌发新芽，要及时去掉，以免影响嫁接苗的成活率。

4. 定植

（1）整地。整地时先施入基肥，然后机翻或人工深翻，耕翻深度 25～30cm，肥土混匀、整平，打糖耙平，整畦起垄。垄高 15～20cm，垄宽宽行 70～80cm，窄行 40～50cm。垄面埋设滴灌管线，滴灌设备调试完毕后在垄面上铺压地膜。

（2）定植。定植时采用大垄双行、内紧外松的方法，行距 40cm，株距 25～30cm，每亩定植密度为 3 000～3 500 株。

5. 田间管理

（1）温度管理。定植后到缓苗期，可控制温度稍高些，以利于缓苗。前 4～5d

不通风，温度控制在白天 25～30℃，夜间 20～22℃，若温度超过 35℃开小缝通风；缓苗后到开花期前要以促根壮秧为主要目标，适当控制温度，白天 25～28℃，夜间 12～15℃。

（2）水分管理。黄瓜定植后浇足定植水，5～7d 后浇缓苗水，然后蹲苗 20～25d，待多数植株已结根瓜，瓜长 10～15cm，粗 2.5cm 左右，瓜柄变深绿色时浇头水。此后，浇水相隔时间为前期 10～12d，中后期 5～7d。进入盛果期后，每2～3d 浇 1 次小水。

（3）植株管理。当黄瓜幼苗生长至 10～15cm 时及时绑蔓、吊蔓。按 8 字形绑蔓，每 2～3 节绑蔓 1 次，每株可用一个吊蔓夹，吊蔓夹位置在生长点以下第二片叶与第三片叶之间，避免吊蔓夹位置过高导致生长点折断。随着茎蔓增粗，适当调节绑绳松紧。

6. 采收　及时分批采收，要求早摘、勤摘、严防瓜坠秧，确保商品瓜品质，促进后期果实膨大。

二、设施西葫芦化肥减量增效技术

（一）推荐施肥量及施肥模式

1. 基肥　有机肥全替代化肥时，每亩施用商品有机肥 1 500～2 000kg，或者充分腐熟的农家肥 6 000～8 000kg。有机肥部分替代化肥时，每亩施用商品有机肥 1 000kg、尿素 100kg、磷酸二铵 45kg。商品有机肥或农家肥做基肥一次性均匀撒施到地表，深翻入土中，耕翻深度 20～25cm。

2. 追肥　坐瓜初期至盛期，可随水每亩追施大量元素水溶肥 40～60kg，每隔 15～20d 随水追肥 1 次，全生育期追肥 5～6 次。

（二）配套技术

1. 品种选择　选用抗病、优良、稳产、高产、商品性好且在青海省种植比较广泛、有代表性、并经登记或认定的品种，如春玉 1 号、春玉 2 号、帝王绿、青葫 1 号等。

2. 茬口安排　早春茬于 2 月上旬育苗，3 月中、下旬定植；秋延迟茬于 8 月上旬育苗，9 月上旬定植；越冬茬于 9 月中、下旬育苗，10 月下旬至 11 月上旬定植。

3. 播种育苗

（1）种子处理。种子用 55℃水浸泡 15min，温度降至 20～30℃时再浸泡 4h，把种子上的黏液搓洗干净后晾干，用干净的湿布包好，在 25～30℃的环境条件下催芽，芽长 2～4mm 时即可播种。

（2）播种。可直接播种于温室内的苗床上，也可播在营养钵或 50 穴育苗盘内。温室内苗床按 10cm×10cm 或 12cm×12cm 距离每方块中央放 1 粒种子，再覆盖营养土 2cm 厚并覆盖地膜，每亩地用种量为 250～350g。

4. 定植

（1）整地。前茬作物收获后及时耕翻，耕深 25～30cm；播前浅耕耙耱 1 次，深度 15～20cm，耙耱平整。作畦，畦宽 80cm，垄高 15～25cm，垄上布置滴灌带，试浇水；滴水正常后覆膜。

（2）定植。根据品种生长特性，常规品种按大行距 80cm、小行距 50cm、株距 50cm，"品"字形定植。每亩定植密度为 1 400～1 600 株。

5. 田间管理

（1）温度管理。定植后温度稳定控制在白天 25～30℃，夜间 10～15℃。缓苗后，适当放风降温，温度控制在白天 20～25℃，夜间最低 8℃。根瓜开始膨大时，适当提高温度，促进根瓜生长，温度控制在白天 22～25℃，夜间最低 11℃，当外界温度稳定在 12℃以上时可昼夜通风。

（2）水分管理。定植后根据墒情浇 1 次缓苗水，当根瓜长 10～12cm 时浇 1 次水；坐瓜初期至盛期每 15～20d 浇 1 次水。

（3）植株调整。对半蔓性品种，第一根瓜收获后，及时吊蔓并掐去侧蔓，吊蔓方法同黄瓜。如果侧蔓已坐嫩瓜，可打去顶芽保留 2～3 片叶，同时要及时除去黄化老叶。

6. 采收　西葫芦幼瓜生长速度快，一般单瓜重达 300～500g 即可采收。采收过晚，容易老化，会影响后续幼瓜生长。

第二节　茄果类蔬菜化肥减量增效技术

茄果类蔬菜包括番茄、茄子、辣椒、甜椒等。茄果类蔬菜生长特点是营养生长与生殖生长同步交叉进行，在生长发育过程中，边现蕾、边开花、边结果，能够不间断地供应。茄果类蔬菜是需肥多的作物，苗期增施氮肥、磷肥可以促进花芽分化，增加花芽分化的数目，提高花芽质量，提早开花结果；生长期要保证磷肥、钾肥的施用，确保中微量元素和氮、磷、钾的平衡，施用中微量元素（钙、铁、锰、锌等）。微量元素铁、锰、锌能够影响番茄的生长发育，每 1 000kg 番茄对氮、磷、钾的吸收量分别为氮 3.18kg、五氧化二磷 0.74kg、氧化钾 4.38kg，吸收比例为 1：0.2：1.4。

一、设施番茄化肥减量增效技术

（一）推荐施肥量及施肥模式

1. 基肥　在上茬作物收获后，结合深翻将商品有机肥或农家肥作为基肥一次性均匀撒施到地表，耕翻深度 20～25cm。有机肥全替代化肥时，每亩施用商品有机肥 3 000～5 000kg，或者充分腐熟的农家肥 9 000～15 000kg。有机肥部分替代化肥时，每亩施用商品有机肥 2 000～2 500kg、饼肥 100～150kg、磷酸二铵 30kg，均匀撒于畦面。

2. **追肥** 坐果初期至盛期，可随水每亩追施水溶肥 16～20kg＋有机叶面肥 90mL 或水溶肥 40～60kg。

（二）配套技术

1. **品种选择** 选用抗病、优良、高产、商品性好且在青海省种植比较广泛、有代表性、并经登记或认定的品种，如卓越、瑞得佳、京番 308、航粉 337、航粉高糖 2 号等。

2. **茬口安排** 冬春茬于 10 月中旬育苗，12 月中、下旬定植；夏秋茬于 1 月下旬至 2 月上旬育苗，4 月中、下旬定植；越冬茬于 8 月中、下旬育苗，9 月下旬定植。

3. **播种育苗**

（1）穴盘育苗。育苗盘（钵）内撒入 2/3 的基质，浇水，待水渗下后，每穴（钵）内播种 1 粒，种子上覆 1/3 的基质，约 1cm 厚，最后在穴盘（钵）上盖一层地膜以保湿。

（2）苗期管理。从播种到出苗 70％ 期间，温度控制在白天 25～30℃，夜间 15～18℃；苗齐至 3 片真叶时，温度控制在白天 20～25℃，夜间 10～15℃，以防止幼苗徒长。

4. **定植**

（1）整地。前茬作物收获后深翻晒垄，深度 30cm，可用敌克松 2.5kg 或 50％ 甲基托布津 2.5kg 进行土壤消毒，随后深翻起垄。

（2）定植。按大行距 60～70cm×小行距 40～50cm 起垄，株距 30～35cm 栽苗，浇定植水，覆膜。

5. **田间管理**

（1）水分管理。番茄定植后闭棚升温，促使缓苗。5～7d 后浇 1 次大水并通小风，其后应尽量控心蹲苗 20～25d，在第一穗果核桃大小时浇 1 次催果水结束蹲苗。以后每 10d 浇 1 次水，整个生育期共浇水 10～12 次。

（2）温度管理。夏季加大通风量，秋季减少通风量，棚温维持在白天 25～30℃，不超过 32℃，夜间 14～18℃，不低于 10℃。

（3）施用二氧化碳气肥。冬春季节可施二氧化碳气肥，使设施内的二氧化碳浓度达到 1 000～1 500mg/kg。

（4）整枝、吊蔓。番茄整枝的方法多采用单干和双干整枝。单干整枝为一株只留一个主干，其余分枝全部摘去；双干整枝除保留主干外，还保留第一花序下的侧枝，其余分枝全部摘去。结合整枝要进行疏花疏果，摘除老叶、病叶。在第一穗花开后，用吊绳吊蔓。对多次换头整枝的，在摘完一茬果（3～5 穗）后，进行落蔓，将蔓按垄下放接地后，再重新换头吊蔓。落蔓应在午后进行。

（5）摘心、打底叶。在顶部果穗开花时，留 2 片叶掐心，及时摘除枯黄、有病

68

斑的叶子和老叶。

（6）疏花疏果。每穗花开花初期，用植物生长调节剂番茄灵 20 mg/kg 涂在花柄离层部位，并在溶液中加入速克灵或扑海因粉剂，以防灰霉病发生。大果型品种每穗选留 3～4 果，中果型品种每穗留 4～6 果。

6. 采收　番茄是以成熟果实为产品的蔬菜，果实成熟过程大体分为绿熟期、转色期、成熟期、完熟期 4 个时期，采收时间应根据运输条件来决定。果实充分成熟、红透变软时糖分含量最高，是加工制酱及留种的采收期。

二、设施辣椒化肥减量增效技术

（一）推荐施肥量及施肥模式

1. 基肥　在上茬作物收获后，结合深翻将商品有机肥或农家肥作为基肥一次性均匀撒施到地表，耕翻深度 20～25cm。有机肥全替代化肥时，每亩施用商品有机肥 2 000～2 500kg，或者充分腐熟的农家肥 6 000～8 000kg。有机肥部分替代化肥时，每亩施用商品有机肥 1 500kg、尿素 10kg、磷酸二铵 32kg。

2. 追肥　对椒挂果前开始追肥，每隔 7d 追施 1 次，共追施 8 次，每亩施用量为 40～50kg。追肥的方式包括膜下滴灌和叶面喷施。

（二）配套技术

1. 品种选择　选用抗病、优良、稳产、高产、商品性好且在青海省种植比较广泛、有代表性的品种，冬春栽培可选择耐低温弱光品种，春夏茬可选择耐高温品种，如航椒 S607、航椒 S608、甘科 10 号、大果 1503 等。

2. 茬口安排　早春茬于 10 月中旬播种育苗，于 12 月中、下旬定植，3 月上旬始收；越冬茬于 8 月中旬育苗，9 月下旬定植；夏秋茬于 1 月下旬至 2 月上旬育苗，4 月中、下旬定植。

3. 播种育苗

（1）种子处理及催芽。播种前，将种子放在 55℃的水中浸泡 15min 并不断搅拌使水温降至 30℃，再浸泡 6～8h 后播种。用 40％的甲醛 150 倍液浸泡 15min 或种子先用清水浸 5～6h，再放入 1％硫酸铜溶液中浸泡 5min。还可将种子放在清水中浸泡 4h，捞出后放入 10％磷酸三钠溶液中浸泡 30min 待播。种子处理好后，取出，用清水洗净药液，用干净湿布包好，放在 25～30℃的环境条件中催芽。催芽过程中要勤翻动和清洗种子，以保证有足够的养分供应。

（2）穴盘消毒。穴盘重复使用时可选用福尔马林浸泡，即将穴盘放在福尔马林 100 倍液中浸泡 10 min，取出，叠置，覆盖洁净塑料薄膜密闭 7d，清水冲淋，晾晒备用；也可选用次氯酸钠或高锰酸钾浸泡，即将穴盘放在 2％次氯酸钠水溶液中浸泡 2h，或者在高锰酸钾 1 000 倍液中浸泡 10min，取出，清水冲淋，晾晒备用。

（3）播种。播种前准备好苗床和营养土，育苗床可选择在温室内光、热分布较好的中部作畦建立，畦平整后铺 10cm 厚的营养土（无病菌、无虫卵的肥沃园田土 2 份加过筛腐熟的农家肥 1 份）。播种时浇足底水，每平方米苗床撒种子 25g 左右，播后覆盖 0.5cm 的营养土，并覆盖地膜，当温度低时还可加盖小拱棚。穴盘育苗方法同番茄穴盘育苗。

（4）苗期管理。播种后白天温度保持在 25～30℃，夜间保持在 18～20℃，出苗后降温，白天 25～28℃，夜间 15～17℃。从苗出齐到第一片真叶期间应适当降温，白天 20～25℃，夜间 15～18℃，适当增加光照，促使幼苗生长健壮。在定植前 7～10d，将苗切块并逐步进行低温炼苗，白天温度保持在 20℃，夜间保持在 10℃以上，并通大风。

4. 定植

（1）整地。前茬作物收获后，及时耕翻，耕深 25～30cm；播前，浅耕耙糖 1 次，深度 15～20cm，耙糖平整。耙平后起垄，大行距 60cm，小行距 40cm，垄高 30cm，株距 30～35cm。垄上按辣椒种植株、行距布置滴灌带，试浇水，滴水正常后覆膜。

（2）定植。当幼苗长出 7～10 片真叶，室内温度保持在 8℃以上时即可定植。选用晴天上午定植，栽苗的深度以土坨的高度为准，不宜过深，过深易感染土传病害，定植后即可浇缓苗水。

5. 田间管理

（1）温度管理。定植后要保持高温、高湿的环境，以促进缓苗，缓苗后可通小风，白天温度保持在 25～28℃，不要超过 30℃，夜间保持在 18～20℃，不要低于 15℃，如果是冬季尽量保持较高的夜间温度，随着天气的变化逐步加大通风量。

（2）水分管理。门椒长到 3cm 时，浇第一次水；以后每隔 15～20d 视情况浇水 1 次。进入结果期后，适当控制浇水。进入盛果期后，每 7～10d 浇 1 次水。

（3）植株调整。首花节位下主茎上萌发的侧枝，要及时摘除。植株下部的老黄叶、病叶应及时清除，集中深埋或烧毁。温室辣椒在出现四分枝后应进行吊秧，并疏除之后长出的细弱枝。

6. 采收　果实充分膨大后及时采收。采摘时间应在早、晚进行；中午因水分蒸发较多，果柄易脱落，故不可在中午采摘。

三、设施茄子化肥减量增效技术

（一）推荐施肥量及施肥模式

1. 基肥　有机肥全替代化肥时，每亩施用商品有机肥 2 000～2 500kg，或者充分腐熟的农家肥 6 000～8 000kg。有机肥部分替代化肥时，每亩施用商品有机肥 1 500kg、尿素 10kg、磷酸二铵 32kg。商品有机肥或农家肥做基肥一次性均匀撒施到地表，耕翻入土中，耕翻深度 20～25cm。

2. 追肥　门茄采收后，每隔 7d 追肥 1 次，共追施 8 次，每亩追有机冲施肥 15kg 或磷酸二铵 10kg。追肥的方式包括膜下滴灌和叶面喷施。

（二）配套技术

1. 品种选择　选择适宜青海省栽培的耐热、耐湿、耐寒、高产、抗逆性强且适合市场销售的优良品种，如棒茄、布里塔、紫光大圆茄、紫黑长茄等。

2. 茬口安排　早春茬于 10 月中旬育苗，1 月下旬定植，2 月下旬开始采收；冬春茬于 9 月上旬育苗，11 月上旬定植，12 月下旬至翌年 1 月中旬进入采收期。

3. 播种育苗

（1）种子处理。将种子置于 55℃ 温水中，不断搅拌至水温 30℃，然后浸泡 2h。取出种子稍加风干，置于 200mg/kg 赤霉素溶液中浸泡 24h 后催芽。齐芽后播种。

（2）苗床准备。结合翻地，每平方米苗床用 50% 多菌灵可湿性粉剂 8g 拌细土撒于床面，对床土进行消毒。每畦（20m²）施经无害化处理的有机肥 300～350kg。或者采用营养钵、营养块、穴盘育苗等方式。

（3）播种量。每平方米播种床播种量为 8～13g。

（4）播种方式。当催芽种子 70% 以上露白即可播种，播后覆 1～1.5cm 厚的营养土。

（5）苗期管理。苗期地温保持在 18～22℃，不能低于 15℃。气温保持在 24～28℃。播种后 30d 左右，2 片真叶展开以后即可分苗。选择晴天上午移苗，移苗后应少浇水，防止地温下降，不利于根系发育。定植前 5～7d 炼苗，以增强抗逆性，白天温度保持在 20～25℃，夜间保持在 10～14℃。

4. 定植

（1）整地。定植前要深翻耙平，之后做成宽 60～65cm、高 15cm 的高垄，然后在垄上开 2 道浅沟，浇足底水。水渗下去后，按照株距 30～40cm 要求移栽，然后从垄沟间取土封沟。

（2）定植。选壮苗，按株、行距 40cm×50cm 定植，每亩定植密度为 2 800 株。根系埋土深度不宜过深，以与苗坨齐平为宜，定植后浇定植水。水量不宜过大，以免地温下降，影响缓苗。

5. 田间管理

（1）温度管理。定植后 1 周内不通风或少通风，以提高地温，促进缓苗。待秧苗恢复生长后，应适当通风降温，以防苗子徒长，保持秧苗蹲实，叶色深紫。待进入结果期后，随着外界温度的升高和浇水量的增大，开始加大通风量。

（2）水分管理。定植后 1 周浇 1 次小水，即缓苗水。以后以控水蹲苗为主要目标，促进根系发育。

71

（3）吊蔓与整枝。可采用双干整枝法，即门茄出现后，主茎和侧枝都留下结果。对茄出现后，在其上各选 1 条位置适宜、生长健壮的枝条继续结果，其余侧枝和萌蘖随时摘除。以后都这样做，即一层只结 2 个果，如此形成 1、2、2、2……的结果格局。一般 1 株可结 9、11 或 13 个果。在最后 1 个果的上面留 2～3 片叶摘心。双干整枝植株养分集中，果实发育好，商品率高，即使在大肥大水管理之下也不会出现茎叶疯长的现象，是目前日光温室长期栽培中主要使用的整枝方法。

（4）保花保果。大棚内湿度较大，通风不良，不易授粉，因此必须采用激素处理才能坐果。一般用 20～30mg/kg 的防落素涂抹柱头或喷花，每天 1 次，不能重复。

6. 采收　茄子采收标准是看萼片与果实相连部位的白色环状带（俗称"茄眼"），环状带宽，表示果实生长快；环状带不明显，表示果实生长转慢，要及时采收。在适宜的生长条件下，一般开花后 10～15d 为采收的适期，同时还必须根据品种特性、消费习惯、市场行情、产品销售地等情况加以综合考虑。

第三节　叶菜类蔬菜化肥减量增效技术

叶菜类蔬菜包括绿叶菜类和白菜类。绿叶菜类蔬菜食用部分为绿色的叶子、叶柄或嫩茎，此类蔬菜根系较浅、生长速度快、生长期短，生长发育中需肥量大。肥料种类以氮素营养为主，增施钾肥能改善商品品质和食用品质。白菜类蔬菜食用部分为白菜类蔬菜的叶片，如娃娃菜、大白菜等，此类蔬菜在土壤中扎根浅、叶片大、对水分的蒸腾也大，对氮肥的需求量大，生长发育后期要保证磷肥、钾肥的供应，施用中微量元素也要适时适量。

一、娃娃菜化肥减量增效技术

（一）推荐施肥量及施肥模式

1. 基肥　有机肥全替代化肥时，每亩施用商品有机肥 900～1 000kg，或者充分腐熟的农家肥 2 500～3 000kg。有机肥部分替代化肥时，每亩施用商品有机肥 700kg，化肥折合纯氮 8.30～11.07kg、五氧化二磷 6.90～9.20kg。

2. 追肥　每亩叶面喷洒 8kg 水溶肥，有利于叶球充实，最好在阴天或晴天下午 4 时进行。

（二）配套技术

1. 茬口安排　早春茬于 3 月中旬育苗，4 月下旬定植，6 月中旬收获；晚秋茬于 7 月上旬直播，10 月下旬收获。

2. 品种选择　为防止娃娃菜发生先期抽薹，应选用耐低温、越冬性强的优质早熟品种，如黄玉娇、华耐 B1102、京春娃 3 号、金皇后等。

3. 播种育苗　采用穴盘育苗，将种子放入 20～30℃的温水中浸种，去除杂质，待风干后播种。在装满基质的穴盘中压穴，穴深 0.5cm，每穴播种 1～2 粒种子，播种深度 0.5～1cm，播种后再盖一层基质，多余基质用刮板刮去，覆膜后放置于育苗床待出苗。

4. 移苗定植　采用作畦移栽的方式，耕耙平整后进行定植移栽，四叶一心时定植为宜，每亩定植 8 000～10 000 株，打孔定植，定植后及时浇定植水。

5. 田间水分管理　早春生长前期，气温低，苗小，对水分的吸收量较小，应减少灌水次数，保持土壤湿润即可。生长中后期（莲座期），气温升高，生长量大，需水、需肥量也大，此时要加大灌水量并开始追肥，莲座期和结球期各追肥 1 次，收获前 1 周停止灌水，防止裂球，提高娃娃菜的商品性。娃娃菜的水肥需求量比较适中，不同生长期需水量不同，早春需水量少，缓苗后几乎不浇水，若浇水过多，易造成温度偏低且容易发生病害。当叶面积逐渐变大时，生长速度加快，根系加深，对水分要求比幼苗期大得多，但在莲座期要严格控制水肥量，不宜过多，过多不利于莲座的形成，只在干旱时酌量浇小水。在包心期，水分需求较大，应该适当加大浇水量，少量多施。

6. 采收　当全株高 30～35cm、包球松紧度在七八成时及时采收，叶球过大或过紧易降低商品价值；若发现大部分叶片上出现斑点时，应抓紧时间一次性收获，否则会发生腐烂。采收时，一般将整棵菜连同外叶运回冷库预冷，包装前按照商品性要求去叶，分级包装上市。

二、结球甘蓝化肥减量增效技术

（一）推荐施肥量及施肥模式

1. 基肥　有机肥全替代化肥时，每亩施用商品有机肥 1 000～1 500kg，或者充分腐熟的农家肥 3 000～4 500kg。有机肥部分替代化肥时，每亩施用商品有机肥 800kg、化肥折合纯氮 8.3～11.07kg、五氧化二磷 6.9～9.2kg。

2. 追肥　有机肥全替代化肥时，在莲座期结合浇水每亩追肥 10～15kg，结球前期结合浇水追水溶肥 10～15kg，结球中期追肥 5～10kg。有机肥部分替代化肥时，在莲座期结合浇水每亩追肥 10kg，结球前期结合浇水追水溶肥 10kg，结球中期追肥 10kg。

（二）配套技术

1. 地块选择　选择 3 年内未种植十字花科蔬菜且土地平整、土壤耕层深厚、排灌方便、理化性状良好、土壤肥沃的地块。

2. 品种选择　选用抗性强、结球紧实、不易裂球、商品性好并经认定或登记的品种，如中甘 11 号、中甘 15 号、中甘 55 号等品种一年四季均可种植。

3. 播种育苗　将育苗床整平，若土壤润和，可先播种，后浇水；若土壤干燥，应先浇透底水，待水渗下后撒一薄层过筛土，再播种。播种时，最好采用条播或点播，株距 4cm，行距 5cm。播种量为每平方米 3～4g，播种后均匀覆土 0.5～1cm 厚。为预防苗期病害发生，播种结束后可用多菌灵加农用链霉素兑水喷施。当苗龄达 5～6 片真叶时，即可进行移栽。

4. 移苗定植　移栽株距为 25～30cm，行距为 30cm，每亩定植密度为 5 500～6 000 株。

5. 水分管理　移栽缓苗后，应及时中耕松土，促进根系生长，并消灭杂草。一般在植株封行前浅锄 1～2 次。移栽后，视天气情况浇 3～5 次缓苗水，待成活后，视土壤墒情每 7～10d 浇 1 次水，使土壤湿度不低于 60%。

6. 适时采收　当甘蓝进入结球末期，叶球抱合紧实，手压有紧实感时，即可分批收获。

三、菠菜化肥减量增效技术

（一）推荐施肥量及施肥模式

1. 基肥　有机肥全替代化肥时，每亩施用商品有机肥 700～800kg，或者充分腐熟的农家肥 2 400～3 000kg。有机肥部分替代化肥时，每亩施用商品有机肥 500kg、水溶肥 30kg、配方肥 20kg。

2. 追肥　根据生长情况，适量追施有机叶面肥 10kg，分 2～3 次追施。

（二）配套技术

1. 地块选择　选择土质疏松、土壤肥沃、光照适宜、灌排便利、水源洁净、交通方便、病虫害少、pH 5.5～7.0 的微酸性壤土种植。

2. 品种选择　菠菜一年四季均可种植，根据不同茬口安排品种，选择抗寒性、抗病性优良的品种，如世美、绿胜、秋胜等。

3. 播种育苗　夏秋季播种，先浸种，可用水浸泡 12h 后放在 4℃ 左右的环境中冷藏 24h，再放在 20～25℃ 室温下催芽，出芽 3～5d 即可播种。春冬季节可直接播种。

4. 苗期管理　苗期要及时间苗、补苗，适当控制水分。设施栽培要注意保持适宜的土壤湿度和空气湿度，有效促进幼苗长势健壮，促根深扎。同时要昼揭夜盖、晴揭雨盖，让幼苗多见光，促进健壮生长。

5. 田间管理　当幼苗长出 4～5 片真叶后，菠菜进入生长旺盛期，要及时追肥。菠菜的耐涝性较差，土壤水分应保持在 20% 左右，若超出极易造成菠菜烂根死亡。菠菜在生育前期，需水量不大，为保证齐苗、壮苗，在播种前浇足水。播种后到出苗前可不浇水。种子发芽到长出 3 片叶子时，要控制浇水量，避免引发立枯病等病害。生长中后期，菠菜需水量增大，浇水 4 次，保持土壤处于湿润状态。种植越冬菠菜时，要浇入充足的防冻水。每次施肥之后，要浇水 1 次。在采收前，为了保证菠菜的品质，要停止浇水，避免因湿度过大引发病害。

6. 采收 达到商品性状后适时采收，防止茎部老化，影响商品性。

四、生菜化肥减量增效技术

（一）推荐施肥量及施肥模式

1. 基肥 有机肥全替代化肥时，每亩施用商品有机肥 500～800kg，或者充分腐熟的农家肥 1 500～2 400kg；有机肥部分替代化肥时，每亩施用商品有机肥 240kg、化肥折纯氮 9.73kg、五氧化二磷 5.6kg、氧化钾 5.25kg。

2. 追肥 有机肥全替代化肥时，在莲座期、结球前期，每亩各根外追施有机肥 10kg；有机肥部分替代化肥时，在莲座期、结球前期，每亩各根外追施化肥纯氮 1.75kg、五氧化二磷 2kg、氧化钾 1.88kg。

（二）配套技术

1. 土地选择 生菜种植宜选择有机质丰富、土壤微酸性及保水、保肥力强的地块。若在干旱缺水的土壤中种植，生菜根系发育不全，生长不充实，菜味略苦，品质差。

2. 品种选择 选用高产、稳产、商品性好的生菜品种，早春栽培时多采用抗性较强的不结球品种，如选用太湖 695、前卫 75、北山 3 号等。

3. 种子处理 秋季生菜播种育苗，一般均要进行种子处理。首先将种子用水浸泡 12h，然后用清水冲洗干净，用湿纱布包好，置于 5～6℃ 的低温环境中处理 2d，待大部分种子开始露白时再取出播种。播种后覆土不宜太厚，厚度一般在 0.5～1cm。夏秋季节高温多雨，播后用遮阴网覆盖遮阴。

4. 播种定植 春茬于 2—4 月播种育苗，5—6 月收获，秋茬于 7 月下旬至 8 月下旬播种育苗，10—11 月收获。播种后在室温 15～20℃ 条件下，3～4d 即可发芽。采用定植器或人工破膜定植，定植后用细土将苗孔盖严，浇透水。按照株、行距 35cm×35cm 定植，每亩保苗 5 000～5 500 株。

5. 水分管理 定植缓苗后，应进行中耕除草，增强土壤通透性，促进根系发育。要视土壤墒情和生长情况掌握浇缓苗水的次数，一般每隔 5～7d 浇 1 次水。气温较低时，水量宜小，浇水的间隔时间长；生长盛期需水量多，要保持土壤湿润；叶球形成后，要控制浇水，防止因水分不均造成裂球和烂心；保护地栽培开始结球时，浇水既要保证植株对水分的需要，又不能过量，控制田间湿度，不宜过大，以防病害发生。

6. 采收 生菜叶球成熟后要及时采收，采收稍迟就会影响品质。散叶生菜定植后 40d 左右即可采收，结球生菜定植后 50d 即可采收。

第四节　豆类蔬菜化肥减量增效技术

豆类蔬菜的生长特点是根瘤菌能固氮，可部分解决植株所需的氮素，与其他种类的蔬菜相比，氮素需求量较低；生长初期因根瘤生长缓慢，所以适量施用氮素肥料效果较好。在根瘤发育期，充足的氮、磷、钾供应，尤其是磷素供应会促进根瘤生长，有利于固氮作用的进行，即可以起到"以磷增氮"的作用。豆类蔬菜对磷肥及钾肥需要量相对较多，对硼、钼、锌等微量元素敏感，所以，在合理施氮、磷、钾肥基础上，喷施硼肥及钼肥，对提高豆类蔬菜的结荚率、促进籽粒饱满和提高产量有一定的作用。

荷兰豆化肥减量增效技术

（一）推荐施肥量及施肥模式

1. 基肥　每亩施用商品有机肥 800kg，化肥折合纯氮 8.3～11.07kg、五氧化二磷 6.90～9.20kg，均匀施入，深翻耙平。

2. 追肥　每亩随水追施尿素 15kg 左右；在结荚期，每亩追施复合肥 15kg、硫酸钾 5kg。另外，在采收 2～3 次后可根据植株长势，适当追肥。

（二）配套技术

1. 品种选择　选用抗病、优良、稳产、高产、商品性好且在青海省种植比较广泛、有代表性、并经登记或认定的品种，如大荚豌豆、脆甜软荚 80-11、青荷 1 号、草原 21 号、白花小荚等。

2. 茬口安排　温室栽培于 2 月上旬或 7 月中、下旬播种；露地栽培于 4 月上、中旬至 7 月上旬播种。

3. 播种　矮生的品种一般采用条播，行距 30～40cm，每亩用种量为 8～10kg。蔓生的品种可采用条播或点播，条播的行距为大行 60～70cm、小行 40cm，穴距 20cm，每穴播 2～3 粒种子，每亩用种量为 6～8kg，播种深度为 4～5cm。

4. 田间管理

（1）水分管理。荷兰豆苗期应适当控制肥水，开花期及时灌水，在整个开花结果期注意适时浇水。

（2）温度管理。栽培定植后温室白天温度 25℃时要进行通风，温度不能高过 30℃，保持夜间温度 10℃以上。整个结荚期温度保持在白天 18～20℃，夜间 12～16℃。

（3）引蔓搭架。当幼苗长出 5～6 片真叶、卷须出现时，要及时搭架，引枝上架，使荷兰豆的蔓向上攀缘生长，同时要进行绑蔓上引，行间保持通风透光。可采用竹竿"人"字立架方式，方法是沿播种沟在每行两头埋设立柱（可用水泥柱或木杆等），并用拉线和地锚等固定。立柱埋好后，在立柱顶端拉 1 根与行水平的 10 号铁丝用于吊蔓，并沿铁丝每隔 5～6m 埋设 1 根支架，在支架杆顶端将铁丝与支架固定。吊蔓时将封口线绕在水平铁丝上，一端缠绕在植株茎基部，保持吊线不松不紧，将幼苗主茎缠绕在吊线上，使幼苗茎蔓沿吊线向上攀缘生长。一般每穴吊一线。吊蔓结束后，要经常检查，进行扶茎绑蔓牵引。为防止荷兰豆植株倒伏，便于田间作业，当幼苗长到 50cm 高时围第一道横线，长到 1m 高时围第二道横线，以后每隔 50cm 就围 1 道横线，一般要围 3～4 道横线。对田间长势好、有徒长趋势的田块，在围第二道横线时疏掉侧枝，只留主枝，使豆苗茎蔓在空间内均匀分布。

5. 采收　荷兰豆是以采收嫩荚出口和供应市场的，采收标准一般在开花后 10d 左右，此时果荚已充分长大，但荚内豆粒尚未膨大，从外部看果荚很薄，没有豆粒鼓起。采收期一般可达 40～50d。

第五节　根茎类蔬菜化肥减量增效技术

根茎类蔬菜在幼苗期生长缓慢，吸收养分较少，地上部迅速生长，幼苗期需氮量大，其次为磷。在蔬菜肉质根膨大期，吸肥量达到高峰，需钾最多，氮次之，磷最少。在生长后期，生长速度变缓，需肥量逐渐减少，因此在生长后期，氮不能过量，否则会导致地上部徒长。在施肥上应掌握好氮肥用量和增施钾肥。

一、胡萝卜化肥减量增效技术

（一）推荐施肥量及施肥模式

1. 基肥　结合整地，每亩施用腐熟农家肥 5 000kg、过磷酸钙 30kg。

2. 追肥　幼苗 3～4 片真叶时要追肥 1 次，亩施磷酸二铵 15kg；定苗后进行第二次追肥，亩施复合肥 30kg；肉质根膨大期要充分考虑浇水保持土壤的湿润，结合浇水追施磷酸二铵或复合肥 20kg。

（二）配套技术

1. 品种选择　选用抗病、优良、稳产、高产、商品性好且在青海省种植比较广泛、有代表性，并经登记或认定的品种。青海省目前主要栽培的品种有一品蜡、新黑田五寸、维他纳等。

2. 茬口安排　4 月上、中旬播种。

3. 播种育苗

（1）种子处理。胡萝卜种子由于形成和构造的原因，发芽率较低。春播胡萝卜的播种期气温较低，所以要进行浸种催芽。其方法是，将种子放入 30～40℃的温水中浸泡 3~4h，捞出后用干净的湿布包好，放到 20~25℃ 的环境中催芽，每隔 4~5h 定期冲洗搅拌，使温、湿度均匀，等 60% 的种子露白时进行播种。

（2）播种。采用条播，一般行距 15cm，播时开 3~5cm 深的小沟进行播种。无毛的种子每亩地需 0.7kg 左右，有毛的种子需要 1.2~1.5kg。

4. 田间管理

（1）间苗、定苗及中耕。胡萝卜喜光，充足的阳光有利于肉质根的形成。因此，当幼苗出齐后要及时间苗，防治幼苗拥挤，间苗时除去过密的苗、劣苗与杂苗。一般小苗长出 3~4 片真叶时进行间苗，按 4~6cm 留苗。当幼苗长出 5~6 片真叶时，按 10cm 左右进行定苗。间苗的同时进行中耕，除去杂草。

（2）水分管理。胡萝卜耐寒能力强，但为了使胡萝卜充分生长、获得丰产，必须在不同的生长阶段合理供给水肥。从播种到苗出齐，要连续浇 2~3 次水，经常保持土壤湿润。

5. 采收　胡萝卜在播后 90~100d 进行采收，也可根据市场的需求，储藏于 0~3℃ 的冷库中，随时供应市场。

二、莴笋化肥减量增效技术

（一）推荐施肥量及施肥模式

1. 基肥　结合深翻，每亩施用商品有机肥 1 000~1 100kg 或腐熟农家肥 5 000~6 000kg。

2. 追肥　待莴笋肉质茎开始肥大尚未伸长时，结合浇水，每亩施用复合肥 20~25kg 或磷酸二铵 20kg 或大量元素水溶肥 2.6kg、尿素 1kg、磷酸二氢钾 1kg，全生育期共追施 2~3 次。

（二）配套技术

1. 品种选择　选用抗病、优良、稳产、高产、商品性好且在青海省种植比较广泛、有代表性，并经登记或认定的品种，如青海莴笋、西宁莴笋、青翠尖锋等。

2. 茬口安排　温室栽培于 11 月下旬至 12 月上旬移苗定植；大棚或小拱棚栽培于 2 月中旬至 3 月中旬移苗定植；露地栽培于 5—6 月移苗定植。

3. 播种育苗

（1）浸种催芽。育苗前将种子用 20~30℃ 的温水浸种 5~6h，滤水后放到 20℃ 的条件下催芽，等种子露白后即可播种。

（2）播种。播前结合翻地，每平方米苗床施用 50% 多菌灵 10g 进行土壤消毒，耙平压实后，浇足底水，待水分下渗即可播种。播种时撒播或条播，播后要覆盖细土 0.5cm 厚，当少量的种子出土后，再覆土 1 次，厚 2~3mm，促壮苗和出齐苗。

（3）苗期管理。播种后 30~40d，当幼苗长出 3~5 片真叶时，按 8cm 距离定苗。定植前 1 周要浇水，切块起苗，进行囤苗，等待定植。

4. 定植

（1）整地。前茬作物收获后要深翻晒垡，耕翻深度 30cm，随后深翻起垄，平整畦面、覆盖地膜后进行定植。

（2）定植。按株、行距 40cm×40cm 或 40cm×35cm 的距离在膜上开口，定植后浇小水。

5. 田间管理

（1）水分管理。缓苗后浇大水，及时中耕、松土、保墒。定植后 30～40d，接近连作期时控水 10～15d，待肉质茎开始肥大尚未伸长时浇水，以后保持土壤湿润，适当控水防止茎部开裂。但也不能控水过度，否则易造成高温干旱，使植株生长细弱、抽薹。

（2）温度管理。莴笋喜凉怕热，所以缓苗后，中午适当通风，室内温度控制在 22℃。茎部开始膨大到收获前，室内温度控制在 15～20℃，若超过 25℃，茎易徒长，影响产量和品质。

6. 采收 适时采收。

第六节 葱蒜类蔬菜化肥减量增效技术

葱蒜类蔬菜对养分的需求一般以氮为主，还需要适当的磷肥、钾肥。大葱、大蒜属于浅根系作物，虽然吸肥、吸水能力较弱，但均属于喜肥作物，随着幼苗的生长和新的花芽、鳞片芽的分化，葱蒜类蔬菜对养分的吸收逐渐增加。抽薹时，鳞片芽迅速膨大，养分吸收量迅速增加，达到峰值；鳞芽膨大后期，茎叶逐渐干枯，根系老化，养分吸收能力减弱。另外，硫、钙、镁、锰、硼对葱蒜类的产量和品质影响显著，尤其是硫在改善大蒜品质方面起着重要作用，适量施用硫肥可增加蒜头和蒜苗的大小，可降低变形蒜苗和松散蒜瓣出现的概率。

一、大葱化肥减量增效技术

（一）推荐施肥量及施肥模式

1. 基肥 有机肥完全替代化肥时，每亩施用商品有机肥 1 000～1 200kg。有机肥部分替代化肥时，每亩施用商品有机肥 500kg、尿素 10kg、磷酸二铵 25kg。

2. 追肥 每亩在根外追施纯氮 2kg、五氧化二磷 2kg、氧化钾 1.5kg。

（二）配套技术

1. 地块选择 选择土地平整、土壤耕层深厚、排灌方便、理化性状良好、土壤肥沃的地块。

2. **品种选择** 选用抗寒性强、优质、高产、耐储藏的早熟品种，如云锦 1 号、大通鸡腿葱等。

3. **播前整地** 移栽前及时深翻，耕深 25～30cm。播前浅耕耙糖 1 次，深度 15～20cm。翻虚翻透，翻地后及时重新糖地 1 次保墒，打碎整土坷垃，使土壤细碎，地表平整，无犁沟、塄坎。

4. **定植** 开沟定植，开沟间距为 50～60cm，沟深 10～15cm，株距 3～5cm。在较陡的沟壁一侧摆好葱苗，将根部按入沟底松土内，从沟的另一侧覆土，踩实。覆土深度以刚露出葱心为宜。

5. **田间管理** 移栽缓苗后，应及时中耕松土，促进根系生长，并消灭杂草。定植后缓苗期不浇水，宁旱勿涝，并注意雨后及时排灌；5 月上、中旬浇第一水，随水追肥；7 月上、中旬浇第二水，随水追肥；收获前 10～15d 停止浇水。

6. **采收** 大葱的叶片逐渐变为浓绿色，茎部充实饱满时即可收获。

二、大蒜化肥减量增效技术

（一）推荐施肥量及施肥模式

1. **基肥** 有机肥完全替代化肥时，每亩施用商品有机肥 1 200～1 500kg。有机肥部分替代化肥时，每亩施用商品有机肥 800kg、尿素 15kg、磷酸二氢铵 32kg。

2. **追肥** 每亩在根外追施纯氮 2kg、五氧化二磷 2kg、氧化钾 1.5kg。

（二）配套技术

1. **地块选择** 选择土壤耕层深厚、地势平坦、灌溉方便、土壤结构适宜、理化性状好、富含有机质的沙壤土。土壤 pH 8 左右为宜。前茬为非葱蒜类作物。

2. **品种选择** 选用优质、高产、抗病虫、抗逆性强、商品性好、耐运储、适宜青海省栽培、符合市场需求的大蒜品种，如青藏 1 号、春钰、华北 7 号、泰安红等。

3. **播期及播种** 大蒜覆膜栽培的播种时间为 3 月上旬，播种前深翻，疏松土壤，耙平碎土，耕深 25～30cm。播时先用锄头开 1 条沟，将种瓣点播覆土，株距 8～10cm，行距 15～18cm，每亩用种量 100～150kg。播种深度不宜过深，过深则出苗迟，假茎过长，根系吸收水肥多，生长过旺，蒜头形成受到土壤挤压，蒜头难以膨大；过浅则出苗时易跳瓣，幼苗期根系缺水，根系发育差。

4. **水分管理** 移栽缓苗后，应及时中耕松土，促进根系生长，并消灭杂草。一般在植株封行之前浅锄 1～2 次，以后可随手拔除杂草。当幼苗长到 7cm 时浇第一次水，此后视土壤墒情浇水 2～3 次。抽薹前视墒情可浇 1～2 次水，抽薹后浇 2～3 次水。

5. **采收** 蒜薹顶部开始弯曲、总苞下部变白时为蒜薹最佳收获期。若采收蒜头，基部叶片大都干枯、上部叶片开始褪色、植株处于柔软状态时即可收获。

第六章 其他经济作物化肥减量增效技术

第一节 苹果树化肥减量增效技术

一、苹果树需肥特点

苹果树在幼树期以营养生长为主，迅速完成树冠和根系骨架的发育，此期对氮素营养的需求量最大，在施肥上应侧重氮素营养的施入，适当补充磷肥、钾肥，促进枝条成熟，安全越冬。在结果初期，苹果树由营养生长向生殖生长转变，应注重磷肥、钾肥的使用，控制氮肥的施入量，促进由长树向结果的转化，以免造成树体徒长、旺长，不能适时丰产。盛果期苹果树稳定进入丰产期，生物产量最大，对各种营养元素的需求量都很大，在施肥时应注重各种营养元素的足量、均衡供给，除施入大量元素外，还应注意补充一定量的中微量元素。

苹果树年生长周期中，春季萌芽至春梢停长前是一年中树体营养器官的建成期，萌芽、长叶、开花、坐果、成枝都需要大量氮素营养，而此期营养的主要来源为前一年储存的养分。为保证营养器官建成，需注意，在前一年秋施基肥时施入一定量的氮素营养。春梢停长后，树体进入果实膨大期和花芽分化期，为了保证当年产量和来年花芽的质量、数量，应注意多种营养的均衡供给，以保证果实膨大和花芽分化所需要的各种营养。果实生长后期，为保证树体有机营养向储存器官的积累，促进果实着色和花芽质量，此期在营养的供给上应以磷肥、钾肥为主，尽量控制氮素营养，防止二次生长。

二、苹果树施肥管理

苹果树施肥应坚持有机肥为主、无机肥为辅，复合肥为主、单质肥为辅的原则，施用多元素复合肥或果树专用肥，有针对性地补充果园土壤中各种营养元素，保持各营养元素间的平衡。幼树期需磷较多，一般按 m（氮）：m（磷）：m（钾）＝1：2：1 配制，结果期需要氮肥和钾肥较多，一般按 m（氮）：m（磷）：m（钾）＝2：1：2 配制。

（一）基肥

一般早熟品种采收后即可施基肥，基肥宜早不宜迟。基肥以农家肥为主，要做到"早、足、全、熟、匀"，占全年施肥量的 80％ 以上。盛果期亩产在 2 500～

81

3 000kg 的果园，一般每年每亩施农家肥 2 500～5 000kg，配合施用一定量的化学肥，以满足周年果树的生长需要。

（二）追肥

果树需肥量大的时期应及时追肥，以满足果树生长发育的需要。追肥既能满足当年壮树、高产、优质的要求，又为来年生长结果打下了基础，是果树生产中不可缺少的施肥环节。

花前追肥，以氮肥为主，水肥一体化施入效果最佳，可以促进生长、提高坐果率。

花后追肥，追施速效氮肥，以补充开花、坐果消耗的养分，可促进幼果和新梢生长，扩大叶面积，提高光合作用，有利于碳水化合物和蛋白质的形成，减少生理落果。如果前期施肥量较大，此期可不施肥。

生理落果后，苹果树幼果已经坐定，新梢停止生长，追施速效氮肥、磷肥、钾肥，可促进根系生长，提高叶功能，有利于花芽分化和果实膨大。

在果实膨大期和花芽分化期，部分新梢停止生长，花芽开始分化，此期追肥可提高光合效能，促进养分积累，提高细胞液浓度，有利于果实膨大和花芽分化。施肥以磷肥、钾肥为主，用量占全年用量的 1/3 到 1/2，配施铵态氮，量不宜过大，以免二次生长，影响花芽分化。

常用施肥方法有环状沟施法、放射沟施法、条状沟施法，应根据果园具体情况，酌情选用。生产中一般幼龄果园以环状沟施为主，结果果园以条状沟施或穴施为主。全园撒施因施入深度过浅，常导致根系上移、降低根系抗逆性，故应少用或不用。施肥的部位应在树冠外围垂直投影处，施肥深度为 25～40cm。

（三）叶面喷肥

根外追肥是迅速补充营养的有效手段，特别是中微量元素的补充。根外追肥应掌握少量多次的原则。花后至采果前，可喷施 0.3%～0.4% 尿素；新梢停长期，可喷施 1%～3% 过磷酸钙浸出液；生理落果后，可喷施 0.2%～0.3% 硫酸钾；盛花期，可喷施 0.1%～0.3% 硼砂。

三、配套技术

矮化密植现已成为苹果的主要栽培方式，相应的整形修剪也发生了重大变化，树冠由大冠变成小冠，结构由复杂变简单，修剪时期由重视休眠期变成休眠期与生长期并重，修剪方法由重视短截变为重视长放，修剪程度由重变轻。种植密度是影响修剪的主要因素。

生产上主要保持的树形有疏散分层形、小冠疏层形、自由纺锤形、高纺锤形、细长纺锤形、扇形等。

冬季修剪方法主要有长放、短截、疏枝、回缩，小冠形密植栽培以长放疏枝为主，少短截或轻短截。夏季修剪方法主要有刻芽、环割、环剥、拉枝、疏梢、抹芽、摘心、扭梢等，夏季修剪是小冠密植、早丰优质栽培的有效措施。

旺长树修剪主要用于长梢长根，积累储备少，营养性长枝比例高，新梢生长量大，短枝比例低。冬剪应以疏为主，尽量少短截。生长季修剪以春季刻芽、夏季环剥（割）、秋季拉枝来增加分枝和短枝比例，控势促花。

中庸树的修剪目标主要是调节枝类组成和营养枝的布局，注意营养生长、优质短枝、结果 3 个因素的协调，及时更新复壮枝组，疏花疏果，防止超负荷生产。

变产树的成花结果情况年间变幅大，果品质量年间差异大。修剪时应稳定修剪措施，防止某一年修剪太重或太轻。大年时适当剪掉部分花芽，以花换花，开花后疏花疏果，防止负载过量，轻剪营养枝，促进枝类转化和花芽形成。小年时则多留花芽，搞好花期授粉，对营养枝重短截，促发旺长，减少翌年花芽数量。

弱树修剪，在加强土肥水管理的基础上，应多短截、少疏枝，复壮树势。

第二节 梨树化肥减量增效技术

一、梨树需肥特点

梨树在幼树期以营养生长为主，对氮肥需求量最多，同时需要适当补充钾肥和磷肥，以促进枝条成熟和安全越冬。在结果期，梨树从以营养生长为主逐渐转变成以生殖生长为主，氮肥仍是不可缺少的营养元素，并且随着结果量的增加而增加。钾肥对果实发育具有明显促进作用，使用量随结果量的增加而增加。磷与果实品质关系密切，为提高果实品质，应注意增加磷肥的使用。

结果期梨树在萌芽生长、开花坐果、幼果生长、花芽分化、果实膨大和成熟等阶段需肥量较多，应根据不同器官生长发育需肥特点及时供肥，以保障产量和品质。

在萌芽生长和开花坐果期，春季萌芽生长和开花坐果几乎同时进行，由于多种器官的建造和生长，消耗树体养分较多。如果前一年树体内储藏的养分充足，翌年春季萌芽整齐，生长势较强，花朵较大，坐果率较高；如果前一年结果过多，病虫危害或未施秋肥，则应于萌芽前后补施以氮为主的速效肥料，并配合灌水，有利于肥料溶解和吸收，以供生长和结果的需要。

在幼果生长发育和花芽分化期，坐果以后果实迅速生长发育，发育枝仍在继续生长，需要大量营养物质供应，施肥有利于花芽形成。

果实膨大和成熟期是改善和增进果实品质的关键时期，此期若施氮肥过量或降水、灌水过多，均会降低果实品质和风味。为获得优质果实和丰产，应注意果实膨大期到成熟期前控制氮肥和灌水，保护好叶片和避免过早采收。

二、梨树施肥管理

（一）基肥

梨树秋施基肥，断根早、发根多，肥效较好，采后施肥效果最好。在距离根系分布层稍深、稍远处施基肥，但距离太远则会影响根系的吸收。成龄果园，根系已经布满全园，适宜采用全园施肥，幼龄果园宜采用局部施肥。局部施肥可分为环状施肥、放射沟施肥、条沟施肥等，全园撒施会导致施肥深度浅，根系上翻。根据生产经验，每生产100kg梨需要施用优质猪圈粪或土杂肥100kg、尿素0.5kg、过磷酸钙2kg、草木灰4～5kg，基肥一般按全年施肥量50％～60％施入。

（二）追肥

1. 花前追肥　此时树体对氮肥敏感，若氮肥供应不足，易导致大量落花落果，此期追施以氮为主、氮磷结合的速效性肥料。一般初结果树每株施尿素0.5kg，盛果期树每株施尿素1.0～1.5kg。

2. 花后追肥　落花后坐果期梨树需肥较多，应及时补充速效性氮肥、磷肥，促进新梢生长，提高坐果率，促进果实发育。一般初结果树每株施磷酸二铵0.5kg，盛果期树每株施1kg。

3. 花芽分化期追肥　此时中、短梢停止生长，花芽开始分化，追肥对花芽分化具有明显促进作用。此期追肥要注意氮肥、磷肥、钾肥适当配合，追施三元复合肥或全元素肥料。一般每株施三元复合肥1.0～1.5kg或果树专用肥1.5～2.0kg。

4. 果实膨大期追肥　此时果实迅速膨大，追肥主要是为了增加树体营养积累，补充果树因大量结果造成的营养亏缺。此时应维持平稳的氮素供应，施氮过多易使新梢旺长，配施适当比例的磷肥、钾肥。

每次追肥应适当灌水，以利根系吸收。追肥的次数和数量要结合基肥用量、树势、花量、果实负载情况综合考虑，如果基肥充足、树势强壮，追肥次数和用量均可相应减少。

（三）叶面喷肥

在梨树叶片生长25d以后至采收前，结合病虫防治，可掺入尿素、硼砂、磷酸二氢钾等叶面肥进行喷施，能提高叶片的光合作用。

三、配套技术

梨树为高大果树，自然条件下或人为控制不当，树体易过高，不仅给修剪、病虫害防治、疏花疏果、套袋及采收等工作带来不便，还易造成上部枝叶对下部枝叶及相邻两行的相互遮阴。生产中稀植大冠树树高一般控制在4.5m以下，中冠树树高为3.5m以下，密植小冠树树高为3m以下。要合理留取骨干枝数量及排布层次，骨干枝过少，不能充分利用空间，降低产量；骨干枝过多，树冠通风透光不良，降低果实品质。同时，若叶面积系数过大或者叶片分布过于集中，都不能充分利用光照资源，影响果实产量和品质。

幼树整形修剪重点以培养骨架、合理整形、迅速扩冠占领空间为目标，在整形的同时兼顾结果。修剪时应控制中干过旺生长，平衡树体生长势力，开张主枝角度，扶持培养主、侧枝，充分利用树体的各类枝条，培养紧凑健壮的结果枝组，促进早期结果。

结果初期修剪目标为继续培养骨干枝，完成整形任务，促进结果部位的转化。修剪时应继续培养选定的骨干枝，调节长势和角度，带头枝采用中截向外延伸，中心干延长枝不再中截，缓势结果，均衡树势。辅养枝任务由扩大枝叶量、辅养树体，变为成花结果、实现早期产量。

盛果期修剪目标为维持中庸健壮的树势和良好的树体结构，改善光照，调节生长与结果的矛盾，更新复壮结果枝组，防止大小年结果，尽量延长盛果年限。中庸树势的标准是：外围新梢生长量30～50cm，长枝占总枝量的10%～15%，中、短枝占总枝量的85%～90%，短枝花芽量占总枝量的30%～40%；叶片肥厚，芽体饱满，枝组健壮，布局合理。树势偏旺时，应缓势修剪，多疏少截，去直立留平斜，弱枝带头，多留花果，以果压势；树势偏弱时，应助势修剪，抬高枝条角度，壮枝壮芽带头，疏除过密细弱枝，加强回缩与短截，少留花果，复壮树势。对中庸树的修剪应稳定，不应忽轻忽重，各种修剪手法并用，及时更新复壮结果枝组，维持树势的中庸健壮。

衰老期修剪时，必须进行更新复壮，恢复树势，以延长盛果年限。更新复壮的首要措施是加强土肥水管理，促使根系更新，提高根系活力，在此基础上进行修剪调节。梨树的潜伏芽寿命很长，可通过重剪刺激，促进新枝萌发，用以重建骨干枝和结果枝组，修剪时将所有主枝和侧枝全部回缩到壮枝壮芽处，结果枝去弱留壮，集中养分。

第三节　樱桃树化肥减量增效技术

一、樱桃树需肥特点

樱桃树的根系较浅且根系功能较弱，施肥以少量多施为宜，不可一次大量施肥。在幼树扩冠期，应以速效氮肥为主，辅以适量磷肥。在结果初期，以施有机肥和复合肥为主，做到控氮、增磷、补钾。在结果盛期，除秋施基肥、花前追肥外，要注意采果后追肥，增施氮肥。

在年生长周期中，樱桃树需肥量集中在年生长周期前半段，一年当中不同生长阶段需肥特点有所改变。樱桃树萌芽期需肥旺盛，要为当年的萌芽、开花、坐果提供充足的营养保证。花芽分化前1个月对氮肥需求量大，适量施用氮肥，能够促进花芽分化和提高花芽发育率。要科学合理施肥,掌握施肥时期,及时适量供应树体生长发育所需养分。

二、樱桃树施肥技术

(一)基肥

基肥宜在果实采收后落叶前施用,以补充营养,恢复树势,为花芽分化提供充足养分。施用基肥时,宜加入适量的速效性氮肥。肥料应施到根系分布区,引导根系向下伸展,以便吸收利用,充分发挥肥效。

幼树期施肥,每株施用猪圈粪 15kg 左右或纯鸡粪 5～10kg,适当加入果树专用复合肥 0.25～0.5kg;初果期树施肥,每株施猪圈粪 100kg 或纯鸡粪 20kg,加果树专用复合肥 1～1.5kg;盛果期树施肥,每株施猪圈粪 150kg 或纯鸡粪 30kg,加果树专用复合肥 1.5～2.5kg。猪粪、鸡粪等有机肥必须充分腐熟,特别是鸡粪。每株基肥中加入 0.5～2.5kg 充分发酵的饼肥,效果更好。

秋施基肥多采用放射沟施或大穴施,猪圈粪多采用土壤深刨进行撒施,或者行间开 40cm 左右深沟施入,也可结合秋季深翻扩穴施入。每年每株挖的施肥穴宜少而小,每穴的施肥量宜多,可减少年年开沟挖穴对樱桃根系的伤害,减少肥料被土壤的固定或流失,增进有机肥改善土壤团粒结构的效果。每树挖 2～4 个穴,每年错开穴位,起到轮换改良的作用。

(二)追肥

1. 花前肥 花前追肥是对秋施基肥的补充,以促进坐果、长枝。此期追肥,对于弱树、老树和结果过多的大树,应以速效氮肥为主,配合施用磷肥,促进萌芽和开花整齐,提高坐果率,加速营养生长。幼树每株追施尿素 0.1～0.4kg、过磷酸钙 0.25～0.5kg,结果树每株追果树专用肥 1～1.5kg。

2. 采后促花肥 采后是新梢开始停长、花芽大量分化的时期,这一时期追肥可以解决因大量结果造成的树体营养物质亏缺,利于花芽分化。施用果树专用肥 0.5～1.5kg 或尿素 0.25kg、过磷酸钙 0.75kg、硫酸钾 0.25kg。

3. 长果肥 坐果较多的盛果期大树,在果实膨大期,可补施 1 次果树专用复合肥,每株 0.5～2kg,加尿素 0.5kg。

(三)叶面喷肥

樱桃树盛花期喷第一次叶面肥:0.3%尿素、0.1%硼砂、0.1%磷酸二氢钾,可促进受精坐果。第一个营养转换期喷第二次:0.2%尿素、0.3%磷酸二氢钾。采收后喷第三次:0.4%磷酸二氢钾。

可增加叶面肥施用次数,前期以氮素为主,后期以磷、钾为主。幼树展叶后可每隔 10d 喷 1 次 0.4%尿素,共 3 次;结果树坐果后可喷稀土 800～1 000 倍液、

0.3%磷酸二氢钾，每隔 10～15d 喷 1 次，共 3 次；衰老树以喷 0.3%尿素为主。

叶面肥喷施简便易行、用肥量小、肥效快、利用率高，一般喷后 15min 到 2h 便可被枝叶吸收。喷施时要避开高温和雨天，适宜气温为 18～25℃，高温的夏天在上午 8—10 时和下午 4 时以后进行，喷施叶面肥要细致、全面、均匀。叶面肥是追肥的补充和调剂，但不能代替基肥和追肥。

三、配套技术

樱桃树修剪需要有目的、有步骤地进行，从幼树开始考虑树形的培养、枝组的布局安排。

1. **因树修剪**　保持樱桃树中庸健壮的树势是丰产、稳产和优质的基础。对长势强旺、分枝直立、成枝力弱的树，应以缓抑强、拉枝开角、中截增枝。对于结果后分枝短壮进而转衰的树，应注意短截、促其生长。

2. **抑强扶弱**　强树、弱树、强弱不均的树都不能丰产。只有树势均衡、中庸健壮，才能连年丰产。樱桃幼树生长量大，长势强；结果后，外冠分枝量大，郁密遮光，内膛枝细弱，强弱悬殊。需运用抑强扶弱的剪法，对强枝进行控制，压低角度，多疏枝，减少生长量；对弱枝予以扶壮，抬高角度，多留枝，中截促分枝等，达到强者缓和，弱者转壮，树势均衡。

3. **主从分明**　主从分明是使樱桃树体结构合理、生长匀称、寿命延长的主要措施之一，要保持各级骨干枝之间有一定的从属关系。应达到中心干生长强于主枝，主枝强于侧枝，下面主枝渐次强于上面主枝，主、侧枝强于辅养枝。各级骨干枝的角度，应保证级次越小开张角度越大，以此达到强弱有序、疏密相间、互不干扰的目的，使树冠稳步均匀地扩大，结构牢固紧凑，完成立体结果的目标。

樱桃产量过高时，会导致果个偏小，影响果品质量，亩产应控制在 1～1.47t 为宜。在实际生产中，应控制树体合理负载，及时疏花疏果，做到稳产保质。疏花应在花芽现蕾期进行，将每个花芽内现蕾较晚的小花蕾摘除，每个花芽内保留 3 个饱满花蕾。疏果应在生理落果后进行，主要疏除小果、畸形果和病虫果，疏果数量应根据树体长势、负载量及坐果情况而定，一般每个花束状果枝留果 5～8 个为宜。

第四节　核桃树化肥减量增效技术

一、核桃树需肥特点

核桃树喜肥，在幼龄期，营养生长占主导地位，树冠和根系快速生长，为开花结果积累营养，此期对氮肥需求高，辅以适量磷肥、钾肥。在结果初期，营养生长逐渐放缓，树冠继续扩大，根系、枝叶量增加，结果枝大量形成，产量逐年增加，仍对氮肥有较高需求，同时需适当增加磷肥、钾肥施入量。在盛果期，核桃处于大量结果期，营养生长和生殖生长处于相对平衡状态，树冠和根系不再继续扩大，已经老化的根系、枝条开始更新，管理好的核桃树可以连年获得高产、稳产，效益达到高峰阶段。这一时期要加强施肥、灌水、病虫害防治、整形修剪等管理措施，调节树体营养均衡，防止大小年结果现象且适当延长结果盛期年限，因此，在增施有机肥的基础上，合理施用氮肥、磷肥、钾肥等速效肥料可以提高核桃产量和品质。在衰老期，树体开始衰弱，施肥以氮肥为主，促进营养生长，增强树势。

二、核桃树施肥管理

（一）基肥

基肥可以长时间持续不断地供给树体比较全面的养分，保证树体生长发育。核桃树基肥应该以迟效性有机肥为主，在供给树体营养的同时可增加土壤孔隙度，基肥可配合速效磷、钾肥施用。施用有机基肥时，要达到 60cm 深的土层，并且在树冠外延投影 1~1.5m 内，有机基肥用量应保证幼树每株 20~30kg，结果初期树每株 30~50kg，盛果期树每株 50~80kg，衰老期树每株 50kg 以上。

（二）追肥

依据核桃树在不同生长发育期的需肥特点进行追肥，以满足核桃树生长发育的需要。追肥不仅能满足核桃树当年生长结果的需要，还能为翌年生长结果打下基础，是核桃生产中不可缺少的技术环节。追肥后要及时灌水，以发挥肥效。追肥用量一般为 1~5 年生树每平方米树冠投影面积施纯氮 50~100g、纯磷和纯钾各 30~60g，5 年后施肥量随树龄和产量的增加而增加。

在核桃树年生长周期中，有以下几个追肥时期。

萌芽前追肥。主要作用是促进开花，减少落花，有利于新梢生长。若树势过旺且基肥数量充足，则不宜施花前肥。此次追肥以速效氮为主，如硝酸铵、尿素、碳铵等。

花后幼果期追肥。落花后坐果期是氮、磷、钾吸收量最多的时期，此期适时追肥可以减少落果，保证幼果迅速膨大，并促进新梢生长，扩大叶面积，提高光合效能。此期追肥以速效氮为主，同时适当增施磷肥、钾肥。但应注意氮肥施用不要过多，避免新梢生长过旺，加剧幼果脱落。

硬核期追肥。核桃进入硬核期，种仁逐渐充实，混合花芽开始分化。此期追肥以磷肥、钾肥为主，适量施氮肥，以满足种仁发育的养分需求。

采果后追肥。采果后，由于果实的发育消耗了树体大量养分，此时花芽分化需要大量营养，因此，需及时补充土壤养分，促进树体储藏养分，提高花芽分化质量，同时提高树体营养水平和抗寒能力，一般结合秋施基肥进行。

三、配套技术

核桃树要适时修剪，培养树体骨架，改善通风透光，达到均衡营养及促进早产、丰产、稳产的目的，进而提高经济效益。核桃修剪时期的选择很重要，如果时期不当，会造成严重伤流现象，使树体养分流失，造成树势衰弱，严重者造成枝条枯死。

（一）修剪时期

1. **春季修剪**　从正月开始修剪，直至核桃树萌芽展叶前。修剪后树体及时萌发，伤流现象非常有限，对树体生长发育影响非常小。此时树叶落光利于观察，便于操作。

2. **秋季修剪**　核桃采收后直至核桃树落叶前。此时尚未进入伤流期，无伤流现象，不流失养分。

3. **休眠期修剪**　冬季核桃树休眠期可进行修剪，但要避开伤流高峰期。修剪后树体有伤流现象，损失少量水分和矿物质。

（二）修剪方法

1. **短截与回缩**　短截是指剪去 1 年生枝条的一部分，回缩是指在多年生枝上短截。两种修剪方法的作用都是促进局部生长，促进多分枝。修剪的轻重程度不同，产生的反应不同。为提高枝条角度，一般可回缩到多年生枝有分叉部位的分枝处。短截 1 年生枝条时，其剪口芽的选留及剪口的正确剪法，应根据该芽发枝的位置而定。剪口距下面芽 2～3cm，防止芽被抽死。

2. **疏枝与缓放**　疏枝是指从基部剪除枝条，又叫疏除。果树枝条过于稠密时，应进行疏枝，以改善风、光条件，促进花芽形成。缓放是指甩放不剪截，任枝上的芽自由萌发。缓放既可以缓和生长势，也有利于腋花芽结果。枝条缓放成花芽后，即可回缩修剪，这种修剪法常用在幼树和旺树上。凡有空间需要多发枝时，应采取短截的修剪方法；枝条过于密集，要进行疏除；而长势过旺的枝，宜缓放。

3. **摘心与截梢**　摘心是指摘去新梢顶端幼嫩的生长点，截梢是指剪截较长一段梢的尖端。其作用是不仅可以抑制枝梢生长，节约养分以供开花坐果之需，避免无谓的浪费，提高坐果率，还可在其他果枝上促进花芽形成和开花结果。

4. **抹芽和疏梢**　抹芽是指用手抹除或用剪刀削去嫩芽。疏梢是指新梢开始迅速生长时，疏除过密新梢。这两种修剪措施的作用是节约养分，以促进所留新梢的生长，使其生长充实；除去侧芽、侧枝，改善光照，有利于枝梢充实及花芽分化和果实品质的提高。尽早除去无益芽、梢，可减少后来去大枝所造成的大伤口及养分的大量浪费。

5. **拉枝**　拉枝是指将角度小的主要骨干枝拉开，可缓和旺枝。拉枝适于在春季树液开始流动时进行，将树枝用绳或铁丝等牵引物拉下，靠近枝的部分应垫上橡皮或布料等软物，防止伤及皮部。

（三）花果管理

落花落果是核桃生产中比较普遍的现象，每年可出现 3 次。第一次发生在开花后，未受精的花脱落，对生产影响不大；第二次发生在花后 2 周，受精后初步膨大的幼果脱落，有一定的损失；第三次约发生在 6 月，又叫"六月落果"，此次落果损失较大。减少落花落果是核桃丰产的重要保障。

1. 花期管理　核桃属风媒异花授粉果树，自然授粉受自然条件的限制，导致每年坐果情况差别很大，实行人工辅助授粉可提高坐果率。一般于上午 8—10 时，从当地健壮树上采集基部小花已开始散粉的粗壮雄花序，放于室内或无太阳直射的院内摊开晾干，待大部分雄花开始散粉时，筛出花粉，装瓶。雌花柱头呈倒"八"字张开、分泌黏液最多时，授粉效果最好。为了维持核桃树营养生长和生殖生长的相对平衡，保证树体正常生长发育，提高果实质量，稳定产量，延长结果寿命，疏除过多的雄、雌花也十分必要。

2. 保花保果　落花落果严重是导致核桃树产量低且不稳的重要因素，主要原因是树体储备营养水平低，受精不良。花期喷硼和激素可以提高坐果率，研究表明，盛花期喷 54mg/kg 赤霉素、125mg/kg 硼酸、475mg/kg 稀土，可提高坐果率。保花保果措施是一项辅助性措施，只有在加强土肥水管理的基础上才能充分发挥作用。

第五节　花椒树化肥减量增效技术

一、花椒树需肥特点

花椒用途广泛，易于栽培，好管理，是重要的经济树种，深受广大农民群众的喜爱。花椒属浅根系树种，喜肥好气，养分供应充足才能保证连年高产、稳产。

花椒树的施肥数量，常因品种、树龄、树势、结果量和土壤肥力水平不同而异。幼龄期需肥量少，进入初结果期后，随着结果量的增加，施肥量也需增加。进入盛果期后，产量大增，为了实现长期高产、稳产、优质的目标，必须施足肥料。将肥料均匀撒入沟中，肥土拌匀，用熟土覆盖后再填压，施肥量的多少要根据树冠大小灵活掌握，宜少不宜多，沟也不能挖得太深。花椒树施用有机肥方法通常有环状、放射状、多点穴状施肥。

二、花椒树施肥技术

（一）基肥

在花椒树年生长周期中，有机基肥最佳施用时间是秋季花椒树落叶前后，结合秋耕深翻施入，其次是在落叶后至封冻前，春施时间可以安排在土地解冻后到发芽前。秋施基肥效果最佳，一方面可以保证基肥充分腐熟，以供给花椒树休眠前的吸收利用，利于翌年开花坐果；另一方面，秋施基肥时花椒树根系尚未停止生长，深翻断根后根系愈合能力强，能产生大量新根，增强根系吸收能力，提高树体储存营养水平，增强抗寒能力，利于安全越冬。

有机基肥施用量应依树体大小、树龄而定。一般 2～5 年生树，每株施用农家

肥 10～15kg、磷肥 0.3～0.5kg、硫酸铵 0.2～0.3kg。6～8 年生树，每株施用有
机肥 15～25kg、磷肥 0.5～0.8kg、硫酸铵 0.5～1.0kg。9 年生以上的盛果树，每
株施用有机肥 25～50kg、磷肥 0.8～1.5kg、硫酸铵 1.0～1.5kg。

（二）追肥

应根据花椒树不同物候期的需肥特点追施肥料，以保证当年丰产，同时为第二
年丰产奠定基础。

1. 萌芽前追肥　在春季树液开始流动至萌芽前追肥，可对树体营养进行补充，
促进新梢生长、叶片形成、果穗增大，提高坐果率。一般每株施复合肥 0.3kg，或
者每株施尿素 0.1kg、过磷酸钙 0.2kg 和硫酸钾 0.1kg。

2. 花后追肥　在开花后，每株施氮磷钾复合肥 0.3kg，或者每株施尿素
0.1kg、过磷酸钙 0.2kg 和硫酸钾 0.1kg。

3. 壮果追肥　在果实膨大期，每株施氮磷钾复合肥 0.75kg，或者每株施尿素
0.25kg、过磷酸钙 0.5kg 和硫酸钾 0.25kg。

（三）叶面喷肥

在不宜进行土壤追肥时，可以根外追肥，肥效快，养分分布均匀。花椒开花坐
果期及果实膨大期难以进行土壤施肥时，采用叶面喷肥可大大提高产量。叶面追肥可
以结合喷药进行，节省劳力。具体做法：开花前，喷施氨基酸 300 倍液或 0.3%～
0.5% 尿素与 0.3% 磷酸二氢钾的混合水溶液，间隔 7～10d，再喷施 2～3 次。7 月中、
下旬至 8 月上旬再喷 0.3% 磷酸二氢钾水溶液或高钾型叶面肥 2～3 次。

三、配套技术

整形修剪是花椒栽培管理中一项十分重要的技术措施。花椒树栽植后若不加以
整形修剪，任其自然生长，往往树冠郁闭，枝条杂乱，通风透光不良，导致病虫滋
生，树势逐渐衰弱，产量降低，品质下降。进行合理的整形修剪，可使树体能充分
利用阳光，提高光合作用。

实践证明，花椒树修剪宜在 1—2 月进行，此时养分由枝、芽向根系的运输结
束，而且没来得及由根、干运回枝、芽，因此此时修剪不会减少养分的损耗。通常
采用短截、疏剪、缩剪、甩放等方法。夏剪使用的方法多采用开张角度、抹芽、除
萌、疏枝、摘心、扭梢、拿枝、刻伤、环剥等。

第六节　枸杞化肥减量增效技术

一、枸杞需肥特点

枸杞属于多年生深根性植物，枸杞根系具有活跃的生理功能，周年生育期内连

续发枝、开花、结果，植株需肥量大。枸杞在营养生长和生殖生长交叠期需要大量的氮肥，以满足新梢生长、叶片增大、果实发育的营养需求。枸杞在年生长周期中对磷肥需求量平稳，基本没有高峰和低谷。钾是树体代谢过程中某些酶的活化剂，对枸杞的生长发育非常重要，能提高光合作用，促进碳水化合物的合成，促进果实糖分的积累和组织成熟，枸杞是需钾相对较多的经济作物。

枸杞在根系生长、花芽分化、枝叶生长、开花结果等重要物候期均需要消耗大量营养，要保证枸杞年度生育期内营养生长和生殖生长的适度平衡，实现均衡产果，保证植株"春季萌芽发枝旺、夏季坐果稳得住、秋季壮条不早衰"，必须建立合理、经济、科学的施肥制度。

二、枸杞施肥管理

(一) 基肥

基肥一般在秋季枸杞树体落叶、逐步进入休眠期时施入，此时树液即将停止流动，因而挖坑伤根对植株来年的生长影响不大，并且施入的肥料在土壤中储存时间长，可以得到充分腐熟，利于树体吸收。另外，施入的大量有机肥壅围在根系周围，可起到一定的保温作用。秋季冬水前施入基肥，树体萌芽早、发枝旺。而春季施入基肥，萌芽迟、发枝弱，加之春季挖坑伤根容易遭病虫危害。施肥量随树龄相应变化，幼龄树每株施菜籽饼 0.5kg，加羊粪或猪粪 2.5kg，加鸡粪 2.5kg；成龄树每株施菜籽饼 1kg，加羊粪或猪粪 5kg，加鸡粪 5kg。为了促进幼苗的生长，每株可施入磷酸二铵 25g、尿素 25g、复合肥 50g。

基肥施用一般采用环状施肥法、月牙形施肥法、对称沟施肥法。环状施肥法是指将肥料均匀地施入树干周围，沟穴部位距根颈 60cm 以外、树冠边缘以内，深度40cm，适用于小面积栽植区的幼龄枸杞园。月牙形施肥法是指在树冠外缘的一侧挖 1 个月牙形施肥沟施入肥料，沟长为树冠的一半，沟深为 40cm，开沟部位可以隔年交替更新，适用于成龄枸杞园。对称沟施肥法是指大面积枸杞园施肥时，为了节省劳力，在枸杞树行间用大犁开 30～40cm 深沟，将肥料施入，再封沟即可。

(二) 追肥

为保证枸杞生育期生长结实对养分的需要，应在施足基肥的基础上及时适当追肥。春季追肥应选择速效氮肥，幼龄树每株施用尿素 100g、碳酸氢铵 200～300g；成龄树每株施用尿素 150～200g、碳酸氢铵 400～500g。

开花结果期，应选择氮磷复合肥，幼龄树每株施用磷酸铵 75～100g，成龄树每株施用磷酸铵 150～200g。

果实成熟期，使用氮磷复合肥，幼龄树每株施用磷酸铵 75～100g，成龄树每株施用磷酸铵 150～200g。

（三）叶面喷肥

叶面喷肥是补充枸杞树体微量元素的重要途径。在枸杞营养临界期和营养最高效率期喷施叶面肥，隔10d左右喷施1次。幼龄树，一般喷施微量元素溶液5～6次，成龄树7～8次，能增强叶片光合作用，促进新枝生长，控制封顶，防止花果脱落，满足幼果膨大的营养需求。

三、配套技术

枸杞树修剪整形遵循的原则：巩固充实树形、控制冠顶优势，因树修剪、随枝做形，去高补空、更新果枝，剪横留顺、去旧留新，密处疏剪、缺处留枝，清膛截底、修围清基，调节营养、树冠圆满，按照"清基、剪顶、清膛、修围、截底"5个步骤进行修剪。

春季修剪时，主要进行抹芽除蘖、剪干枝，沿树冠自下而上将植株根茎、主干、膛内、冠顶所萌发和抽生的新芽、嫩枝抹掉或剪除，同时剪除冠层结果枝梢部的风干枝。

夏季修剪时，主要剪除徒长枝，短截中间枝，摘心二次枝，沿树冠自下而上，由里向外，剪除植株根茎、主干、膛内、冠顶处萌发的徒长枝。对于树冠上层萌发的中间枝，将直立强壮者隔枝剪除，留下的枝条于20cm处打顶或短截。对于树冠中层萌发的斜生中间枝，于枝长25cm处短截。对于短截枝条萌发的斜生二次枝，于20cm处摘心，促发分枝结秋果。

秋季修剪时，主要剪除徒长枝。

休眠期修剪时，主要整理树冠和进行结果枝的去旧留新，更新果枝、补形修剪、树冠放顶、冠层补空、偏冠补正、整株更新。

第七节　设施草莓化肥减量增效技术

一、草莓需肥特点

草莓根系较浅，吸肥能力强，是典型喜肥植物，不同生长时期对肥的需求不同，对养分非常敏感。氮肥可促进草莓茎叶生长，促进花芽、花序、浆果的发育；磷肥能促进草莓花芽的形成，提高结果能力；钾肥能促进草莓浆果肥大成熟，提高含糖量，提升果实品质。

草莓生长初期需肥量较少，开花以后需肥量逐渐增多，随着果实的不断采摘，需肥量也随之增多。草莓对氮和钾的需求量随着生育期的发展而逐渐增加，当采摘开始时，需求量急剧增加，在采收旺期对钾的需求量超过对氮的需求量。草莓对磷的需求量在整个生长过程中均较少，但缺磷时草莓新叶生长缓慢、产量低、糖分含量低，磷过量会降低草莓的光泽度。草莓对氯非常敏感，施含氯肥料会影响草莓品质，应控制含氯化肥的施用。

二、设施草莓施肥管理

设施草莓由于生长量大、生产周期长、产量及品质要求高等特点，应施足基肥，合理施用氮肥、磷肥、钾肥等大量元素肥料，增加中微量元素肥的施用，平衡科学施肥，确保草莓生产优质高效。

（一）基肥

设施草莓基肥以有机肥为主，辅以氮磷钾复合肥，有机肥要充分腐熟。每亩施入充分腐熟的有机肥 2 000～3 000kg，同时加入氮磷钾三元素复合肥15～20kg 及过磷酸钙 40kg。基肥在草莓栽植以前结合耕翻整地施入，施入深度以 20cm 左右为宜，基肥施入后要与土壤充分混匀，以保证肥料均匀分布。

（二）追肥

设施草莓的旺盛生长期较长，促成栽培的旺盛生长期可达半年以上，追肥次数较多，一般整个生育期追肥 6～10 次，最关键的追肥有 3 次。

草莓栽植成活后，以氮肥为主，每亩追施氮磷钾三元素复合肥 10～15kg。这次追肥有利于促进植株生长发育，促进花芽发育。

扣棚保温期后，草莓植株开始显蕾，追肥量为每亩施氮磷钾三元素复合肥15～20kg。此期追肥目的主要是促进植株生长，尽快形成足够的叶面积，增加有效花序数量，促进开花坐果。

果实膨大期追肥对保证植株生长、提高坐果率、提高果实质量、增加产量有显著作用。追肥应以钾为主，兼施适量氮肥、磷肥，可追施硫酸钾型复合肥。

（三）叶面喷肥

设施草莓生长发育时间较长，容易发生早衰现象。叶面喷肥在草莓种植中是一项十分重要的施肥方式，适宜时期是在显蕾期至开花期，一般可进行 2～3 次。叶面喷肥可结合病虫害防治等进行，常用的叶面肥有硼酸、硫酸铜、硫酸锌、硫酸镁、钼酸铵等。

三、配套技术

（一）草莓的半促成栽培

在草莓植株进入休眠之后，通过低温或其他方法来打破休眠，并采取保温或加温方法促使植株提早恢复生长，开花结果，使果实提早成熟、采收上市。

（二）草莓的促成栽培

利用保护设施，在秋冬季加温保温，防止草莓进入休眠，从而使其继续生长发育，提早开花结果。

（三）设施草莓重点栽培技术

1. **温、湿度调控**　大棚栽培的草莓开花结果连续不断，在显蕾后一般白天温度保持在 24～28℃，夜间保持在 6～8℃，高于 30℃ 或低于 5℃ 都不利于草莓的开花结果。大棚空气湿度高，有碍开花授粉，容易滋生病害，垄畦应覆盖黑色地膜，垄沟底加铺稻草，以阻止水分蒸发，棚内相对湿度控制到 50%～60% 为宜。

2. **光照管理**　光照对大棚草莓的产量和质量有很大影响，应保持棚膜干净，无灰尘遮挡，还应尽量延长光照时间，保暖设施应尽量早揭晚盖，阴天应在大棚内采取补光措施。

3. **水分管理**　气温高时，灌水应于傍晚进行；气温低时，灌水应于上午进行。灌水后先提高室温，而后加大放风量，降低湿度。浇水不可过勤，每次应浇透。开花前 1 周左右要停止浇水，开花后 15d 左右结合施肥浇水 1 次。

4. **植株整理**　大棚草莓保温后植株生长加速，萌发大量分蘖及匍匐茎，要及时摘除。应注重增大主茎叶面积，以促进顶花芽及时萌发，抽生健壮的顶花序，从而早开花、结果良好。一般 1 株草莓保留 1～2 个较健壮的分蘖，及时摘除老、衰、病叶。

5. **疏花疏蕾**　花后以留一、二、三级花为主，疏四、五级花蕾、黑花及畸形果。一般每株草莓的顶花序留果 6～7 颗，以后各花序的留果量视生长及采收情况而定，不宜超过 15 颗。

第七章 农业有害生物的主要防治方法、概念及种类

第一节 农业有害生物的监测预报

　　控制农业有害生物对植物的危害有两类方式，即防和治。防是阻止农业有害生物接触和侵害植物，或者阻止农业有害生物种群的增长，如利用防虫网、害虫驱避剂、保护性杀菌剂、抗性植物品种、植物检疫以及破坏农业有害生物越冬场所等措施均属于此类。而治则是指农业有害生物发生流行达到经济危害水平时，采取措施阻止农业有害生物的危害或减轻危害造成的损失，如利用杀虫剂、治疗性和铲除性杀菌剂、除草剂、杀鼠剂、捕鼠器、诱虫灯、性引诱剂、释放天敌、清理田园等绝大多数植物保护措施均可以达到治的效果。但控制农业有害生物仅是手段，最终目的是获得最大的经济效益、生态效益和社会效益，因此实施农业有害生物防与治需要考虑投入效益。

　　农业有害生物主要包括植物病原物、害虫、杂草和害鼠。它们的发生流行由寄主、天敌、气候等生物和非生物因素，以及自身生物学特性决定，不同的有害生物往往需要不同的环境条件。一般来说，害虫和害鼠的发生主要与其种群数量、食物和天敌情况有关；病害的流行则主要取决于寄主的感病状态、气候、菌源和传播途径；而杂草则与季节、土壤环境、作物生长状况等密切相关。弄清各种有害生物的发生流行规律，依据有害生物的发生流行条件，可以较准确地预测不同有害生物的发生期、发生量以及可能造成的经济损失，以便决定是否需要进行防治，以及何时进行防治。因此，在研究有害生物发生规律的基础上，进行有害生物的预测，是有害生物防治的重要内容。

一、植物病虫害预测技术

　　依据病虫害的发生流行规律，利用经验的或系统模拟的方法估计一定时间之后病虫害的发生流行状况，称为病虫害预测。由权威机构发布病虫害预测结果，称为病虫害预报。有时对这两者并不作出严格的区分，通称为病虫害预测预报。

　　代表一定时限后病虫害发生流行状况的指标，例如病虫害发生期、发生数量、发生流行程度的级别等，被称为预（测）报量；而用以估计预（测）报量的发生流行因素称为预报（测）因子。目前，病虫害预测的主要目的是用于部署防治决策时参考和确定药剂防治的时机、次数和范围。

（一）预测的内容

病虫害预测内容主要是预测其发生期、发生或流行程度和导致的作物损失。

病虫害发生期预测主要是指估计病虫害可能发生的时期。对于害虫来说，通常是特定的虫态、虫龄出现的日期，或者迁飞性害虫的迁出与迁入时间等，而对病害来说，则主要是侵染临界期。例如，对于果树和蔬菜病害，多根据小气候因子预测病原菌集中侵染的时期，以确定喷药防治的适宜时期。这种预测也称为侵染期预测。一种马铃薯晚疫病预测方法是在流行始期到达之前，预测无侵染发生，发出安全预报，这称为负预测。

发生或流行程度预测主要是指预测有害生物可能发生的量或流行的程度。预测结果可用具体的虫口或发病数量（发病率、严重度、病情指数等）做定量的表达，也可用发生、流行级别做定性的表达。发生/流行级别多分为大发生/流行、中度发生/流行、轻度发生/流行和不发生/流行，具体分级标准根据病虫害发生数量或作物损失率确定，因病虫害种类而异。

损失预测也称为损失估计，主要是指在病虫害发生期、发生量预测等的基础上，根据作物生育期和病虫害猖獗的情况，进一步研究预测某种作物的危险生育期是否完全与病虫害破坏力、侵入力最强而且数量最多的时期相遇，从而推断灾害程度的轻重或所造成损失的大小。结合发生量预测，进一步划分防治对象、防治次数，并选择合适的防治方法来控制或减少危害损失。在病虫害综合防治中，常应用经济损害水平和经济阈值等概念，前者是指造成经济损失的最低有害生物（或发病）数量，后者是指应该采取防治措施时有害生物（或发病）的数量。损失预测结果可以确定有害生物的发生是否已经接近或达到经济阈值，用于指导防治。

（二）预测时限与预测类型

按照预测的时限，可分为超长期预测、长期预测、中期预测和短期预测。

超长期预测也称为长期病虫害趋势预测，一般时限在1年或数年。主要运用病虫害流行历史数据、长期气象数据、人类大规模生产活动所造成的副作用等资料进行综合分析，预测下一年度或将来几年病虫害发生的大致趋势。

长期预测也称为病虫害趋势预测，其时限尚无公认的标准，习惯上指1个季节以上，有的是1年或多年，主要依据病虫害发生流行的周期性和长期气象数据等资料做出预测。预测结果指出病虫害发生的总体趋势，需要随后用中、短期预测加以校正。害虫发生量趋势的长期预测，通常根据越冬后或年初某种害虫的越冬有效虫口密度及气象资料等，于年初展望其全年发生动态和灾害程度。多数地区能根据历年资料用时间序列等方法研制出预测式。长期预测需要根据多年系统资料的积累，方可求得接近实际值的预测值。

中期预测的时限一般为1个月至1个季度，但病虫害种类不同，时限的长短会有很大的差别。如1年1代、1年数代、1年10多代的害虫采用同一方法预测的时限就不同。中期预测多根据当时的有害生物数量、作物生育期的变化以及实测或预测的天气要素做出预测，准确性比长期预测高，预测结果主要用于做出防治决策和做好防治准备，如预测害虫下一个世代的发生情况，以确定防治对策和部署。

短期预测的时限在20d以内。一般做法是根据害虫前一两个虫态的发生情况，推算后一两个虫态的发生时期和数量，或者根据天气要素和菌源情况进行预测，以确定未来的防治适期、次数和防治方法。短期预测准确性高，使用范围广。目前，我国普遍运用的群众性测报方法多属此类。

（三）病害预测的依据

病害流行的预测因子应根据病害的流行规律，从寄主、病原物、环境等因素中选取。一般来说，菌量、气象条件、栽培条件和寄主植物生育期情况等是重要的预测依据。

1. **根据菌量预测单循环病害侵染概率**　该方法较为稳定，受环境条件影响较小，可以根据越冬菌量预测发病数量。对于小麦腥黑穗病、谷子黑粉病等种传病，可以检查种胚内带菌情况，确定种子带菌率和翌年病穗率。菌量也可用于麦类赤霉病预测，为此应检查稻桩或田间玉米残秆上子囊壳数量和子囊孢子成熟度，或者用孢子捕捉器捕捉空中孢子。对于多循环病害，有时也利用菌量做预测因子。例如，水稻白叶枯病病原细菌大量繁殖后，其噬菌体数量激增，病害严重程度与水中噬菌体数量呈高度正相关，故可以利用噬菌体数量预测白叶枯病发病程度。

2. **根据气象条件预测多循环病害的流行**　多循环病害受气象条件影响很大，而初侵染菌源不是限制因素，对当年发病情况的影响较小，故通常根据气象因素预测。有些单循环病害的流行程度也取决于初侵染期间的气象条件，可以利用气象因素预测。

3. **根据菌量和气象条件进行预测**　以综合菌量和气象因素的流行学效应作为预测的依据，已用于许多病情的预测。有时还把寄主植物在流行前期的发病数量作为菌量因素，用以预测后期的流行程度。我国北方冬麦区小麦条锈病的春季流行通常依据秋季发病程度、病菌越冬率和春季降水情况来预测。

4. **根据菌量、气象条件、栽培条件和寄主植物生长发育状况预测**　有些病害的预测除应考虑菌量和气象因素外，还要考虑栽培条件和寄主作物的生育期和生长发育状况。例如，油菜开花期是菌核病的易感阶段，预测菌核病流行多以花期降雨量、油菜生长势、油菜始花期迟早以及菌源数量（花朵带病率）作为预测因子。此外，对于昆虫介体传播的病害，介体昆虫数量和带毒率等也是重要的预测依据。

（四）病害预测方法

可以利用经验预测模型或者系统模拟模型进行病害预测，当前所广泛利用的是经验预测模型，这需要搜集有关病情和流行因素的多年多点历史资料，经过综合分析或统计计算建立经验预测模型用于预测。

综合分析预测法，是一种经验推理方法，多用于中、长期预测。预测人员调查和搜集有关品种、菌量、气象因素、栽培管理等方面的资料，与历史资料进行比较，经过全面权衡和综合分析后，依据主要预测因子的状态和变化趋势估计病害发生期和流行程度。

数理统计预测是运用统计学方法，利用多年来历史资料，通过建立数学模型来预测病害的方法。目前，主要用回归分析、判别分析以及其他多变量统计方法选取预测因子，建立预测式。此外，一些简易概率统计方法，如多因子综合相关法等，也被用于分析历史资料、观测数据和预测。

智能统计预测，可将有关的数学预测模型转换为计算机语言输入预测器，同时预测器还装有传感器，可以自动记录并输入有关温度、湿度等小气候观测数据，并自动完成计算和预测过程，显示出药剂防治建议。

（五）虫害预测方法

害虫预测的方法很多，按其基本做法大致可分为 3 类。

第一类，统计法。根据多年观察积累的资料，探讨某种因素，如气候因素、物候现象等，与害虫某一虫态的发生期、发生量的关系，用害虫种群本身前后不同的发育期、发生量之间相关关系，进行相关回归分析或数理统计运算，组建各种预测式进行预测。

第二类，实验法。应用实验生物学方法，主要求出害虫各虫态的发育速率和有效积温，然后应用当地气象资料预测其发生期；还可用实验方法探讨营养、气候、天敌等因素对害虫生存、繁殖能力的影响，提供发生量预测的依据。

第三类，观察法。直接观察害虫的发生和作物物候变化，明确其虫口密度、生活史与作物生育期的关系。应用物候现象、发育进度、虫口密度和虫态历期等观察资料进行预测，这种方法为目前最通行的预测方法。

二、杂草种群动态预测

杂草种群动态是指田间杂草种群数量的变化，对防治措施的制订，特别是在防治中应用"阈值"起到十分重要的作用。种群动态决定于输入与损失两方面的因素，其中包括产生、死亡、迁入与迁出。一个种群经一定时期（t）及下一时期（$t+1$）后数量的变化可按下式计算：

$$N_{t+1}=N_t+B-D+I-E$$

式中，N 为种群数量，B 为产生数量，D 为死亡数量，I 为迁入数量，E 为迁出数量。

三、鼠害预测技术

为了制订合理的防治方案，必须研究鼠类发生的客观规律，采取科学的预测预报方法。一般应搜集和研究鼠情变化主导因素及条件等资料。

1. **鼠情变化的主导因素**　鼠类种类和数量的变化，归根结底是由它们的出生率和死亡率决定的。在这种矛盾中，出生率往往起决定作用。其他因素包括雌鼠在种群中所占的比例、害鼠不同年龄大小的比例、种群寿命和繁殖年代的长短、雌鼠年龄和繁殖数量的相关性、鼠类各生育阶段的自然死亡率等。

2. **鼠情变化的条件**　鼠类在大自然中与人类共存，又与许多动、植物组成食物链，所以气象、人类、食源、天敌等因素对鼠类的发生都有很大影响，包括气象的变化、食源的丰歉、栖息环境、天敌的控制、疾病的传染、人类活动的影响等。

3. **鼠种群数量预测**　鼠害程度取决于鼠种及其种群数量。害鼠数量预测需要充分掌握其发生规律和制约数量消长的各种主要调节因子。目前建立的种群动态模型虽能较好地描述过去的动态，但应用于预测未来必须十分谨慎，尤其仅凭一两年观察资料推导获得的回归方程，即使回验吻合度很好，预测功能也是不强的。这是由于各年份决定数量消长的主导因子会有较大变化，只有通过长期积累才能较全面地掌握。

四、有害生物的防治策略

防治策略是人类防治有害生物的指导思想和基本对策。现代有害生物的防治策略主要是综合治理，或称综合防治，即综合考虑生产者、社会和环境利益，在投入效益分析的基础上，从农田生态系统的整体性出发，协调应用农业、生物、化学、物理等多种有效防治技术，将有害生物控制在经济危害允许的水平以下。它的主要特点是不要求彻底消灭害虫；强调防治的经济效益、环境效益和社会效益；强调多种防治方法的相互配合以及高度重视自然控制因素的作用。

（一）综合防治的类型

在综合治理策略的发展与实施过程中，先后出现过3个不同水平的综合防治，即单病虫性综合防治、单作物性综合防治和区域性综合防治。

1. **单病虫性综合防治**　以1～2种主要病虫害为防治对象的综合防治，是综合防治发展初期实施的一种类型，主要针对某种作物上的1～2种主要有害生物，根据其发生和流行规律，以及不同防治措施的特点，主要采用生物防治和化学防治相结合的办法，以达到控制有害生物，获得最佳的经济效益、环境效益和社会效益的综合防治目的。这类综合防治尽量减少了化学农药的使用量及其对环境的污染，但由于考虑的有害生物种类较少，往往因其他有害生物的危害或上升危害而影响综合防治的效果。

2. **单作物性综合防治**　以某种作物为保护对象的综合防治，是为克服单病虫性综合防治的缺点而发展起来的，综合考虑了一种作物的多种有害生物，并将作物、有害生物及其天敌作为农田生态系统的组成成分，利用多种防治措施的有机结合，形成有效的防治体系进行系统治理。这类综合防治涉及的因素繁多，需要广泛的合作，采集各种必需的信息，了解各种有害生物及其发生规律，认识不同防治措施的性能对农田生态系统的影响，明确治理目标，筛选各个时期需要采取的具体措施，组成相互协调的防治体系，通常还利用计算机模型协助管理。

3. 区域性综合防治　以生态区内多种作物为保护对象的综合治理，是在单一作物有害生物综合治理的基础上更广泛的综合。由于一种作物的有害生物及其天敌受所处生物环境的影响，常出现有害生物和天敌在作物之间相互迁移。因此，对一种作物的有害生物综合防治效果常受其他作物有害生物防治的影响。区域综合防治通过对同一生态区内各种作物的综合考虑，进一步协调好作物布局，以及不同作物的有害生物防治策略，可以更好地实现综合防治的目标。

（二）防治体系的构建

防治体系包括信息收集、防治决策和防治实施3个主要部分。信息收集主要包括收集农产品、农资、劳动力等市场经济信息，气象信息，农田生态系统内作物的生长发育状况，有害生物和天敌的种类、密度和发育状态信息以及环境信息，以指导防治决策。防治决策主要是指利用各种信息以及基础农业、生物、经济和环境等知识，对有害生物的种群密度变动、可能的受害程度、不同防治措施可能产生的效果，通过计算机模拟等手段进行预测和评估，以决定何时、采取何种措施进行防治。而防治实施主要是由农民或专业植物保护部门根据综合防治决策建议进行。显然，构建防治体系的关键是决策系统。

组建的综合防治体系，必须符合安全、有效、经济、简便的原则，即对人、畜、作物、天敌和其他有益生物和环境无污染和伤害；能有效地控制有害生物，保护作物不受侵害或少受侵害；费用低，消耗性生产投入少；因地因时制宜，方法简单易行，便于农民掌握应用。

此外，要构建综合防治体系，第一，必须进行一系列的调查研究，以弄清作物上的主要有害生物种类，及其发生动态和演替规律，确定主要防治对象及其防治关键期。第二，必须了解有害生物种群动态与作物栽培、环境气候的关系，确定影响有害生物发生危害的关键因子和关键时期，制订主要有害生物种群动态的测定方法。第三，研究作物生长发育的特点及其对有害生物的反应，制订考虑天敌因素在内的有害生物复合防治指标（经济阈值）。第四，弄清主要天敌及其发生规律、对有害生物的控制作用。第五，开发各种有害生物的防治技术措施，系统研究它们对农田生态系统主要组成——有害生物、天敌和作物的影响，以及对环境的影响。在此基础上，从综合防治的目标出发，本着充分发挥自然控制因素作用的原则，筛选各种有效、相容的防治措施，按作物生长期进行组装，形成作物多病虫害优化管理系统。这包括采用合理的作物布局、耕作制度，对某种作物而言涉及品种的选择、种子处理、土壤处理、田间栽培管理措施和专门的防治措施。

总之，综合防治的构建需要采集各种不同的经济、生物和环境信息，需要对有害生物的发生与危害，各种防治措施对有害生物、天敌以及其他生物和环境的效果做出准确预测。因此，需要大量的农业基础生物学知识，广泛而准确的信息采集，以及复杂的建模和计算机编程。获得最佳经济效益、生态效益和社会效益是比较理想化的，由于一般情况下很难实现所有相关信息的综合，也很难进行所谓"最佳效益"的评判，因此，在综合治理的具体实践中，重点是根据主要矛盾考虑多种措施的协调应用，在综合防治原则的指导下，进行有害生物的治理。

第二节　农业有害生物防治技术

农业有害生物防治技术是控制有害生物、避免或减轻农作物生物灾害的技术。具体措施很多，一般按作用效果可以归纳为两类，一类是防，另一类是治。但事实上，许多措施既有防也有治，很难严格区分，按照传统上以防治措施的性质进行归类的方法，可将防治技术分为植物检疫、农业防治、作物抗害品种的利用、生物防治、物理防治和化学防治六大类。

一、植物检疫

植物检疫是国家或地区政府，为防止危险性有害生物随植物及其产品的人为传播，以法律手段和行政措施强制实施的植物保护措施。

植物检疫有时依据进出境的性质，分为对国家间货物流动实施的外检（口岸检疫）和对国内地区间实施的内检，虽然两者的偏重有所不同，但实施内容基本一致，主要包括危险性有害生物的风险评估与检疫对象的确定、疫区和非疫区的划分、转运植物及植物产品的检验与检测、疫情的处理以及相关法规的制定与实施。

植物检疫以法律为后盾，以先进技术为手段，实施强制性检疫检验，通过对农产品经营活动的限制来控制危险性有害生物的传播，因而与其他有害生物防治技术措施明显不同。首先，植物检疫具有法律的强制性，植物检疫法不可侵犯，任何集体和个人不得违犯，否则应依法论处。其次，植物检疫具有宏观战略性，不计局部地区当时的利益得失，而主要考虑全局的长远利益。最后，植物检疫的防治策略是对有害生物进行全种群控制，即采取一切必要手段，将危险性有害生物控制在局部地区，并力争彻底消灭。植物检疫是一项根本性的预防措施，是植物保护的主要手段，但由于植物检疫仅针对危险性有害生物，并且主要通过控制传播蔓延进行有害生物治理，因此，该措施在农业有害生物防治中具有明显的局限性。

二、农业防治

农业防治是指通过适宜的栽培措施，降低有害生物种群数量或减少其侵染的可能性，培育健壮植物，增强植物抗害、耐害和自身补偿能力，以减少有害生物危害损失的植物保护措施。其最大优点是不需要过多的额外投入，并且易与其他措施相配套。此外，推广有效的农业防治措施，常可在大范围内减轻有害生物的发生程度。农业防治也具有很大的局限性：第一，农业防治须服从丰产要求，不能单独从有害生物防治的角度去考虑问题；第二，农业防治措施往往在控制一些病虫害的同时，引发另一些病虫害，因此，实施时必须针对当地主要病虫害综合考虑、权衡利弊、因地制宜；第三，农业防治具有较强的地域性和季节性，并且多为预防性措施，在病虫害已经大发生时防治效果不大，但如果能妥善地加以利用，则会成为综合治理中有效的一环，在不增加额外投入的情况下降低有害生物的种群数量，甚至可以持续控制某些有害生物的大发生。农业防治的主要技术措施包括改进耕作制度、采用无害种苗、调整播种方式、加强田间管理、安全收获等。

三、作物抗害品种的利用

作物抗害品种是指具有抗害特性的作物品种。在同样的灾害条件下，作物抗害品种能通过抵抗灾害、耐受灾害以及灾后补偿作用，减少灾害损失，取得较好的收获。作物品种的抗害性是一种遗传特性，包括抗干旱、抗涝、抗盐碱、抗倒伏、抗虫、抗病、抗草害等，这里所说的抗害品种和抗害性主要针对病虫害。

利用作物抗害品种防治作物病虫害是一种经济有效的措施。这一措施使用方便，潜在效益大。抗害品种一旦育成，只要推广应用，无须或额外投入很少的费用，就能产生巨大的经济效益。该措施对环境影响小，也不影响其他植物保护措施的实施，在有害生物综合治理中具有很好的相容性。利用作物抗害品种防治病虫害具有较强的后效应，除有害生物产生新的变异外，作物抗害品种可以长期保持对病虫害的防治作用，即便是中低水平的抗性，有时也能通过累积效应导致有害生物种群数量持续下降，最终达到根治的水平。

受抗性基因资源和有害生物的生物学限制，并非所有重要病虫害均可利用作物抗害品种进行防治。有害生物具有较强的变异适应能力，可以通过变异适应，使作物抗害品种很快丧失抗性，对于分布广、迁移能力和变异适应能力强的有害生物，以及具有垂直抗性的作物品种尤其如此。由于有害生物种类繁多，作物抗性品种控制了目标病虫后，常使次要有害生物种群上升、危害加重。某些植物性状具有双重表型，对一种有害生物表现为抗性，而对另一种表现为敏感性。此外，培育作物抗性品种通常需要较长的时间。

四、生物防治

生物防治是利用有益生物及其产物控制有害生物种群数量的防治技术。这一防治技术起源很早，很久以前，人类就在从事农业活动时发现了生物之间的食物链关系，并利用天敌生物进行有害生物的防治。19世纪后期，天敌引种的成功以及生态学的发展，促进了这一技术的迅速发展，但20世纪中期兴起的化学防治，严重地干扰了生物防治的研究和发展，直至化学农药的3R问题（resistance、resurgence、residue，即有害生物抗药性、有害生物再猖獗、农药残留）显现以后，这一领域才再度受到重视。

生物防治的途径主要包括保护有益生物、引进有益生物、人工繁殖与释放有益生物以及生物产物的开发利用4个方面。

从保护生态环境和可持续发展的角度看，生物防治是最好的有害生物防治方法之一。第一，生物防治对人、畜安全，对环境影响极小；尤其是利用活体生物防治病虫草害时，由于天敌的寄主专化性，不仅对人、畜安全，而且也不存在残留和环境污染问题。第二，活体生物防治可以长期控制有害生物，而且不易产生抗性问题。第三，生物防治的自然资源丰富，易于开发。此外，生物防治成本相对较低。

从有害生物治理和农业生产的角度看，生物防治仍具有很大的局限性，尚无法满足农业生产和有害生物治理的需要。第一，生物防治的作用效果慢，在有害生物大发生后常无法控制；第二，生物防治受气候和地域生态环境的限制，防治效果不稳定；第三，目前可用于大批量生产使用的有益生物种类还太少，通过生物防治达到有效控制的有害生物数量仍有限；第四，生物防治通常只能将有害生物控制在一定的危害水平，对于防治要求高的有害生物，较难实施种群整体治理。

五、物理防治

物理防治是指利用各种物理因子、人工和器械防治有害生物的植物保护措施。常用方法有人工和简单机械捕杀、温度控制、诱杀、阻隔分离和微波辐射等。物理防治见效快，常可把害虫消灭在盛发期前，也可作为害虫大量发生时的一种应急措施。这种技术通常比较费工、效率较低，一般作为辅助防治措施，但对于一些用其他方法难以解决的病虫害，尤其是当有害生物大发生时，往往是较为有效的应急防治手段。另外，随着遥感和自动化技术的发展，加之物理防治器具易于商品化的特点，这一防治技术也将有较好的发展。物理防治手段主要有以下几种。

第一种，人工、机械防治，就是利用人工和简单机械，通过汰选或捕杀防治有害生物的一类措施。播种前，通过种子的筛选、水选或风选可以汰除杂草种子和一些带病虫的种子，减少有害生物传播危害。对于病害来说，除在个别情况下利用拔除病株、剪除病枝病叶和刮除茎干溃疡斑等方法防治外，汰除带病种子在控制种传单循环病害上可取得很好的控制效果。而害虫防治中常使用捕打、震落、网捕、摘除虫枝虫果和刮树皮等人工、机械方法。人工、机械除草方法包括拔除、锄地和耕翻等，曾是草害防治的主要方法，目前在不少地区仍有较多的应用。此外，利用捕鼠器捕鼠也是一项有效的鼠害防治技术。

第二种，诱杀法，主要是指利用动物的趋性，配合一定的物理装置、化学毒剂或人工处理来防治害虫和害鼠的一类方法，通常包括灯光诱杀、食饵诱杀和潜所诱杀。

第三种，温控法。有害生物对环境温度均有一个适应范围，过高或过低，都会导致有害生物死亡或失活。温控法就是利用高温或低温来控制或杀死有害生物的一类物理防治技术。

第四种，阻隔法，是指根据有害生物的侵染和扩散行为，设置物理性障碍，阻止有害生物的危害或扩散的措施。只有充分了解了有害生物的生物学习性，才能设计和实施有效的阻隔防治技术。

第五种，辐射法，是指利用电波、γ射线、X射线、红外线、紫外线、激光和超声波等电磁辐射进行有害生物防治的物理防治技术，包括直接灭杀和辐射不育。

六、化学防治

化学防治是利用化学农药防治有害生物的防治技术，主要通过开发适宜的化学农药品种，并加工成适当的剂型，利用适当的机械和方法处理作物植株、种子或土壤等，来杀死有害生物或阻止其侵染危害。药剂防治与化学防治不尽相同，前者泛指利用各种农药进行的防治，而后者则特指利用化学农药进行的防治。

化学防治在有害生物综合治理中占有重要的地位。它使用方法简便、效率高、见效快，可以用于各种有害生物的防治，特别在有害生物大发生时，能及时控制危害，这是其他防治措施无法比拟的。例如，不少害虫为间歇暴发危害型，不少病害遇到适宜条件便暴发流行，这些病虫害一旦发生，往往来势凶猛，发生量极大，其他防治措施往往无能为力，而使用农药可以在短期内有效地控制危害。

但是，化学防治也存在一些明显的缺点。第一，长期使用化学农药，会造成某些有害生物产生不同程度的抗药性，致使常规用药量无效，如果提高用药量往往造成环境污染和毒害，并且会使抗药性进一步升高造成恶性循环。而由于农药新品种开发艰难，更换农药品种会显著增加农业成本，而且由于有害生物的多抗性，如果不采取有效的抗性治理措施，甚至还会导致无药可用的局面。第二，杀伤天敌，破坏农田生态系统中有害生物的自然控制能力，打乱了自然生态平衡，造成有害生物的再猖獗或次要有害生物上升危害；尤其是使用非选择性农药或不适当的剂型和使用方法，造成的危害更为严重。第三，残留污染环境。有些农药由于本身的性质较稳定，不易分解，在施药作物中残留或飘移流失进入大气、水体和土壤后污染环境，直接或通过食物链生物浓缩后间接对人、畜和有益生物的健康安全造成威胁。因此，使用农药必须注意发挥其优点，克服缺点，才能达到化学保护的目的，并对有害生物进行持续有效的控制。

第三节　农业有害生物的概念及种类

一、农业有害生物的概念

植物保护学范畴的农业有害生物（pests）是指那些危害人类目标植物并能造成显著损失的生物，包括植物病原微生物、寄生性植物、植物线虫、植食性节肢动物和软体动物、杂草、鼠类以及部分鸟、兽等。

一种作物总会有不同种类的有害生物，其中一些有害生物在一般情况下种群密度较低，仅偶尔造成经济危害，被称为偶发性有害生物；而另一些则是一直维持较高的种群密度，经常造成经济危害，被称为常发性有害生物；还有一些虽然是偶发性的，但一旦发生就会暴发成灾，被称为间歇暴发性有害生物。

二、农业有害生物的种类

（一）植物病害

1. 植物病害的定义　由于致病因素（包括生物和非生物因素）的作用，植物正常的生理生化功能受到干扰，生长和发育受到影响，因而在生理或组织结构上出现种种病理变化，表现出各种不正常状态（即病态），甚至死亡，这种现象称为植物病害（plant disease）。

2. 植物病害的症状　植物受病原物侵染或不良环境因素影响后，在组织内部或外部显露出来的异常状态称为症状（symptom）。根据症状显示的部位，可分为内部症状与外部症状。内部症状是指受病原物侵染后植物体内细胞形态或组织结构发生的变化，这些改变一般在光学或电子显微镜下才能辨别，例如某些受害细胞或组织中出现内含体、侵填体等。外部症状是肉眼或放大镜下可见的植物外部病态特征，通常可分为病状和病征。病状是指植物自身外部表现出的异常状态，病征是指病原物在植物病部表面形成的各种结构。许多真菌和细菌病害既有病状，又有明显的病征。但是，病毒和菌原体等引起的病害只能看到病状，而没有病征。各种病害大多有其独特的病状，因此常常作为田间诊断的重要依据。需要指出的是，不同病害可以有相似症状；而当同一病害发生在寄主不同部位、不同生育期、不同发病阶段和不同环境条件下时，也可表现出不同症状。

3. 植物病害的类型　植物病害种类繁多，依据不同的分类方法和要求，可分为不同的类型。根据被害植物的类别分为粮食作物病害、经济作物病害、果树病害、蔬菜病害、林木病害、观赏植物病害、药用植物病害、牧草病害等；根据植物的患病部位，分为根部病害、叶部病害、茎秆病害、果实病害等；根据症状类型分为花叶病、斑点病、叶枯病、腐烂病、萎蔫病、畸形病等；根据病原物类型分为真菌病害、细菌病害、菌原体病害、病毒病害、线虫病害等；根据病原物传播途径分为气传病害、水传病害、土传病害、种传病害、虫传病害等。根据致病因素的性质，植物病害可分为两大类，即侵染性病害和非侵染性病害，这是一种非常实用的分类方法，其优点是既可知道发病的原因，又可知道病害的发生特点，因而可以采取相应的防治对策。

（1）侵染性病害。由生物因素引起的植物病害，称为侵染性病害（infectious disease）。这类病害可以在植物个体间互相传染，所以也称传染性病害。引起植物病害的生物因素称为病原物，主要有真菌、细菌、病毒、线虫和寄生性种子植物等。侵染性病害的种类、数量和重要性在植物病害中均居首位，是植物病理学研究的重点。

（2）非侵染性病害。由非生物因素（即不适宜的环境条件）而引起的植物病害，称为非侵染性病害（uninfectious disease）。这类病害没有病原物的侵染，不能在植物个体间互相传染，所以也称非传染性病害或生理性病害。引起非侵染性病害发生的环境因素很多，包括不适宜的温度、湿度、水分、光照、土壤、大气和栽培管理措施等。例如，氮、磷、钾等营养元素缺乏形成缺素症；土壤水分不足或过量形成旱灾或涝害；低温或高温形成冻害或灼伤；光照过弱或过强形成黄化或叶烧；肥料或农药使用不当形成肥害或药害；氟化氢、二氧化硫、二氧化氮等大气污染也会对植物造成毒害等。

侵染性病害和非侵染性病害之间时常相互影响、相互促进。例如，长江中下游地区早春的低温冻害，可以加重由绵霉引起的水稻烂秧；由真菌引起的叶斑病，造成果树早期落叶，削弱了树势，降低了寄主在越冬期间对低温的抵抗力，因而患病果树容易发生冻害。

4. 植物病原物　致病性（pathogenicity）是指一种生物具有的引致植物病害的能力，这种生物称为病原物（pathogen）。

（1）真菌。真菌（fungus）是一类营养体，通常为丝状体，具几丁质细胞壁，以吸收方式从外界获取营养，通过产生孢子进行繁殖的低等真核生物。真菌种类多、分布广，存在于水、土壤中以及地上的各种物体上，可以腐生、寄生和共生。有些真菌寄生植物，引起各种病害。在所有病原物中，真菌引起的植物病害最多，农业生产中许多重要的病害，如霜霉病、白粉病、锈病、黑粉病等都是由真菌引起的。因此，真菌是最重要的植物病原物类群。

（2）原核生物。原核生物（procaryote）是一类结构简单的单细胞生物。其环状双链DNA分子分散在细胞质中，没有核膜包被，但形成一定的核质区，因此称为拟核（nucleoid）。细胞分裂时不伴有细胞结构或染色体等周期性变化，不形成纺锤体；细胞质中无线粒体、内质网等细胞器，核糖体较小（大小为70s）；细胞壁有或无。原核生物主要包括细菌（bacterium）和支原体（mycoplasma），它们可侵染植物，引起一些重要病害，如水稻白叶枯病、茄科植物青枯病、十字花科植物软腐病柑橘黄龙病、桑萎缩病等。

（3）病毒。病毒（virus）是由核酸和蛋白质外壳组成，需在适宜的寄主细胞内才能完成自身复制的非细胞（或分子）生物。病毒区别于其他生物的主要特征：一是个体微小，大多数病毒需要依靠电子显微镜放大几万至几十万倍才能看见；二是结构简单，病毒不具细胞结构，主要由核酸芯子（DNA或RNA）和蛋白质外壳两部分构成；三是在寄主活细胞内复制增殖，由于病毒缺乏完整的酶和能量合成系统，因此其核酸复制和蛋白质合成需要寄主提供原材料、能量和场所。病毒是一类重要的植物病原物，其引起的病害数量和危害性仅次于真菌。大田作物、果树、蔬菜的许多病毒病都是农业生产中的突出问题，如水稻条纹叶枯病、小麦土传病毒病、大豆花叶病、玉米粗缩病、油菜病毒病、番茄病毒病、烟草花叶病等。

（4）线虫。线虫（nematode）又称蠕虫，是一种低等的无脊椎动物，在数量和种类上仅次于昆虫，居动物界第二位。线虫分布很广，多数腐生于水和土壤中，少数寄生于人、动物和植物。寄生植物的线虫称为植物线虫，可以引起许多重要病害，如大豆胞囊线虫病、花生根结线虫病、甘薯茎线虫病、水稻干尖线虫病等。此外，有些线虫还能传播真菌、细菌和病毒，或者与其他病原物复合侵害植物。

（5）寄生性种子植物。绝大多数植物属于自养型，少数由于缺少足够叶绿素或因为某些器官的退化而营寄生生活，称为寄生性植物（parasitic plant）。寄生性植物中除少数藻类外，大多为种子植物，大多寄生野生木本植物，少数寄生农作物，如大豆菟丝子、瓜类列当等，在农业生产中可造成较大的危害。

（二）植物虫害

1. 植物虫害的概念　植物虫害是指害虫危害植物造成的伤害和灾害。害虫则泛指那些可以通过取食、产卵活动传播或引发病害，危害植物的昆虫、螨类、蜗牛等小型节肢动物和软体动物。

2. 植食昆虫及其危害

（1）咀嚼式害虫。咀嚼式害虫（chewing pest）是以咀嚼式口器取食危害植物的害虫的简称。绝大多数主要的农业害虫属于咀嚼式害虫，主要集中在直翅目、鞘翅目、鳞翅目和膜翅目。根据它们在植物上的取食部位和危害特点，通常可分为以下5个大类。

①食根类害虫：是指在地下或近地表处取食危害植物种子、根或根茎的一类害虫。它们的寄主范围一般较广，可危害麦类、玉米、高粱、谷子、薯类、豆类、棉花、蔬菜和果树、林木的幼苗等，又称为地下害虫，如直翅目的蝼蛄，鞘翅目的叩头甲、金龟甲、拟地甲和象甲，鳞翅目的地老虎等。其中，蛴螬、蝼蛄、金针虫和地老虎是我国农业生产中最主要的地下害虫，蛴螬是金龟甲的幼虫，在我国黄河流域及北方的旱作区普遍发生；蝼蛄在我国南北方均有发生，以成虫和若虫危害；金针虫是叩头甲的幼虫，在新开垦的荒地危害较重；地老虎的幼虫俗称切根虫，全国普遍发生，但以长江流域和东南沿海地区危害最重。

②食叶类害虫：是指取食危害植物叶片的一类害虫。食叶类害虫种类较多，根据取食危害方式的不同，可进一步分为暴露危害和潜藏危害两类。暴露危害类，指危害虫态暴露在外的一类食叶性害虫，寄主范围因种而异。其中危害禾本科作物的食叶害虫主要有东亚飞蝗、黏虫等；危害大豆的有豆芫菁、造桥虫类和豆天蛾等；危害薯类作物的有甘薯叶甲和甘薯天蛾；危害蔬菜的有黄条跳甲类、黄守瓜、菜粉蝶类、菜蛾、甜菜夜蛾、甘蓝夜蛾和斜纹夜蛾；危害果树和林木的有凤蝶、刺蛾、尺蠖、枯叶蛾、毒蛾、舟蛾等。潜藏危害类，指在叶片上、下表皮间潜食，或者吐丝将叶片卷曲起来，或者将多片叶缀连营巢，潜伏其中取食的害虫。主要包括危害水稻的弄蝶类和稻纵卷叶螟，危害薯类的麦蛾，危害蔬菜等作物的菜心野螟、草地螟，危害果树、林木的蓑蛾、斑蛾、卷蛾等。

③蛀茎类害虫：是指在植物茎秆内钻蛀取食的一类害虫。其中，钻蛀禾本科作物茎秆的害虫有亚洲玉米螟、高粱条螟、二点螟、二化螟、三化螟、大螟等，它们是常发性主要农业害虫；钻蛀危害果树、林木等木本植物的害虫主要涉及多种吉丁

虫、天牛和透翅蛾。

④蛀果类害虫：是指钻蛀危害植物果实的一类害虫。例如，钻蛀危害棉花蕾铃的红铃虫和金刚钻类，蛀果兼食叶危害的棉铃虫和烟夜蛾，蛀食大豆豆荚的大豆食心虫和豆荚斑螟等均是主要的农业害虫；危害仁果类和核果类果树的食心虫类和桃蛀野螟是果树的主要害虫。

⑤储粮害虫：是指危害储藏期粮食及其加工品的一类害虫。常见的有蛀食各种谷物的玉米象、谷盗和麦蛾；危害谷物及其他农产品的印度谷螟和烟草粉斑螟；蛀食豆粒的豆象等。

（2）吸收式害虫。吸收式害虫（sucking pests）是以吸收式口器取食危害植物的害虫的简称。根据害虫口器的不同，可将吸收式害虫进一步分为刺吸式害虫、锉吸式害虫、虹吸式害虫、刮吸式害虫。

其中，刺吸式害虫种类多，危害最大。它们多集中在半翅目和同翅目，按其分类地位和危害方式可分为蜂类、叶蝉类、飞虱类、蚜虫类、蚧类、粉虱类等。

锉吸式害虫，即缨翅目的蓟马，主要危害烟草、小麦、棉花、马铃薯等农作物和苹果、梨等果树。主要害虫种类有烟蓟马、稻蓟马等。

虹吸式害虫，如鳞翅目中吸食果液的蛾类害虫，以成虫吸食果树的果实汁液，严重影响果实品质或造成大量落果，如嘴壶夜蛾、鸟嘴壶夜蛾等。

刮吸式害虫涉及双翅目多种植食性的蚊类和蝇类，均以幼虫取食危害。其中，危害最大的是瘿蚊、潜蝇、秆蝇、实蝇和种蝇，瘿蚊以危害禾本科、杨柳科和菊科植物为主，如稻瘿蚊、吸浆虫等；蝇类的寄主范围因种而异，常见的主要害虫有豌豆潜叶蝇、美洲斑潜蝇、豆秆黑潜蝇、稻秆蝇、麦秆蝇、橘大实蝇、灰地种蝇等。

3. 农业害螨及其危害 螨类（mite）在动物分类上属于节肢动物门、蛛形纲的蜱螨亚纲（Acari），通称蜱螨。螨类在自然界分布较广，有的危害农作物，引起叶片变色和脱落；有的危害植物的幼嫩组织，形成疣状突起；有的在仓库内危害粮食，使粮食发霉变质；有的则寄生或捕食其他动物，这些螨类均与农业有着密切的关系。

主要的农业害螨集中在真螨目的 6 个科，许多种类对粮食、油料、蔬菜、果树、棉花等作物和茶树、桑树、花卉、林木等危害极大；有些还是主要的仓库害螨，直接危害储藏期的各种农产品。常见的主要种类有：主要危害麦类作物叶片和叶鞘的麦大背肛螨和麦岩螨；主要危害棉花和多种经济作物的红叶螨（朱砂叶螨）；寄主范围十分广泛、几乎危害各种显花植物的棉叶螨（二斑叶螨）；危害茄子、辣椒、番茄、黄瓜等蔬菜和茶树、柑橘、林木叶片及其果实的侧多食跗线螨（茶黄螨）和卵形短须螨；危害苹果、梨、桃等北方落叶果树的山楂叶螨、果苔螨和榆（苹果）全爪螨；危害柑橘类果树的柑橘全爪螨、橘芽瘿螨和橘芸锈螨（柑橘锈壁虱）；危害禾谷类、面粉类、油籽类、豆类和脂肪、蛋白含量高的奶粉、火腿、干酪、鱼粉等的腐食酪螨等。

4. 软体动物及其危害 软体动物（mollusc）是一类具有三胚层和真体腔，在结构上可以分为头、足、内脏囊及外套膜4个部分的动物。头位于身体前端；足位于腹面，是由体壁延伸形成的富含肌肉的运动器官；内脏囊位于身体背面，是由体壁包裹内脏形成的囊状器官；外套膜是由身体背面体壁延伸形成的膜状结构，有些种类的外套膜向体表分泌碳酸钙形成外壳。

软体动物门是动物界中物种多样性上仅次于节肢动物门的第二大动物门，种类繁多，不同种类形态差异大，包括人们生活中熟悉的蜗牛（腹足类）、河蚌（双壳类）、乌贼（头足类）和石鳖（多板类）等。但危害植物并造成显著经济损失的种类较少，主要有腹足纲中的一些种，如福寿螺、灰巴蜗牛、同型巴蜗牛和蛞蝓等。这些动物舔食植物叶片和嫩茎，造成孔洞和缺刻，严重时吃光叶片，截断嫩茎，对多种作物，尤其是苗期作物造成严重危害。

（三）农田草害

1. 杂草的概念　杂草（weed）是指在人工生境中能自然繁衍其种群的植物。杂草不同于一般植物，具有较强的适应性，不容易被人类的农事耕作等活动根除，因此可以在人工环境中不断延续，种群不断繁衍。而其他野生植物则不然，它们很难在人工生境中自然繁衍。栽培作物虽然可以在人工生境中延续下去，但必须依靠人类耕作、播种、栽培、收获等一系列活动的帮助。显然，杂草不是人类栽培或保护的植物，它在人工生境中的自然繁衍必将影响人类对人工生境的维持，给人类的生产和生活造成危害，因而杂草具有危害性。所以，确切地说，"杂草是能够在人类试图维持某种植被状态的生境中不断自然延续其种群，并影响到人工植被状态维持的一类植物。"

2. 杂草的生境生态学分类　生境生态学分类是根据杂草所生长的环境以及杂草所构成的危害类型，对杂草进行的分类。其实用性强，对杂草的防治有直接的指导意义。按生境生态学分类，常将杂草分为耕地杂草、杂类杂草、水生杂草、草地杂草、森林杂草和环境杂草。

（1）耕地杂草。耕地杂草又称田园杂草，是指能够在人们为了获取农业产品进行耕作的土壤上不断自然繁衍其种族的植物。

（2）杂类杂草。杂类杂草是指能够在路埂、宅旁、沟渠边、荒地、荒坡等生境中不断自然繁衍其种族的植物。这类杂草中，许多是先锋植物，相当一部分为原生植物。

（3）水生杂草。水生杂草是指能够在沟、渠、塘等生境中不断自然繁衍其种族的植物。它们主要影响水的流动和灌溉、淡水养殖和水上运输等。

（4）草地杂草。草地杂草是指能够在草原和草地中不断自然繁衍其种族的植物。这类杂草会影响畜牧业生产。

（5）森林杂草。森林杂草是指能够在速生丰产人工管理的林地中不断自然繁衍其种族的植物。

（6）环境杂草。环境杂草是能够在人文景观、自然保护区和宅旁、路边等生境中不断自然繁衍其种族的植物。主要影响人们要维持的某种景观或生境，对环境产生影响，如豚草产生可致敏的花粉飘落于大气中，使大气受到污染。

（四）农业鼠害

1. **鼠类的概念**　鼠类通常是指哺乳纲、啮齿目的动物，其典型特征是上、下颌上各长有 1 对非常强大的门齿，其形状呈锄状，并且终生不断生长。啮齿目动物正是依靠这 2 对门齿啮咬食物、打穴穿洞，保证其取食和生存。

有时鼠类是指鼠形动物，即与鼠科动物形态相似的动物，包括啮齿目中除豪猪科以外的动物和部分兔形目动物。兔形目动物与啮齿目动物的区别是兔形目动物长有前、后 2 对上门齿，但在形态结构和生态习性等方面都与啮齿目动物非常相似。而植物保护上常说的害鼠，则泛指啮齿目和兔形目中的所有有害动物。

2. **主要农作物鼠害的特点**　不同作物田由于作物种类、生长期以及生态环境的差异，其鼠害种类和鼠害特点也各有不同。

（1）小麦鼠害。主要包括黑线姬鼠、褐家鼠、黄鼠、黑线仓鼠、大仓鼠、棕色田鼠等。

播种至出苗期为害特点：由于此时秋熟作物大都已收获，因而鼠类的食物比较缺乏，麦种和刚出土的幼苗受害较重。特早或特晚播种的麦田受害较适播麦田重。害鼠扒食种子，或者取食刚出土的幼苗，造成缺苗断垄。

孕穗至乳熟期为害特点：此期恰值害鼠在春季的第一个繁殖高峰期，嫩穗成为害鼠的主要食物，是小麦受害较重的时期。害鼠咬断麦秆，取食嫩穗，造成断茎或枯穗。地下活动的棕色田鼠在其洞内咬断根系，然后将茎一边向洞内拖，一边咬成段状，最终将穗都拖入洞内并取食。另外，棕色田鼠的活动常造成植株根系悬空，使植株发黄甚至枯死。

成熟期为害特点：害鼠咬食麦穗，留下散乱的麦壳和一摊一摊的麦轴。害鼠践踏落地的麦穗，导致无法收拾，造成很大的损失。小麦成熟期的产量损失为 3%～5%，严重地块可达 20%左右。

（2）玉米鼠害。主要包括黑线姬鼠、小家鼠、褐家鼠、黑线仓鼠、大仓鼠、黄胸鼠等。

播种期为害特点：害鼠盗食刚播下的种子，形成盗食洞。逐穴扒食，顺行为害，造成缺种，重者须补种或重播。

幼苗期为害特点：害鼠在幼苗基部扒洞，盗食种子使幼苗因缺少营养和水分而枯死，造成缺苗断垄，重者须补种或重播。随着种子营养的耗尽及腐烂，以及小麦等作物的成熟，害鼠对玉米的为害减轻。

灌浆期为害特点：黑线姬鼠喜食果穗，撕开苞叶，由上而下啃食籽粒。一般将果穗的上半部啃掉，有时将整个果穗全部啃光。地面上常留有苞叶碎片和籽粒的皮壳。

成熟期为害特点：害鼠为害籽粒，特别是倒伏的玉米，受害更重。大风过后，玉米倒伏，常使鼠害加重；另外，玉米螟的为害使玉米遇风后易倒伏，因此，凡是玉米螟为害重的田块，鼠害往往也较重。

（3）蔬菜鼠害。蔬菜在生长期和储存期都会受到害鼠的为害。为害蔬菜的害鼠一般以家栖鼠为主，常见的有褐家鼠、黄胸鼠、小家鼠等。此外，黑线姬鼠、黑线仓鼠和大仓鼠等野栖鼠种也偶有为害。害鼠对茄果类、瓜类及豆类蔬菜的为害较重。播种期以大粒型的种子受害较重；生长期以幼果和嫩荚受害较重；成熟期则以瓜果类受害最重。

第八章 粮油作物主要有害生物综合防控技术

第一节 小麦主要病虫害综合防控技术

小麦主要病害有条锈病、白粉病、根腐病、黑穗病等,虫害主要是蚜虫、吸浆虫、麦茎蜂、麦穗夜蛾等。

一、小麦条锈病

(一) 症状

条锈病主要为害小麦叶片,也为害叶鞘、茎秆和穗部。初侵染后病叶上形成褪绿斑点,后逐渐发展成隆起的黄色疱疹斑(夏孢子堆)。夏孢子堆较小、椭圆形、鲜黄色,与叶脉平行排列成整齐的虚线条状。后期寄主表皮破裂,散出鲜黄色粉末(夏孢子)。小麦近成熟时,在病部出现较扁平的短线条状黑褐色斑点(冬孢子堆)。麦株感染锈病后,病菌吸取小麦养分,破坏叶绿素,导致小麦水分蒸腾量增加,影响正常生长发育,造成株高、穗长、小穗数、穗粒数、千粒重显著下降和小麦品质恶劣。

(二) 发生特点

5月中旬,在位于青海省东缘的黄河流域和湟水流域河谷地区冬小麦种植地区始发,由东向西,由河谷水浇地依次向低位、高位山旱地传播;水浇地菌源量与当地山旱地的发生面积及发生程度正相关;6月初,沿黄河和湟水河谷流域依次逆行扩散;7月中旬至8月,春小麦种植区普遍发生。孕穗期至蜡熟期均可感病,水浇地多为抽穗期感病,山旱地多在扬花、灌浆期感病;侵染初期,多在5叶以上见病,以旗叶较多;盛发期多出现在抽穗、扬花、灌浆、乳熟期;东部农业区低位山旱地发病最重。8月中旬至9月上旬、8月中旬至10月下旬东部农业区小麦自生麦苗可见条锈病孢子,多数年份在11月冬麦种植区见病。

(三) 防治方法

1. 监测与预报 防治小麦条锈病,要根据田间监测点,结合人工调查,做好中长期预测预报,监测小麦条锈病发生情况,落实小麦条锈病周报制。

2. 抗病品种 选择适宜高原冷凉气候的抗病品种。

3. 农业防治 选择土壤疏松多孔、有机质含量丰富、排灌方便、地势较高、耕作层较深的土地为种植地。前茬作物收获后，及时深耕灭茬，适时晚播。

4. 化学防治 应用具内吸传导性的高效低毒杀菌剂，进行小麦种子包衣或拌种，可选用 25％三唑酮可湿性粉剂 15g，拌麦种 150kg。重点关注小麦条锈病中心病株，发现后及时发布病虫情报，封锁发病田块，全面落实"带药侦查、打点保面"防治策略，减少菌源外传，延缓向其他麦区扩散蔓延。当田间平均病叶率达到 0.5％～1％时，组织开展大面积应急防控，并且做到同类区域防治全覆盖。防治药剂上，可每亩选用 15％三唑酮粉剂 80～100g、25％烯唑醇粉剂 30～40g、30％戊唑醇·吡唑醚菌酯悬浮剂 40mL、25％吡唑醚菌酯悬浮剂 25mL、430g/L 戊唑醇悬浮剂 20mL、24g/L 噻呋酰胺悬浮剂 15mL、38％氟环唑悬浮剂 15mL、20％烯肟·戊唑醇悬浮剂 20mL 等交替使用。在春小麦种植区，通过采取"铲、遮、喷"三字法防控技术，即铲除小麦田周边小檗、遮盖小麦秸秆堆垛或对染病小檗喷施农药等措施阻断条锈病菌的有性繁殖。

二、小麦白粉病

（一）症状

病部最开始出现白色霉点，后扩展为白色霉斑，后期逐渐转变为灰白色或灰褐色，并散生黑色颗粒（有性阶段产生的闭囊壳）。小麦受害后叶片早枯，分蘖减少，成穗降低，千粒重下降，茎秆和叶鞘受害后植株易倒伏。

（二）发生特点

病菌可以在自生麦苗或春播小麦上侵染繁殖或通过病残体上的闭囊壳越夏；以分生孢子形态或以菌丝体形态潜伏在寄主组织内越冬；越冬病菌先侵染底部叶片，呈水平方向扩展，后向中、上部叶片发展，早期发病中心明显。冬麦区春季发病菌源主要来自当地；春麦区除来自当地菌源外，还来自邻近发病早的地区；发生适温 15～20℃，低于 10℃发病缓慢；相对湿度大于 70％有可能造成病害流行。

（三）防治方法

1. 农业措施 选用抗病品种。合理密植和灌溉，注意氮、磷、钾肥的合理搭配，促进通风透光、减少倒伏，降低田间湿度。

2. 化学防治 当田间病叶率达 10％时，每亩用 25％丙环唑乳油 30～40g 或每亩用 12％腈菌唑乳油 20～35mL 等杀菌剂进行防治，严重发生时，应隔 7～10d 再喷 1 次。

三、小麦散黑穗病

(一) 症状

散黑穗病主要侵害小麦穗部,偶尔侵害叶片和茎秆,在其上长出条状黑色孢子堆。病穗比健穗较早抽出。最初病小穗外面包一层灰色薄膜,成熟后破裂,散出黑粉(病菌的厚垣孢子),黑粉吹散后,残留裸露的穗轴,病穗上的小穗全部或部分被毁。一般主茎、分蘖都出现病穗,但在抗病品种上有的分蘖不发病。小麦同时受腥黑穗病菌和散黑穗病菌侵染时,病穗上部表现出腥黑穗,下部为散黑穗。

(二) 发生特点

散黑穗病是花器侵染性病害,1年侵染1次,带菌种子是病害传播的唯一途径。病菌以菌丝潜伏在种子胚内,外表不显症,当带菌种子萌发时,潜伏的菌丝也开始萌发,随小麦生长发育经生长点向上发展,侵染进入胚珠,潜伏其中;种子成熟时,菌丝胞膜略加厚,在其中休眠,当年不表现症状,次年发病,厚垣孢子在田间仅能存活几周,没有越冬(或越夏)的可能性。小麦扬花期空气湿度大,阴雨天,利于孢子萌发侵入,带病种子多,翌年发病重。

(三) 防治方法

防治的关键在于种子处理,可选用石灰水浸种、冷浸日晒法、变温浸种、药剂拌种等方法。

1. 石灰水浸种　180kg的1％石灰水可浸种100kg种子。浸种时,水面应高出种子10～15cm。

2. 冷浸日晒法　在夏季三伏天,将麦种放在冷水里浸泡5h,出太阳后捞出,薄薄摊在地面上,充分晒干。

3. 变温浸种　将麦种浸在冷水中4～6h,再将其放置于49℃热水中浸1min,然后放到54℃热水中浸10min,随即取出迅速放到冷水中,冷却后捞出晾干。

4. 药剂拌种　种子质量0.3％的75％萎锈灵粉剂拌种或0.2％萎锈灵(纯量)药液浸种6h。

四、小麦腥黑穗病

(一) 症状

一般在小麦扬花期侵入,潜伏在种胚内,随种子越冬。初期不显症状,孕穗期时会在小穗上迅速发展,破坏花器,在麦穗上产生大量黑粉。病穗灰黑色、易破碎并伴有鱼腥味。

（二）发生特点

病菌以厚垣孢子附在种子外表或混入粪肥、土壤中越冬或越夏。当种子发芽时，厚垣孢子也随即萌发，从芽鞘侵入麦苗并到达生长点，后以菌丝体形态随小麦发育；到孕穗期，侵入子房，破坏花器；抽穗时在麦粒内形成菌瘿（即病原菌的厚垣孢子）。厚垣孢子能在水中萌发，有机肥浸出液对其萌发有刺激作用；萌发适温 16～20℃，病菌侵入麦苗温度 5～20℃，最适温度 9～12℃；湿润土壤有利于孢子萌发和侵染；播种较深，会增加病菌侵染机会，病害加重发生。

（三）防治方法

同小麦散黑穗病防治方法。

五、小麦根腐病

（一）症状

幼苗期小麦芽鞘和根部变褐甚至腐烂；分蘖期根茎部产生褐斑，叶鞘发生褐色腐烂；成株期在叶片或叶鞘上，最初产生黑褐色梭形病斑，以后扩大，变为椭圆形或不规则形褐斑，边缘不明显。湿度大时病斑上产生黑色霉状物，容易抹掉；叶鞘上的病斑可引起茎节发病。穗部发病时，小穗梗和颖片变为褐色。种子受害时，病粒胚尖呈黑色，病斑梭形，边缘褐色，中央白色，称为"花斑粒"，还会造成小麦褐斑粒和黑胚率高，降低小麦品质和商品价值。

（二）发生特点

病菌以分生孢子黏附在种子表面或以菌丝体潜在种子内部或田间病残体上越夏、越冬；土壤带菌和种子带菌是苗期发病的初侵染源。种子萌发后，病菌先侵染芽鞘，后蔓延至幼苗，病部长出的分生孢子可经风雨传播，进行再侵染。不耐寒或返青后遭受冻害的麦株易发生根腐，重茬地块发病逐年加重。

（三）防治方法

1. 农业防治　选用抗病品种。适时早播，轮作，翻耕灭茬并合理施肥。

2. 化学防治　可用 25% 三唑酮可湿性粉剂按种子量 0.2% 拌种或 50% 代森锰锌可湿性粉剂按种子量的 0.2%～0.3% 拌种；成株期叶片和穗部病害可每亩用 25% 丙环唑乳油 33～40mL 或 15% 三唑酮可湿性粉剂 80～100g，兑水 50kg 喷雾防治。

六、小麦蚜虫

(一) 为害特征

在青海省，麦蚜种类主要有麦长管蚜、麦二叉蚜、麦无网长管蚜和禾谷缢管蚜，后三者在青海省春小麦种植区均有发生。以成蚜和若蚜刺吸植株汁液，苗期多集中在麦叶背面、叶鞘和心叶处；小麦拔节抽穗后多集中在叶片、茎秆和穗部刺吸危害，并排泄蜜露引起真菌寄生，导致煤污病，影响小麦的呼吸和光合作用。叶片被害处出现浅黄色斑点，严重时叶片发黄，甚至导致植株枯死。穗部受害后，造成灌浆不足、籽粒干瘪和千粒重下降。麦蚜是传播植物病毒病的重要媒介，可引起小麦黄矮病。

(二) 形态特征

1. 麦二叉蚜　无翅孤雌蚜体长 2.0mm，卵圆形，淡绿色，背中线深绿色，腹管浅绿色，顶端黑色；中胸腹岔具短柄。额瘤较中额瘤高；触角 6 节，超过体长的一半，喙超过中足基节，端节粗短，长为基宽的 1.6 倍；腹管长圆筒形，尾片长圆锥形，长为基宽的 1.5 倍，有长毛 5~6 根。有翅孤雌蚜体长 1.8mm；触角第三节具 4~10 个小圆形次生感觉圈，排成一列；前翅中脉二叉状。卵椭圆形，长约 0.6mm。

2. 麦无网长管蚜　前翅中脉为三叉，是区别于二叉蚜的主要特征之一；体长 2.3~2.6cm，头、胸部浅褐色略带有叶枯色；腹部浅绿色，背中有 1 条明显的草绿色纵线；体纺锤状；触角褐色，约为体长的 4/5，第三节有感觉器 10~18 个；额瘤显著往外倾；腹管长 0.3~0.5cm，少数与尾片等长，无网纹；尾片侧面有 4~5 根毛；3 对足的腿节、胫节末端和跗节为棕褐色，跗节 2 节。

3. 禾谷缢管蚜　无翅成蚜体卵圆形，长 1.4~1.6mm，腹部深绿色，后端有赤色至深紫色横带。中脉分支 2 次，分岔小。腹管短圆筒形，长 0.24mm，中部稍粗壮，近端部呈瓶口状缢缩。复眼黑色。有翅型触角第三节长 0.48mm，有感觉圈 20~30 个。尾片长 0.1mm，有毛 4 根。

(三) 发生规律

麦蚜为害麦类作物及其他禾本科杂草，常大量聚集在叶片、茎秆和穗部，吸取汁液，影响作物发育，并能传播多种病毒，以传播小麦黄矮病危害最大。在适宜的环境条件下都以无翅型孤雌胎生若蚜生活。在营养不足、环境恶化或虫群密度大时，则产生有翅型迁飞扩散，但仍为孤雌胎生，只在寒冷地区秋季才产生有性雌、雄蚜交尾产卵。卵于翌年春季孵化为干母，继续产生无翅型或有翅型蚜虫。

(四) 防治方法

1. 农业防治　选用抗病品种。冬麦适当晚播，春麦适时早播。合理施肥浇水。

2. 生物防治　利用瓢虫、食蚜蝇、草蛉、蚜茧蜂等天敌有效控制蚜虫。

3. 化学防治　当田间百穗蚜量达 800 头以上，益害比（天敌∶蚜虫）低于 1∶150 时，可选用 10％吡虫啉可湿性粉剂 3 000 倍液喷雾；或者每亩施用 4.5％高效氯氰菊酯乳油 30～40mL，兑水 30kg 喷雾；或者每亩施用 2.5％高效氯氟氰菊酯乳油 20～30mL，兑水 30kg 喷雾；或者每亩施用 1.8％阿维菌素乳油 40～50mL，兑水 30kg 喷雾。任选以上一种药剂全田均匀喷雾。

七、小麦吸浆虫

（一）为害特征

麦红吸浆虫和麦黄吸浆虫，均属双翅目、瘿蚊科，是青海省小麦主要害虫。在春季小麦拔节期土壤温湿度适宜时，幼虫破茧上移到表层土壤，小麦孕穗期化蛹，抽穗期成虫羽化、交尾以及在穗部产卵。扬花期幼虫孵化从颖壳缝隙侵入，灌浆期幼虫贴附于子房或刚灌浆的麦粒上吸食浆液，造成瘪粒、空壳或霉烂，进而导致减产，受害严重时几乎绝收。

（二）形态特征

1. 麦红吸浆虫　雌成虫体长 2～2.5mm，雄虫 2mm，橘红色。翅展 5mm，前翅透明，有 4 条发达翅脉。雄虫每节中部收缩呈葫芦结状。雌虫触角呈念珠状。卵长圆形，浅红色。幼虫椭圆形，橙黄色。裸蛹橙褐色，头前方具白色短毛 2 根和长呼吸管 1 对。

2. 麦黄吸浆虫　雌成虫体长 2mm，鲜黄色。卵香蕉形。幼虫体长 2～2.5mm，黄绿色或姜黄色，腹末端生突起 2 个。蛹鲜黄色，头端有 1 对较长毛。

（三）发生规律

1. 麦红吸浆虫　1 年发生 1 代或多年完成 1 代，以末龄幼虫在土壤中结圆茧越冬。小麦开始抽穗时，麦红吸浆虫羽化出土，当天交配后在未扬花的麦穗上产卵。有多年休眠习性。

2. 麦黄吸浆虫　1 年发生 1 代，成虫发生较麦红吸浆虫稍早，耐湿、耐旱能力低于麦红吸浆虫。麦黄吸浆虫的发生与雨水、湿度关系密切，春季雨水充足，利于越冬幼虫破茧上升土表、化蛹、羽化、产卵及孵化。

（四）防治方法

1. 农业防治　选用抗病品种。每隔 2～3 年开展普查，摸清底数，明确发生区域和虫口密度。与油菜、马铃薯、蚕豆等作物轮作。加强水肥管理。

2. 生物防治　天敌种类主要有宽腹姬小蜂、光腹黑蜂、蚂蚁、蜘蛛等。

3. 化学防治　播种前每亩用 48％毒死蜱乳油 200mL，兑水 5kg 喷在 20kg 干土上，拌匀后旋耕；小麦孕穗期每亩用 5％辛硫磷颗粒剂加细沙土 20kg 拌成毒土撒入麦田；小麦抽穗扬花期每亩用 10％吡虫啉可湿性粉剂 20～30g 喷雾防治。

八、灰翅麦茎蜂

（一）为害特征

灰翅麦茎蜂属膜翅目、茎蜂科、麦茎蜂属。在青海省，主要分布在西宁市及海东市民和县、乐都区、平安区、化隆县、互助县，海南州贵德县、共和县，黄南州尖扎县、同仁市，海北州门源县。以老熟幼虫在小麦等寄主植物的根茬内结茧越夏、越冬。幼虫为害茎秆内壁组织，影响植株生长所需的有机物质和无机物质的传输，造成白穗，籽粒秕瘦，千粒重下降，粮食和麦草的质量及品质均下降。灰翅麦茎峰在青海省农业区，是春小麦主要的常发性蛀茎害虫，一般危害率为 10％～20％，严重地区高达 30％～50％。

（二）形态特征

成虫体长 8～12mm，翅展 7～10mm，体色黑而发亮。头部黑亮、近方形，后缘中部弧状；复眼发达，褐色或酱褐色，单眼淡褐色或红褐色；触角黑色，丝状；颚须黑褐色；唇须黄色，末节黑褐色。

卵白色发亮，长椭圆形，长 1～1.2mm，宽 0.35～0.4mm。

幼虫老熟后体长 7～12mm，白色或淡黄色，略呈 S 形弯曲，头部淡褐色，胸足、腹足退化，体多皱褶，无毛，仅末节有稀疏刚毛。

蛹为裸蛹，体长 8～12mm，头宽 1.10～1.50mm。前蛹期白色，后蛹期灰黑色。蛹的发育过程可分为 5 级：Ⅰ级，蛹为乳黄色半透明，复眼由乳黄色变为黑色；Ⅱ级，蛹体头部由乳黄色变为黑色；Ⅲ级，蛹体胸部从前胸、中胸、后胸开始，由乳黄色变为黑色；Ⅳ级，蛹体腹部从前到后，由乳黄色变为黑色；Ⅴ级，蛹体黑色直至羽化。蛹发育至Ⅴ级，雌、雄蛹形态分化。

（三）发生规律

灰翅麦茎蜂成虫羽化后，白天活动，以白天 10—17 时活动性最强，气温 20℃以上时，寻偶交尾产卵最盛，18 时以后活动渐弱。成虫喜在地埂、渠道两旁的萎陵菜等杂草花上及油菜花上活动觅食，取食花蜜和露水，补充营养后交尾，在春小麦植株上产卵。绝大多数成虫将卵产在穗下第二至第三节上，产卵时雌虫以产卵器锯开麦茎，将卵产在茎的内壁上，一般每茎秆产卵 1 粒，很少产卵 2～3 粒。每头雌虫可产卵 30～40 粒。幼虫孵化后，先向下爬至节间处取食幼嫩组织，当幼虫长到一定程度才能依靠虫体与茎壁的摩擦力上下蠕动。小麦灌浆初期，幼虫咬穿茎节开始向上部节间活动，直至穗轴基部为止，然后回到穗下节基部取食，进入暴食阶段。小麦乳熟期，幼虫逐渐老熟，开始向茎秆基部转移。幼虫老熟时抵达茎秆基部，将麦茎内壁组织咬成一环状或大半环状缺刻，称为"断茎环"，"断茎环"位于地表上下，小麦收割时不会造成影响。到小麦成熟期，老熟幼虫几乎全部进入麦茎基部，此时已有75％以上的老熟幼虫咬出"断茎环"，在根茬内吐丝结茧越夏、越冬。幼虫一生取食量为小麦茎秆重量的4.44％～6.63％。幼虫在小麦田间呈聚集分布，其取食活动对小麦穗粒数无影响，对千粒重影响较大。

（四）防治方法

1. 农业防治　种植抗虫品种。适期播种，合理密植，培育壮苗。适时早收，低割麦茬。深翻麦田，使大部分成虫不能出土。与豆类、马铃薯轮作倒茬。

2. 生物防治　踢茎姬蜂、丽微小茧蜂、镜面茎姬蜂对灰翅麦茎蜂有较强的寄生能力。

3. 物理防治　收割后用专用机械粉碎小麦根茬，消灭越冬幼虫。

4. 化学防治　6月中旬，春小麦抽穗初期为麦茎蜂成虫始盛期，选用5％高效氯氰菊酯乳油或2％溴氰菊酯乳油进行喷雾防治。

九、麦穗夜蛾

（一）为害特征

麦穗夜蛾属鳞翅目、夜蛾科、秀蛾属。在青海省，主要分布在民和县、平安区、互助县、大通县、湟中区、化隆县、门源县、循化县等县（区）。初孵化幼虫多集中于颖壳内取食花器和子房，食尽后转至邻近上部小穗继续取食。1～4龄前期幼虫昼夜取食；2～3龄幼虫籽粒内取食并潜伏，食尽后分散转移，吐丝下垂，转穗取食；4龄后期幼虫白天转移至小麦旗叶形成的卷筒内或在田间杂草内潜伏，夜间寻穗部取食，为害麦粒。一般小麦受害率为20％～30％，最高达80％。

（二）形态特征

成虫体长16mm，翅展42mm左右，全体灰褐色。前翅具明显黑色基剑纹，在中脉下方呈燕飞形，环纹、肾纹银灰色，边黑色；后翅浅黄褐色。

卵圆球形，直径0.61～0.68mm，卵面有花纹。

幼虫体长33mm左右。颅侧区具浅褐色网状纹，虫体灰黄色，背面灰褐色，腹面灰白色。

蛹长18～21.5mm，黄褐色或棕褐色。

（三）发生规律

1年发生1代，以老熟幼虫在田间或地埂表土下及芨芨草墩下越冬。翌年4月越冬幼虫出蛰活动，4月底至5月下旬幼虫化蛹。6—8月成虫羽化，7月中旬至8月上旬进入羽化盛期，交尾后5～6d产卵在小麦第一小穗颖内侧或子房上。幼虫7

龄，老熟幼虫有隔日取食习性。9月中、下旬幼虫开始在麦茬根际松土内越冬。

（四）防治方法

1. 监测预报　调查越冬前虫口密度、春季越冬老熟幼虫、蛹及羽化情况等，进行短期、中长期预报。

2. 农业防治　虫害发生严重的地区或田块，封冻前深耕翻土，破坏幼虫越冬场所，消灭部分幼虫。与马铃薯、油菜、豌豆、中药材等作物轮作，切断其食物链，控制其为害。在小麦田周围设置青稞和早熟小麦的诱集带，诱集成虫产卵，待产卵后幼虫转移前，将诱集带及时拔除销毁或喷药杀死幼虫，减少虫源。

3. 理化诱控　利用麦穗夜蛾性诱剂诱杀雄蛾。利用趋光性，于6—7月悬挂频振式杀虫灯，诱杀成虫。利用糖醋液诱杀。

4. 化学防治　在4龄前进行防治，选用5%高效氯氰菊酯乳油或0.4%氯虫苯甲酰胺颗粒剂兑水喷雾防治。

第二节　青稞主要病虫害综合防控技术

青稞病害主要有黑穗病、条纹病、云纹病、根腐病等，虫害主要是蚜虫等。

一、青稞黑穗病

（一）症状

又称"火烟包"，属真菌性种传病害。青海省常发生的青稞黑穗病为散黑穗病。青稞幼苗期极易感病，但直至抽穗期才表现出明显症状。其危害率一般在5%～10%，严重达17%～20%。坚黑穗病典型症状是病株的花器、小穗均被破坏，花器内是深褐色或黑色粉状物（冬孢子团），黑色粉状物被灰白色薄膜包裹，不易破裂。散黑穗病症状是抽穗前，病穗的花器、小穗均已被破坏，变成干燥的橄榄褐色冬孢子粉，只残留穗轴和芒，芒变白干枯。抽穗后，病穗的薄膜会破裂，黑色粉状物（冬孢子）会被风雨吹散。

（二）发生特点

黑穗病病原菌从青稞花器侵入，形成带菌种子，成为初侵染源。坚黑穗病和散黑穗病二者病害循环过程类似，以散黑穗病为例：种子萌发后，菌丝侵入幼苗，随着幼苗生长点向上蔓延，侵入青稞花器，破坏花器，形成黑色粉状冬孢子团；冬孢子团破裂释放出冬孢子，经风雨传播侵染健康小穗；侵入的冬孢子萌发形成双核菌丝侵入子房，最终侵入胚完成越冬越夏；潜伏或休眠在种子内成为翌年初侵染源，完成侵染循环。黑穗病也可以通过粪肥带菌的途径传播。

(三)防治方法

同小麦散黑穗病防治方法。

二、青稞条纹病

(一)症状

青稞植株地上部分均可发病,以叶片受害最重。感病初期,出苗后约 10d,苗期幼叶上会出现淡黄色斑点或短小条纹,随着植株的生长,病斑也随之扩展,呈现条纹状。分蘗期会产生典型症状,表现为与叶脉平行的细长条纹或断续相连条纹。拔节至抽穗期,病斑边缘黑褐色,中间草黄色,同时伴有黑色霉状物,即病原菌的分生孢子梗和分生孢子。由于种子带菌原因,有的植株幼苗时感病发黄枯死。青稞条纹病常引起植株矮小、无法正常抽穗枯死,造成青稞严重减产。

(二)发生特点

病菌主要以菌丝体在青稞的种皮内越冬、越夏。一般来说,田间青稞条纹病形成的初侵染源是种子内潜伏的休眠菌丝,青稞田残留病株上的菌丝和分生孢子也具有一定的致病力,可成为翌年初侵染源之一。病原菌丝体主要生活在青稞果皮和外壳的薄壁细胞间,种子的胚并没有受到侵染,病原菌侵染萌发中的胚的关键时期是从胚芽鞘突破种皮前开始,直至出苗。种子萌发时菌丝生长,从芽鞘侵染到幼芽,依次侵入到各层嫩叶组织中,随着寄主植物拔节、抽穗,菌丝在病株体内系统性蔓延、扩展,最后侵入穗部。青稞抽穗时,在高湿条件下病叶上产生分生孢子,当环境温度为 12℃时约需 16h 成熟。

(三)防治方法

1. 农业防治 选用抗性品种。适时晚播,施足有机肥。做好开沟排水工作,降低土壤湿度。

2. 化学防治 可选用 10% 二硫氰基甲烷乳油按照种子量的 0.03% 拌种或每100g 种子用 10% 三唑醇可湿性粉剂 75~150g 进行种子处理。

三、青稞云纹病

(一)症状

青稞云纹病大多发生在青稞分蘗期,主要为害叶片及叶鞘。发病初期,叶片和叶鞘上产生白色透明小斑,病斑逐渐扩展为青灰色,后至浅青褐色,边缘为深褐色,随着病斑扩大,最后病斑内部变为灰白色,病斑呈纺锤形或椭圆形。病斑集中形成云纹状,叶片枯黄致死,湿度较大时,病斑上有灰色霉层。

(二) 发生特点

主要以分生孢子和菌丝体在被害组织上越夏、越冬。青稞播种出苗后，分生孢子借风雨传播而侵染幼苗。青稞生长期间，病菌依靠病斑上形成的分生孢子，可多次再侵染，使病害逐渐蔓延扩展。收获后，病菌分生孢子及菌丝体又在寄主组织残体上休眠越冬、越夏，在下一个生长季节侵染青稞苗。感染的种子也是青稞云纹病初次侵染来源之一，带病种子的传病主要是靠潜伏于病斑内的菌丝体。

(三) 防治方法

1. 农业防治　消灭越冬（夏）菌源，青稞收获后及时耕翻灭茬，促进病残组织腐烂分解，消灭病原；合理密植，配方施肥，不可单一施氮过多；中耕除草；低洼地雨季注意开沟排水，可提高土温，降低田间湿度，促进植株生长健壮，提高抗病力，减轻病害发生。

2. 化学防治　播种前 10～20d，每千克种子用 3％苯醚甲环唑悬浮剂 4mL 拌种；或者用 50％多菌灵可湿性粉剂按种子重量的 0.3％于播种前拌种，堆闷 1 周晾干待播。发病初期，每亩可选择喷洒 75％肟菌・戊唑醇水分散粒剂 20g、43％戊唑醇悬浮剂 15mL，或者 15％三唑酮可湿性粉剂 1 000 倍液、50％多菌灵可湿性粉剂 800 倍液、70％代森锰锌可湿性粉剂 400 倍液，每亩用药液 75～100L。病害较重时可在 7～10d 后再喷 1 次。

四、青稞根腐病

(一) 症状

发病率为 5％～15％，其发病症状为叶片呈黄绿色，幼苗瘦弱或死亡。穗白粒瘪，根部发黑、腐烂或断裂。幼苗染病后在芽鞘上产生黄褐色至褐黑色梭形斑，边缘清晰，中间稍褪色，扩展后引起种根基部、根间、分蘖节和茎基部褐变，病组织逐渐坏死，生黑色霉状物，最后根系腐烂，青稞苗逐渐黄枯而死。成株期叶片染病后出现梭形小褐斑，后扩展为长椭圆形褐色斑，病斑融合为大斑后，叶片枯死。

(二) 发生特点

病菌以菌丝体和厚垣孢子在青稞病残体和土壤中越冬，成为初侵染源。病菌从根茎部或根部伤口侵入，通过雨水或灌溉水进行传播和蔓延。地势低洼、排水不良、田间积水、连作、植株根部受伤的田块发病严重。种子带菌也可导致苗期发病。

(三) 防治方法

同小麦根腐病防治方法。

五、青稞白粉病

（一）症状

病原与小麦白粉病相同。主要发病症状集中于青稞的叶片、茎秆等部位。在感病植株上，初期叶片上会产生直径 2～3mm 的黄色、白色小斑点，随之不断发展变大，同时在病斑处出现同心轮纹，整个叶片或茎秆覆有白色霉层，整个叶片随之枯萎死亡，使得青稞无法进行正常光合作用，造成产量低下。

（二）发生特点

同小麦白粉病的发生特点。

（三）防治方法

同小麦白粉病防治方法。

六、青稞蚜虫

（一）为害特征

蚜虫是为害青稞的重要害虫，主要以成虫和若虫聚集于青稞的幼苗、嫩叶背面、嫩茎及穗部，通过直接刺吸青稞汁液，造成受害部位组织被破坏、失水，叶片褪绿、皱缩，植物营养不良甚至干枯、死亡。

（二）形态特征

同小麦蚜虫的形态特征。

（三）发生规律

同小麦蚜虫的发生规律。

（四）防治方法

同小麦蚜虫的防治方法。

第三节　油菜主要病虫害综合防控技术

油菜病害主要有菌核病、霜霉病等，虫害主要有蚜虫、小菜蛾、蓝跳甲、黄条跳甲、露尾甲、茎象甲、薄翅野螟等。

一、油菜菌核病

（一）症状

油菜各生育期皆可感病。在青海省，油菜菌核病是油菜的主要病害。苗期感病后，靠近地面的根茎和叶柄上出现红褐色斑点，后转为白色，病组织变软腐烂，其上长出大量白色棉絮状菌丝，病斑绕茎后幼苗死亡，病部形成黑色菌核。开花期感病后，花瓣变暗黄色水渍状，极易脱落，潮湿情况下可长出菌丝。叶片感病后，初生暗青色水渍状斑块，后扩展成圆形或不规则形大斑，病斑灰褐色或黄褐色，有同心轮纹，外围暗青色，外缘具黄晕，潮湿时病斑迅速扩展，全叶腐烂，上生白色菌丝。主茎与分枝感病后，病斑初呈水渍状，浅褐色椭圆形，后发展成长椭圆形、梭形直至长条状绕茎大斑，病斑略凹陷，有同心轮纹，中部白色，边缘褐色，病健交界明显。在潮湿条件下，病斑扩展迅速，病部软腐，表面生出白色絮状菌丝，故称"白秆""霉秆"，植株渐渐干枯而死或提早枯熟，极易折断，剖视病茎，可见黑色鼠粪状菌核。

（二）发生特点

田间油菜收获时，菌核落入土中或混杂在种子中越冬，翌年春季再萌发侵染。在气温能满足菌核萌发的前提下，降水和空气相对湿度是决定病害发生的主要条件。花期降水量大、空气相对湿度大，发病严重。连作地块、上年发病重的地块苗期发病较重。花期最易感病，不同的油菜品种抗病性差异很大，密度过大、通风透光差或地势低洼、雨后积水，有利于病害发生、发展和蔓延。

（三）防治方法

1. 农业防治　因地制宜，选种耐密、高产、抗倒、抗（耐）病的优质高效油菜品种；与青稞、小麦等禾本科作物轮作，有效减少田间菌核数量，减轻油菜病虫害的发生程度；在菌核病常发区，结合深翻播种和科学施肥，选用盾壳霉、木霉菌、枯草芽孢杆菌等生物菌剂对土壤进行处理，可加速土壤中菌核腐烂，减少田间菌核数量；深耕深翻，清洁田园，铲除田地周边杂草，清除残株败叶；合理密植，深沟高畦栽培，清沟排渍；科学施肥，增强抗（耐）病能力和抗逆性。

2. 生物防治　油菜开花始盛期，可选用盾壳霉、芽孢杆菌等生物菌剂。

3. 化学防治　以常发地区为重点，田间明显可见茎基部感染时，应及时防治，药剂可选用氟唑菌酰羟胺、腐霉利、咪鲜胺等，药液要能喷施到植株茎基部。在菌核病重发区，全面落实油菜开花始盛期（油菜主茎开花率 80％左右、一次分枝开花株率 50％左右）的药剂预防，如遇连阴雨、花期持续时间长等适宜病害发生流行天气，盛花期须进行第二次药剂预防。可选用每亩 200g/L 氟唑菌酰羟胺悬浮剂 50～65mL 兑水 30kg 喷洒，或者 50％啶酰菌胺水分散粒剂 800～1 000 倍液、50％

腐霉利可湿性粉剂（速克灵）600～800倍液等，配药时可向药液中添加具有增效作用的磷酸二氢钾、速效硼等，以达到"一促四防"的效果。

二、油菜霜霉病

（一）症状

在青海省，油菜霜霉病发生较轻。油菜叶片感病初期，出现淡黄色斑点，后发展成黄褐色大斑，且受叶脉限制呈不规则形，叶背面病斑上出现霜状霉层，严重时全叶变褐枯死。一般植株的底叶先变黄枯死，逐渐向上发展蔓延。薹、茎、分枝、花梗和角果感病后，病部初生褪绿斑点，后扩大呈黄褐色不规则形斑块，病斑上有霜状霉层。花梗发病后有时顶端肿大弯曲，呈"龙头状"，花瓣肥厚变绿，不结实，长有霜状霉层。感病严重时，叶片枯落直至全株死亡。

（二）发生特点

油菜霜霉病流行的重要条件是气候条件。在一般情况下，温度决定病害发生的早晚，而雨量决定病害的严重程度。低温高湿适宜病害的发生。气温在7～10℃时，有利于孢子囊的形成和萌发；在16～20℃时，有利于病菌侵入。昼夜温差大、湿度高、植株体表结露多，有利于病害的发展。油菜连作或相邻种植，田间菌源量大，发病重；而前茬作物为水稻，发病较轻。氮肥施用过多、过迟，植株贪青徒长，组织柔嫩，后期倒伏，株间过度郁闭，田间小气候湿度增高，病害严重。土壤黏重、地势低洼、排水不良、田间湿度增大，也会加重病害发生。

（三）防治方法

1. 农业防治　同油菜菌核病的农业防治方法。
2. 化学防治　利用"一喷四防"技术，防治菌核病的同时兼防霜霉病，在油菜霜霉病重发田块添加代森锌、乙蒜素等药剂兼治。

三、油菜蚜虫

（一）为害特征

蚜虫属同翅目、蚜科，为害油菜的蚜虫有3个种，即萝卜蚜、桃蚜、甘蓝蚜。蚜虫以成蚜、若蚜密集在油菜叶背、茎枝和花轴上刺吸汁液，破坏叶肉和叶绿素。苗期叶片受害卷曲变形、发黄，植株矮缩、生长缓慢，严重时叶片枯死。油菜抽薹后，蚜虫多集中为害菜薹，致花梗畸形，形成"焦蜡棒"，影响油菜开花结荚，并使嫩头焦枯。蚜虫在取食过程中分泌大量蜜露，污染叶片、花蕾等，影响植株正常光合作用，并引起煤污病，造成严重减产。此外，蚜虫还可传播病毒病。

（二）形态特征

1. 萝卜蚜　有翅胎生蚜体长卵形；长 1.6～2.1mm，宽 1.0mm。头、胸部黑色，腹部黄绿色至绿色，腹部第一、第二节背面及腹管后有 2 条淡黑色横带，腹管前各节两侧有黑斑，体表常被有稀少的白色蜡粉。额瘤不显著。翅透明，翅脉黑褐色。腹管暗绿色，较短，中后部膨大，顶端收缩，约与触角第五节等长，为尾片长的 1.7 倍；尾片圆锥形，灰黑色，两侧各有长毛 4～6 根。无翅胎生蚜体卵圆形；长 1.8mm，宽 1.3mm；黄绿色至黑绿色。额瘤不明显。触角较体短，约为体长的 2/3，第三、第四节上无感觉圈，第五、第六节上各有 1 个感觉圈。胸部各节中央有一黑色横纹，并散生小黑点。腹管和尾片与有翅蚜相似。

2. 桃蚜　无翅蚜体长 2.6mm，宽 1.1mm；体淡色，头部深色。额瘤显著，中额瘤微隆。腹管长筒形，端部黑色；尾片黑褐色，圆锥形，近端部 1/3 收缩。

有翅蚜头、胸部黑色，腹部淡色。触角第三节上有小圆形状的感觉圈 9～11 个。腹部第四至第六节背中融合为一块大斑，第二至第六节上各有大型缘斑，第八节背中有 1 对小突起。

3. 甘蓝蚜　有翅胎生雌蚜体长约 2.2mm，头、胸部黑色，腹部黄绿色，有数条不明显的暗绿色横带，全身覆有明显的白色蜡粉。复眼赤褐色。无额瘤。触角 3 节，腹管很短，远比触角第五节短，中部稍膨大。无翅胎生雌蚜体长 2.5mm 左右，暗绿色，被有较厚的白蜡粉。复眼黑色。触角无感觉孔。无额瘤。腹管短于尾片；尾片近似等边三角形，两侧各有 2～3 根长毛。

（三）发生规律

1. 萝卜蚜　1 年发生 10～20 代。秋季发生无翅雌、雄性蚜，交配后在叶反面产卵，以卵越冬，部分成、若蚜在菜窖内越冬或在温室中以孤雌胎生方式继续繁殖。有翅型和无翅型的发育起点温度分别为 6.4℃和 5.7℃，种群增长的温度为 10～31℃，适宜繁殖的温度为 14～25℃。

2. 桃蚜　1 年发生 10～20 代。秋末发生性蚜，交配产卵越冬。多数从油菜等植物迁飞到桃树上；冬季也可以在大棚内的茄果类蔬菜上继续繁殖为害。有翅型和无翅型的发育起点温度分别为 4.3℃和 3.9℃，种群增长的温度为 5～29℃。在 16～24℃，数量增长最快。雨水多，发生面积小；干旱少雨，有翅蚜大面积扩散。

3. 甘蓝蚜　1 年发生 8～10 代，世代重叠。以卵越冬，在大棚内也可终年孤雌生殖。越冬卵一般在翌年 4—5 月开始解化，10 月开始产生性蚜，交尾产卵于留种或储藏的菜株上越冬，少数成蚜和若蚜亦可在菜窖中越冬。一般每头无翅成蚜平均产卵 40～60 头。对黄色有较强趋性。

（四）防治方法

1. 农业防治　同小麦蚜虫农业防治方法。

2. 生物防治　人工释放瓢虫、草蛉、蚜茧蜂等天敌防控，或者用金龟子绿僵菌、0.5%印楝素可湿性粉剂 1 000 倍液等喷雾防治。

3. 物理防治　可用黄板诱杀、银灰板驱虫等物理措施。

4. 化学防治　当田间有蚜枝率超过 10% 时，可选用 10% 吡虫啉可湿性粉剂 2 500~4 000 倍液或 2.5% 溴氰菊酯乳油 2 000~3 000 倍液。

四、小菜蛾

（一）为害特征

小菜蛾属鳞翅目、菜蛾科。小菜蛾以幼虫取食叶片，初孵幼虫可钻入叶片组织内，取食叶肉；2 龄后啃食叶片留下一层表皮，形成透明的膜斑，俗称"开天窗"；3~4 龄幼虫将叶食出孔洞和缺刻，严重时叶片被食成网状，降低产量和食用价值。于油菜苗期，常集中在心叶为害，抽薹后为害嫩茎、幼荚和籽粒，油菜一般受害时减产 10%~50%，严重时减产 90% 以上，甚至绝收。

（二）形态特征

成虫体长约 6mm，灰褐色或黄褐色，翅展 12~15mm，翅后缘从翅基到外缘有呈三度曲波状黄褐色带。卵椭圆形，一端稍倾斜；初产时乳白色，后变淡黄绿色。幼虫体淡绿色，体长 10~12mm，纺锤形，活泼好动，具吐丝下垂习性。蛹长 5~8mm，初为淡绿色，渐呈淡黄绿色，最后变灰褐色；无臀棘，肛门附近有钩刺 3 对，腹末有小钩 4 对。茧纺锤形，薄如网，灰白色，可见蛹体；多附着在叶片上。

（三）发生规律

1 年发生 4~5 代。以蛹越冬。对温度的适应范围广，发育起点温度为 6~8℃，最适温度为 20~30℃，在 8~33℃ 条件下均可产卵繁殖，羽化当天即可交配，一生可多次交配，一般交配后 1~2d 产卵，卵散产，部分产卵成块，一般 5~11 粒聚集在一起。卵大多数产在叶背近叶脉的凹陷处，少数产在叶正面和叶柄上。成虫寿命和产卵量的多少，与温度和蜜源植物密切相关。

（四）防治方法

1. 农业防治　合理布置耕作布局，与禾本科作物进行 3 年轮作，收获后及时清洁田园，清除残株败叶。

2. 生物防治　释放拟澳洲赤眼蜂或使用性诱剂诱捕雄蛾，或者使用阿维菌素、印楝素等生物农药喷雾防治。

3. 物理防治　黑光灯诱杀成虫。

4. 化学防治　选用 50% 高效氯氰菊酯乳剂或 20% 氰戊菊酯乳剂等喷雾防治。

五、蓝跳甲

（一）为害特征

蓝跳甲属鞘翅目、叶甲科。幼虫多潜入油菜叶柄、叶片的主脉蛀食，其排出的粪便及黏液填塞于叶片和嫩茎内，影响光合作用和组织输导，使幼苗生长不良，重者致油菜青干，造成大量的死苗甚至毁种重播。成虫主要为害幼嫩叶片，啃食叶肉，造成圆形或近圆形大小不一的孔洞和缺刻，延缓苗期的生长速度。在油菜角果期，刚羽化的成虫常群集于幼嫩角果和嫩尖上为害，啃食角果表皮，造成许多不规则的孔洞或斑痕，有些甚至咬断花梗，嚼食幼嫩的籽粒，使角果腐烂或籽粒干秕，影响角果正常成熟。

（二）形态特征

体长 5mm，宽 2.5mm，长椭圆形。体蓝黑色或蓝色带绿光；触角黑色，基部两节的顶端带棕色。头顶光洁，无皱纹，额瘤圆形，显突，触角间的隆脊上半部粗宽，下半部细狭。触角约为体长的 2/3，较粗壮，第三节约为第二节长的 1.5 倍，以后各节均长于第三节。前胸背板基部较宽，渐向前收狭，基缘之前具横沟，沟前盘区光洁，沟后区有细刻点。鞘翅刻点粗密，略呈凹窝状，有时每翅具 3 条不清楚的纵肋状隆起。

（三）发生规律

1 年发生 1 代，以成虫在土缝中或心叶及枯叶下越冬。翌年早春交尾，产卵于油菜根部四周表土中，5 月中旬幼虫孵化开始为害油菜根茎，夏季主要为害叶片，当植株抽薹开花、基部老叶陆续干枯时，幼虫又从叶柄、茎秆中转移或潜到根、茎、分枝或上部未脱落的叶中继续为害。幼虫期约 1 个月，蛹期 18d。7 月下旬羽化为成虫，继续为害花、荚，油菜黄熟后转移到土层下或杂草上越夏。在连作地，往往子叶尚未出土，幼苗便被咬死。新羽化成虫有趋上性和群聚性，喜在上端主茎顶、角果尖端集中群聚取食，在油菜成熟度不整齐时尤为明显。

（四）防治方法

1. 农业防治　对甘蓝型油菜的危害轻于白菜型油菜，在蓝跳甲重发地可适当扩大甘蓝型油菜的种植。调整播期，适时冬灌，摘除茎基部老黄残叶。
2. 物理防治　利用趋光性，应用黑光灯或频振式杀虫灯诱杀成虫。
3. 生物防治　选用生物农药多黏芽孢杆菌、枯草芽孢杆菌进行种子包衣或拌种。
4. 化学防治　选用 2.5% 溴氰菊酯乳油 2 500 倍液或 70% 噻虫嗪水分散粒剂 1 500 倍液等喷雾防控。

六、黄条跳甲

(一) 为害特征

黄条跳甲俗称狗虱虫、跳虱，属鞘翅目、叶甲科。在青海省，为害油菜的黄条跳甲有 4 种，即黄曲条跳甲、黄直条跳甲、黄窄条跳甲、黄宽条跳甲。初孵幼虫沿须根向主根剥食根的表皮，形成不规则条状疤痕，也可咬断须根，使植株叶片发黄、萎蔫、死亡，甚至引起腐烂导致软腐病传播。黄曲条跳甲成虫常群集在叶背取食，体小，会飞，善跳，性极活泼。成虫啃食叶片，造成被害叶面布满稠密的椭圆形小孔洞，使得叶片光合作用降低，叶片枯萎。

(二) 形态特征

1. **黄曲条跳甲** 成虫体长约 2mm，黑褐色，有光泽；触角棒形；鞘翅中央有肾形黄色条纹；后足腿节膨大。卵椭圆形，长约 0.3mm，淡黄色。老熟幼虫体长 4mm，圆筒形，黄白色，头部及前胸背板淡褐色；胸足 3 对，腹足退化。蛹椭圆形，长约 2mm，淡黄白色。

2. **黄窄条跳甲** 头、胸部呈金属暗绿色；鞘翅上黄条纹较狭小，直形。

3. **黄直条跳甲** 黄色条纹较狭窄，不及翅宽的 1/3；额顶刻点极深密；体型较大。

4. **黄宽条跳甲** 黄色条纹甚阔大，占鞘翅大部分，仅剩黑色边缘；额顶刻点较稀少；体型较小。

(三) 发生规律

1 年发生 1~5 代，个别种有世代重叠现象。4 月中旬油菜出苗后，开始为害，5 月最盛。成虫寿命 60~90d，卵期 3~9d。幼虫 3 龄，幼虫期 11~16d，一个世代需 19~54d。成虫活泼善跳，遇惊动即跳跃逃避。一般以成虫潜伏在菜园内、沟边、树林中的落叶下、草丛中等处越冬。成虫多栖息于叶背、根部及土缝等处，有趋光性，对黑光灯敏感。春季遇干旱，为害加重。

(四) 防治方法

1. **农业防治** 合理轮作，清除田间杂草、落叶、残株。

2. **物理防治** 黄板诱杀。

3. **生物防治** 在苗期可采用鱼藤酮或印楝素等喷雾防治。

4. **化学防治** 播前用 70%噻虫嗪（锐胜）悬浮种衣剂按种子重量的 0.5%拌种包衣，或者在苗期选用 50%高效氯氰菊酯乳剂或 70%噻虫嗪水分散粒剂 1 500 倍液、2.5%溴氰菊酯乳油 2 500 倍液等喷雾防治。

七、露尾甲

(一) 为害特征

露尾甲属鞘翅目、露尾甲科。在青海省，为害油菜的露尾甲分为花露尾甲和叶露尾甲 2 种。花露尾甲成虫取食花器，并产卵于花蕾内，形成典型的"秃梗"症状；幼虫在花内取食为害，使角果的瘪粒数增加，产量下降；花露尾甲常与叶露尾甲混合发生。叶露尾甲以成虫和幼虫为害油菜，成虫以口器咬破叶片背面或嫩茎的表皮，啃食叶肉，被啃部分的表皮呈半月形的半透明状，此为害状多分布在叶背主脉两侧或沿叶缘部位；成虫取食幼蕾，咬断大蕾蕾梗，在角果期形成明显的仅有果梗而无角果的"秃梗"症状，直接影响产量；也可取食大蕾或花的萼片、花瓣、花药和花粉。

(二) 形态特征

1. 花露尾甲

(1) 成虫。体长 2.2～2.9mm，身体椭圆扁平，黑色略带金属光泽，全体密布不规则的细密刻点。触角 11 节，端部 4 节膨大呈锤状。足短，扁平，前足胫节红褐色，外缘呈锯齿状，胫节末端有长而尖的刺 2 枚。

(2) 卵。长约 1mm，长卵形，乳白色，半透明。

(3) 幼虫。老熟幼虫长 3.8～4.5mm，头黑色，体乳黄色。胸足 3 对，黑色。

(4) 蛹。离蛹，卵圆形，长 2.4～2.9mm。胸部有 4 对刚毛，翅盖至腹部第五节。

2. 叶露尾甲

(1) 成虫。体长 2.5～2.7mm，宽 1.4mm，黑褐色，有斑纹，背部呈弧形隆起。触角 11 节，端部 3 节呈球状膨大。腹部末节露出在鞘翅外。前胸背板和鞘翅呈黑色。前胸背板梯形，被有淡棕色细毛，前缘凹入，中胸小盾片三角形，被有白色刚毛。鞘翅中缝处有 3 个黑斑，端部有 1 个半圆形黑斑。前足胫节端部有小齿 5 个，胫节外缘有 1 列整齐的小齿，中、后足相似。

(2) 卵。乳白色，长椭圆形，长约 1mm。

(3) 幼虫。体长 3～10mm，体扁平，淡白色，头部极扁，褐色。前胸背板有骨化程度高的淡白色斑 2 个。

(4) 蛹。长 3.0～3.4mm，初期乳白色，羽化前翅足变黑色。前胸背板梯形，腹部每体节侧突起上有 2 根刚毛。

(三) 发生规律

1. 花露尾甲 1 年发生 1 代，以成虫越冬。翌年，越冬代成虫进入春油菜田取食春油菜的花蕾。成虫白天取食、交尾并在花蕾中产卵，卵紧贴花瓣内下壁。幼虫

2龄，老熟后在土内做土室化蛹。成虫产卵期为6—7月，卵发生期为6月中旬至7月下旬，幼虫发生期为6月中、下旬至7月下旬，蛹发生期为7月上旬至8月上旬。7月上旬开始化蛹，8月下旬羽化。当年成虫于7月中下旬陆续羽化出土，主要在田间杂草、野花、灌木丛（沙棘）及其他作物上（蚕豆）活动，至9月中旬到枯枝落叶下的地表越冬，10月中旬最低气温下降至0℃以下后终见。

2. 叶露尾甲　1年发生1~2代，成虫以休眠方式越冬。次年日平均气温超过10℃时，成虫开始出土。5月中旬日平均气温超过15℃时是出土高峰。越冬代成虫于5月下旬交尾产卵，7月上旬化蛹，7月中旬羽化交尾产卵形成第二代。

（四）防治方法

同黄条跳甲防治方法。

八、茎象甲

（一）为害特征

茎象甲属鞘翅目、象甲科，别名茎龟象甲。主要以幼虫在油菜茎中钻蛀造成油菜主茎茎髓空洞，成虫取食油菜叶片和茎皮。受害植株往往早衰，导致籽粒秕瘦，含油量及产量降低。

（二）形态特征

成虫体长3~3.5mm，黑灰色，密生灰白色绒毛。头延伸而形成的喙状部细长，圆柱形。触角膝状。前胸背板上有粗刻点，中央有1条凹线。每一鞘翅上各有10条纵沟。

卵长0.6mm，长卵形，乳白色稍带黄色。

幼虫初孵时白色，后变淡黄白色。体长6~7mm，纺锤形。头大，黄褐色。无足。

蛹为裸蛹，纺锤形，乳白色略带黄色。长3~4mm。土茧表面光滑，椭圆形。

（三）发生规律

1年发生1代，以成虫在春油菜地四周的田边杂草下及田间土中越冬。翌年春油菜出苗后，成虫迁至幼苗上为害叶片。春油菜进入现蕾抽薹期时，雌虫在春油菜嫩茎上用口器钻蛀一小孔，将卵产于孔中，每孔1粒卵，每茎可产卵2~30粒，产卵期、幼虫期与春油菜抽薹期一致。蛹发生期为6月中旬。当年成虫7月中旬陆续羽化出土，有假死性，受惊落地后不易被发现。春油菜收获后，成虫潜入土中越冬，10月中旬最低气温下降至0℃以下后终见。

（四）防治方法

同黄条跳甲防治方法。

九、薄翅野螟

(一) 为害特征

薄翅野螟又称油菜角野螟、茴香薄翅野螟，属鳞翅目、草螟科。幼虫孵化后即可蛀入油菜嫩茎皮下，为害表皮及皮层组织，在油菜茎上形成明显的为害状；又能蛀入幼嫩角果内为害籽粒，在角果表皮上留下细小的蛀孔，蛀孔周围有细小的植物残渣和幼虫的排泄物。1 龄幼虫蛀入角果后可直接取食幼嫩籽粒。有的幼虫可在花序上吐丝为害，有的幼虫在角果内完成蜕皮，有的在枝干上、花序上或在叶片基部吐丝结薄网并在其中完成蜕皮。随着虫龄的增大，幼虫个体增长，食量增大，可不断转角为害或转株为害，在油菜角果上造成 1 个至多个孔洞。

(二) 形态特征

成虫体长 11~13mm，翅展 28mm。体黄褐色，头圆形，黄褐色，胸、腹部背面浅黄色。前翅浅黄色，翅外缘具暗褐色边缘，翅后缘有宽边。后翅浅黄褐色，边缘生有褐色曲线。

卵粒直径 0.8~1.0mm，橘黄色或杏黄色。

老熟幼虫体长 25mm，黄绿色。背中线为 1 条黄色纵带，头部黑色。腹部第一至第八节背面有 6 个黑色毛片。

蛹长 10mm 左右，刚蛹化时黄褐色略带绿色，后变为黄褐色。

(三) 发生规律

1 年发生 1 代。油菜成熟期，老熟幼虫在田埂草丛下或田间 2~4cm 土层中结茧越冬，幼虫历期 300d。6 月下旬成虫羽化出土，从低海拔到高海拔地区逐次羽化。成虫羽化当天即可交配产卵，卵多产在油菜幼嫩角果或果柄上。卵发育进度与气温变化密切相关，日平均温度较高时卵孵化期缩短，卵孵化期为 7~15d。

(四) 防治方法

1. **农业防治** 做好秋季深翻和冬灌，破坏幼虫越冬场所；做好播前准备工作，充分耙糖，破坏越冬虫茧；结合油菜苗期，间苗除草松土，破坏害虫化蛹场所。

2. **物理防治** 安装诱虫灯，诱杀成虫；结合性信息素，诱杀雄虫。

3. **化学防治** 可选用 4.5%高效氯氰菊酯乳油 2 000 倍液或 200g/L 氯虫苯甲酰胺悬浮剂 2 000 倍液于傍晚喷雾，间隔 7d，防治 2 次。

第四节　马铃薯主要病虫害综合防控技术

马铃薯病害主要有早疫病、晚疫病、环腐病、病毒病、黑胫病等，主要虫害是蚜虫、蛴螬、蝼蛄、金针虫、地老虎等。

一、马铃薯早疫病

（一）症状

感染早疫病的马铃薯叶片发病，多从植株下部开始，逐渐向上部蔓延。叶片发病时，首先出现圆形褐色凹陷的小斑点，而后逐渐扩大形成黑褐色病斑，病健交界位置明显。在病斑周围有 1 条狭窄的褪绿黄色晕圈，以后逐渐消失。病斑扩展受叶脉限制而呈三角形或不规则形，有清晰的深浅相间同心轮纹。茎、叶柄受害时，多发生于分枝处，病斑深褐色，稍凹陷，扩大后呈灰褐色长椭圆形斑，有轮纹。严重时，常造成茎、叶干枯死亡。条件合适时，病斑上产生黑褐色霉层。

（二）发生特点

以分生孢子或菌丝在病残体或带病薯块上越冬，翌年种薯发芽时，病菌开始侵染。病苗出土后，产生的分生孢子借风雨传播，进行多次再侵染，使病害蔓延扩大。在干旱和湿润天气交错的时期，发展最为迅速。瘠薄地块及肥力不足田、植株受伤等不利条件下，发病重。

（三）防治方法

1. **农业防治**　与玉米、小麦、蚕豆等非茄科作物轮作倒茬；精细整地；当地气温 10℃以上时，开始播种，播种深度 8～10cm；根据不同生产区域特点选择适合的抗病、商品性好、高产、耐储运的品种。

2. **化学防治**　发病前，可喷施 80％百菌清或 80％代森锰锌可湿性粉剂 600～800 倍液预防；发病后，选择喷施 10％苯醚甲环唑水分散粒剂 1 000～1 500 倍液或 25％嘧菌酯悬浮剂 1 500 倍液、50％异菌脲可湿性粉剂 1 000～1 200 倍液。施药间隔根据降雨量和所用药剂持效期决定，一般间隔 5～10d，若喷药后 4h 内遇雨应及时补喷。早疫病发生严重且植株长势较弱的地块，可增施 2 次磷酸二氢钾等叶面肥。

二、马铃薯晚疫病

（一）症状

马铃薯晚疫病可以侵害马铃薯叶片、叶柄、地上茎以及地下块茎。叶片发病时，病斑多出现在叶尖和叶缘处，初为水渍状褪绿斑，后扩大为圆形暗绿色斑，病斑边缘不明显。在冷凉和高湿条件下，病斑扩展速度快，叶背经常出现白色霉层；天气干燥时，病斑扩展慢，干燥变褐，不产生霉层，病斑质地干脆、易裂。地上茎部受害后形成长短不一的褐色病斑，潮湿时，偶尔可见白色稀疏霉层。组织受害坏死后，可致地上茎软化甚至崩解，造成该茎及其上的叶片死亡。病菌可通过土壤侵染地下块茎。块茎发病时，形成淡褐色或紫褐色不规则病斑，稍凹陷。将薯块切块后可见被害薯肉呈不同程度的褐色坏死，与健康薯肉之间没有明显的界线。

（二）发生特点

病菌主要以菌丝体在薯块中越冬。带菌薯种出土后，病部产生孢子囊借气流传播进行再侵染，形成发病中心。病叶上的孢子囊可随雨水或灌溉水渗入土中侵染薯块，形成病薯，成为翌年主要侵染源。病菌喜日暖夜凉高湿条件，种植感病品种、多雨年份、空气潮湿或温暖多雾条件下，发病重。发病后 10～14d，病害蔓延全田或引起大流行。

（三）防治方法

1. 农业防治　同马铃薯早疫病农业防治方法。
2. 化学防治　在降雨量较大的晚疫病高发区，根据晚疫病田间监测预警系统信息，确定喷施最佳时间，内吸性治疗剂和保护性剂同时使用，保护性药剂可选用苦参碱或代森锰锌、氟啶胺、氰霜唑等，防治药剂可选用烯酰吗啉或氟噻唑吡乙酮、丁子香酚、噁酮·霜脲氰、霜脲·嘧菌酯、嘧菌酯、氟菌·霜霉威、唑醚·氰霜唑、72％烯酰·锰锌等。及时喷施保护性药剂 1～2 次进行保护预防。如果出现中心病株，可喷施丁子香酚或烯酰吗啉、氟菌·霜霉威等内吸性治疗剂 1～2 次以消灭中心病株。

三、马铃薯环腐病

（一）症状

马铃薯环腐病一般发生在马铃薯现蕾期至开花盛期，地上植株和地下块茎均可表现明显症状。地上植株的系统性症状主要表现为萎蔫型和枯斑型。萎蔫型症状：发病初期，植株叶片自下而上逐渐萎蔫下垂，上部叶片沿中脉向内弯曲，呈失水状萎蔫；叶片变灰色，部分枝茎或整株枯死，但叶片不脱落。受害植株茎基部的维管束变为浅黄色或黄褐色，但有时变色不明显。枯斑型症状：从植株基部叶片开始发病，逐渐向上蔓延；初期叶尖、叶缘呈褐色，叶肉呈黄绿色或灰绿色而叶脉仍为绿色，呈斑驳症状；后期叶尖、叶缘逐渐干枯，叶片向内纵卷，重病株矮小，叶片上呈现枯斑后随即整株枯死。块茎发病：轻病薯外表无明显症状，纵切病薯，自尾部开始，维管束呈淡黄色或乳黄色；重病薯维管束变色部分可维持 1 周，病薯仅脐部皱缩凹陷变褐色，在薯块横切面上可看到维管束环变黄褐色，有时轻度腐烂，用手挤压维管束部分即与薯肉分离，组织崩溃，呈颗粒状，变色部分有黄白色菌脓溢出，无明显气味。

（二）发生特点

环腐病菌在种薯中越冬，传播途径主要是在切薯块时病菌通过切刀带菌传染。出土病芽上的病菌沿维管束上升至茎中部或沿茎进入新结薯块而致病。病株自出苗后至开花后期陆续显露症状，大多集中在现蕾至开花盛期。当年地下腐烂病薯上的病菌可以通过灌溉传播，病株上的病菌可以通过昆虫传播。播前病薯高温下储藏利于春季传病，土壤温度19～28℃适于侵染，温暖、干燥天气通常促进症状发展。

（三）防治方法

1. 加强检疫　对种薯严格检查，禁止有病种薯外运。
2. 种薯处理　种薯切块后选用噁霜·锰锌或霜脲·锰锌等药剂进行拌种，也可选用甲基硫菌灵＋春雷霉素或白僵菌、苏云金杆菌、木霉菌等生物制剂拌种，防治土传、种传病害和地下害虫。拌种后晾干种薯，装入网袋小垛摆放，保持良好通风，促使伤口愈合，1～2d后播种。
3. 农业防治　合理轮作，加强田间管理，适时收获储窖。

四、马铃薯病毒病

（一）症状

马铃薯病毒病是马铃薯的主要病害，一般使马铃薯减产20%～50%，严重时为80%以上。主要表现为叶片卷曲、褪绿、花叶、斑驳、皱缩、叶脉凹陷等症状。

（二）发生特点

毒源主要来自种薯和野生寄主，除马铃薯X病毒（PVX）外，其他病毒都可通过蚜虫及汁液摩擦传毒，25℃以上高温会降低寄主对病毒的抵抗力，有利于传毒媒介蚜虫的繁殖、迁飞或传病，利于该病扩展，加重受害程度。蚜虫发生量大，发病重；在冷凉山区，发病轻。

（三）防治方法

除了选用无毒种薯外，还可通过以下措施防治。
1. 防蚜避蚜　有蚜株率达5%时，用10%吡虫啉可湿性粉剂兑水喷雾，防治蚜虫。
2. 化学防治　收获前7d左右杀秧。杀秧后至收获前，喷施1次杀菌剂，如烯酰吗啉或氢氧化铜、噁酮·霜脲氰等，杀死土壤表面及残秧上的病菌防止侵染受伤薯块。杀秧后若不能及时收获，还应在种薯田加喷1次吡虫啉防治蚜虫，避免种薯感染病毒。

五、马铃薯黑胫病

(一) 症状

典型症状是马铃薯植株茎基部呈墨黑色腐烂状。从种薯发芽到生长后期均可发病，以苗期最盛。病害发展往往从块茎开始，经由匍匐茎传至茎基部，继而可发展到茎上部，病部颜色呈黄褐色、浅褐色、黑褐色、淡绿色等；同时出现叶片褪绿、黄化并上卷曲，植株节间缩短，生长势减弱，病株易从土中拔出；茎内维管束及地下茎维管束变色，茎基部与母薯连接处首先变黑，后向地面附近发展，形成黑胫。整体上，呈现病株矮化、僵直、叶片变黄，小叶边缘向上卷曲。发病后期，茎基部呈黑色腐烂状，整个植株变黄，呈萎蔫状，继而倒伏、死亡。当病害发展较慢时，植株逐渐枯萎，结薯部位上移，易形成气生块茎。块茎发病时，一般从连接匍匐茎的脐部开始。感病初期，脐部略变色，稍后病部扩大并呈黑褐色，髓组织亦变黑腐烂，呈心腐状，最后整个块茎腐烂。重病薯块表皮变暗，无光泽。

(二) 发生特点

残留在地里的病菌越冬成为侵染来源或病菌通过切薯块扩大传染，种薯带菌是主要传播途径。田间病菌可通过灌溉水、雨水或昆虫传播，经伤口侵入致病，后期病株上的病菌又从地上茎通过匍匐茎传到新长出的块茎上。在储藏期，病菌通过病、健薯接触经伤口或皮孔侵入使健薯染病。窖内通风不好或湿度大、温度高，利于病情扩展；带菌率高或多雨、低洼地块，发病重；雨水多、积水、低洼潮湿、土壤黏重等，发病重；切种后，堆放时间长或遇雨淋，发病重。

(三) 防治方法

除了加强检疫外，还可通过以下措施进行防治。

1. 种薯切刀处理　播种前先把种薯放在室内摊放 5～6d，进行晾种，不断剔除病薯。在种薯切块过程中，用 75% 酒精蘸刀或用 3% 来苏水、0.5% 高锰酸钾溶液浸泡切刀 5～10min 进行消毒，多把切刀轮换使用。将种薯切成 40～50g 大小的薯块，保证每个薯块上带 2～3 个芽眼，切块大小应均匀一致。

2. 种薯消毒处理　同马铃薯环腐病种薯消毒方法。

3. 生物防治　发病初期可用农用链霉素喷雾。

4. 化学防治　用 20% 噻菌酮可湿性粉剂 1 000～1 500 倍液喷雾防治，间隔 5～7d。

六、马铃薯蚜虫

(一) 为害特征

为害马铃薯的蚜虫主要指桃蚜，属半翅目、蚜科。以成虫和若虫群集在叶片和嫩茎上吸食植物的汁液，受害叶片黄化、卷缩甚至枯萎，导致植株生长不良。马铃薯蚜虫除直接为害马铃薯外，还分泌蜜露，污染马铃薯叶片，造成煤污病，也会传播多种马铃薯病毒病。

（二）形态特征

体长 2mm。有翅型的头、胸部黑色，腹部淡暗绿色或黑色，末端缢缩；尾片两侧各有长毛3根。无翅型的全身绿色、橘黄色或赤褐色，带光泽。

（三）发生规律

同油菜桃蚜的发生规律。

（四）防治方法

可用 2.5％敌百虫粉剂或 1.5％乐果粉剂喷粉防治；也可用 10％吡虫啉可湿性粉剂 2 500 倍液或 3％啶虫脒乳油 1 000～1 250 倍液喷雾防治。

第五节　玉米主要病虫害综合防控技术

玉米病害主要有大斑病、小斑病、玉米锈病等，虫害主要是黏虫、棉铃虫等。

一、玉米大斑病

（一）症状

玉米叶片被病菌侵染后，发病部位初生水渍状或灰绿色小斑点，之后病斑沿叶脉扩大，形成黄褐色或灰褐色的菱形萎蔫型大病斑，病斑周围无显著的变色。田间湿度大时，病斑表面密生黑色霉状物，为病菌的分生孢子梗和分生孢子。叶鞘和苞叶上的病斑多为梭形，灰褐色或黄褐色，上生霉层。发病严重时，全株叶片布满病斑并枯死。

（二）发生特点

玉米大斑病是一种气流传播病害。堆放在田间、村庄与院落周边的秸秆以及地里的病残体为初侵染源。当病菌越冬后遇到适宜的环境条件时，休眠菌丝体和分生孢子从病残体中生长并产生新的分生孢子。分生孢子借气流和风雨传播到田间玉米植株上，引起新的侵染。

（三）防治方法

1. 农业防治　选用抗（耐）病品种，合理密植，科学施肥，健身栽培。

2. 生物防治　选用枯草芽孢杆菌、井冈霉素等生物农药喷施。

3. 化学防治　在发病初期，可选用30％苯甲丙环唑或25％吡唑醚菌酯1 000～1 500倍液、18.7％丙环·嘧菌酯悬浮剂1 000～1 500倍液等杀菌剂喷施，视发病情况隔7～10d再喷1次。

二、玉米小斑病

(一) 症状

玉米被病菌侵染初期，在叶片上出现分散的水渍状病斑或褪绿斑。果穗被侵染后，造成籽粒霉变和穗轴腐烂。带菌种子出土时，幼苗会发生萎蔫甚至死苗。植株严重感病后，叶片干枯，植株早衰。

(二) 发生特点

病菌主要通过气流传播，借助风力，病菌的孢子可以被传播到10km以外。因为白天升温快、空气流动性强，所以病菌孢子在白天的扩散范围高于夜间。病菌主要以休眠菌丝体和分生孢子在病残体中越冬。

(三) 防治方法

同玉米大斑病防治方法。

三、玉米锈病

(一) 症状

发病初期，在玉米叶片基部或上部主脉及两侧出现乳白色至淡黄色针尖大小病斑，为病原菌未成熟夏孢子堆，随后病斑扩展为圆形至长圆形，隆起，颜色加深至黄褐色，表皮破裂，散出铁锈色粉状物，为成熟夏孢子。夏孢子散生于叶片的两面，以叶面居多。玉米锈病发生严重时，造成叶片干枯，植株早衰，影响叶片的光合作用和籽粒的灌浆成熟，导致玉米减产或籽粒失去商品价值。

(二) 发生特点

病菌以冬孢子进行越冬，冬孢子萌发产生的担孢子成为初侵染源，借气流传播侵染致病。

(三) 防治方法

1. 农业防治　选用抗（耐）病品种，合理密植，科学施肥，健身栽培。
2. 化学防治　在玉米喇叭口中后期，选用25％丙环唑乳油或25％嘧菌酯悬浮剂、25％吡唑醚菌酯乳油、20％三唑酮乳油等喷施。

四、玉米黏虫

（一）为害特征

玉米黏虫属鳞翅目、夜蛾科。玉米黏虫以幼虫暴食玉米叶片，严重发生时，短期内吃光叶片，造成减产甚至绝收。1～2 龄幼虫取食叶片造成孔洞，3 龄以上幼虫为害叶片后呈现不规则的缺刻，暴食时，可吃光叶片。大发生时将玉米叶片吃光，只剩叶脉，造成严重减产，甚至绝收。当一块田玉米被吃光，幼虫常成群列纵队迁到另一块田为害，故又名"行军虫"。一般地势低、玉米植株高矮不齐、杂草丛生的田块受害重。

（二）形态特征

成虫体长约 20mm，翅展 36～45mm。全体淡黄褐色或灰褐色，有的个体稍现红色。头部复眼较大，雌雄虫触角均为丝状，下唇须密被毛丛。前翅前缘及外缘颜色较深，内线不明显，往往只有几个小黑点；环纹圆形黄褐色，肾纹及亚肾纹淡黄色，分界均不甚明显。后翅暗褐色，基区渐浅；缘毛黄白色。

卵馒头形，直径 0.5mm，表面具六角形规则的网状花纹。初产时白色，后渐变为黄褐色，临孵化前变为灰黑色。

老熟幼虫体长 38mm 左右，头部淡黄褐色，沿蜕裂线有褐色纵纹，呈"八"字形。左右颅区有褐色网状纹。胴部圆筒形，体背有 5 条纵线，背线白色、较细，两侧各有 2 条黄褐色至黑色、上下镶有灰白色细线的宽带。

蛹为被蛹，红褐色，长 19～23mm。

（三）发生规律

1 年发生 2～3 代，是典型的迁飞性害虫。每年 3 月至 8 月中旬，顺气流由南往北方向迁飞；8 月下旬至 9 月，又随北气流南迁。以夏季世代发生较多，1 月等温线 0℃以下地区不能越冬。

（四）防治方法

1. 农业防治　秸秆粉碎还田，减少虫源基数。
2. 物理防治　成虫发生期，结合性诱剂使用灯诱、食诱诱杀。
3. 生物防治　产卵初期，释放螟黄赤眼蜂、松毛虫赤眼蜂、玉米螟赤眼蜂或夜蛾黑卵蜂等天敌以灭卵；幼虫低龄低密度阶段，优先选用苏云金杆菌或球孢白僵菌、甘蓝夜蛾核型多角体病毒、金龟子绿僵菌、短稳杆菌等生物农药。
4. 化学防治　在 3 龄前进行防控，每亩用 52.25％氯氰·毒死蜱乳油 45mL 或 4.5％高效氯氰菊酯乳油 30mL、5％甲氨基阿维菌素苯甲酸盐水分散粒剂 5g、11％甲维·氟铃脲水分散粒剂 30g 兑水 50kg 均匀喷雾，或者 50％辛硫磷乳油 100mL

兑水 60kg 喷雾，每隔 7～10d 施 1 次药，视虫情施药 2～3 次，兼防蝗虫、玉米螟等害虫。

五、棉铃虫

（一）为害特征

棉铃虫属鳞翅目、夜蛾科，为杂食性害虫。玉米苗期至孕穗期，幼虫取食叶片形成孔洞或缺刻状，有时咬断叶心，造成枯心，常见粒状粪便。在玉米穗期，棉铃虫孵化后主要集中在玉米雌穗顶部花丝上，处在其他位置的 1～2 龄幼虫，向下或向上爬行，或者吐丝下坠，到达雌穗后开始从苞叶顶端钻孔蛀入花丝为害，并可将雌穗顶端花丝全部咬断，造成"戴帽"现象，使玉米因授粉不良而部分籽粒不育，雌穗向一侧弯曲。随着虫龄增长，幼虫逐步下移蛀食籽粒，同时沿虫孔将粪便排至穗轴顶端。该虫除了造成产量损失外，还可诱发镰刀菌、曲霉等感染植株，引起穗腐病。

（二）形态特征

成虫体长约 17mm，前翅长 15～17mm，体灰褐色。前翅灰褐色或带赭色，基线、内线、中线均暗褐色或略红，中线较宽；翅反面淡黄褐色，前翅前缘及外缘色较暗，有暗色霉状点；环纹、肾纹及亚缘带黑褐色明显。后翅前缘色较浓，外缘带淡黑褐色，前段不明显。雄虫体翅灰绿色，雌虫体翅红褐色。

卵高 0.51～0.55mm，直径 0.44～0.48mm，近半球形，顶部稍隆起，底部较平。

老熟幼虫头部黄褐色，有褐色网状斑纹。体色变化较多，有绿色、淡绿色、黄白色、淡红色等。背线一般 2 条或 4 条，体表满布褐色和灰色小刺，长而尖。腹面有黑色或黑褐色小刺，十分明显。

蛹长 14～23.4mm，宽 5～6mm，纺锤形。初期绿色，渐变为褐色。

（三）发生规律

以蛹在土茧中越冬。成虫多在夜晚羽化，当夜即交配，白天潜伏在作物的叶背面。产卵前期 2～3d，产卵期 6～8d，多在夜间产卵，卵为散产。棉铃虫多在抽雄扬花期之前的玉米上产卵，主要产在叶片正面，在抽穗扬花期主要产在雄穗和新鲜的雌蕊花丝上。0～15cm 深的土层是棉铃虫越冬的主要场所。

（四）防治方法

1. 农业防治 深翻农田，适时冬灌，破坏越冬环境；在玉米籽粒灌浆中后期，人工杀死在果穗顶端为害的大龄幼虫。

2. 生物防治 应用寄生蜂、草蛉、食虫蜘蛛、瓢虫等天敌防治。

3. 物理防治　利用频振式杀虫灯诱杀成虫。

4. 化学防治　可选用四氯虫酰胺、氯虫苯甲酰胺、甲氨基阿维菌素苯甲酸盐、乙基多杀菌素、茚虫威等杀虫剂，抓住低龄幼虫最佳防控时期实施统防统治和联防联控。

第六节　蚕豆主要病虫害综合防控技术

蚕豆病害主要有赤斑病、枯萎病、根腐病等，虫害主要是豆蚜等。

一、蚕豆赤斑病

（一）症状

蚕豆生产中常因赤斑病流行而产量降低，轻者减产 30%～50%，严重时成片发生，枯叶，死秆。蚕豆赤斑病菌主要侵害叶片、叶柄、茎秆，严重时亦在花瓣、幼荚上形成病斑。病害发生多从下部老叶或受冻害的主轴开始，每年早春开始发病。发病初期，叶片上产生针尖大小的赤点，小点逐渐扩大成近圆形或椭圆形的赤褐色病斑；病斑圆形、卵圆形或长圆形，中央稍凹陷，周缘深褐色，病健交界处明显，散布在叶片的正反两面。病斑常愈合形成面积较大的铁灰色不规则形枯斑，引起落叶。茎和叶柄发病时，产生赤褐色条斑，周缘深褐色，病斑表皮破裂后产生裂纹。花受害后遍生棕褐色小点，严重时花冠呈褐色枯萎状，从下而上逐渐凋落。豆荚发病时，产生赤褐色斑点，病菌能穿透豆荚，侵入种子内部，在种皮上产生小红斑。病情严重时，整个叶片、花器、幼荚及茎秆都发黑干枯，叶片大量脱落，田间植株一片焦黑，如同火烧。

（二）发生特点

以菌核或菌丝在土壤中或病株残体上越冬、越夏。菌核遇适宜条件萌发，长出分生孢子梗，并产生大量分生孢子，分生孢子通过产生侵染菌丝，引起初侵染。诱发蚕豆赤斑病的气候条件主要为温度和湿度，气温 20℃上下最适宜病原孢子的萌发和侵染，病菌产生孢子对空气相对湿度的要求为 85%以上。

（三）防治方法

1. 农业防治　选用抗病品种。蚕豆忌连作，一般需要 3～4 年的轮作倒茬，避免土传病害的滋生，可与油菜、小麦轮作，减少菌源。种前作物收获后深翻晒地，合理深耕，精细整地，耕地深度 20～25cm。避免过早播种，合理施肥，增施磷肥、钾肥，促使植株健壮，增强抗病能力。降雨后及时排水，降低田间湿度，减轻赤斑病危害。

2. 化学防治　播种时可用 50%多菌灵可湿性粉剂 1kg 加细土 20kg 拌成药土，

撒入蚕豆种植穴中，也可选用50％多菌灵可湿性粉剂或50％敌菌灵可湿性粉剂，按种子重量的0.3％拌种。要抓住蚕豆开花期，于发病始盛期初期开始喷药，每隔7～10d喷1次。可选用药剂为50％乙烯菌核利可湿性粉剂1 000～1 500倍液或50％异菌脲可湿性粉剂1 500～2 000倍液、60％甲基硫菌灵•乙霉威可湿性粉剂600～800倍液等。

二、蚕豆枯萎病

（一）症状

病菌侵入蚕豆细根，导致细根尖端变黑，后侵入主根致使细根消失，主根干枯呈鼠尾状，根内维管束变为褐色或黑褐色。受病菌侵染后，蚕豆植株生长逐渐衰弱，植株矮小，叶色淡黄，叶尖和叶缘变黑，茎基部黑褐色，顶部茎叶萎垂，最后萎凋，呈明显的枯萎症状，叶片不脱落，但花蕾易掉落，幼荚不饱满，逐渐干瘪。病株茎基部上有黑褐色病斑，稍凹陷，潮湿时常产生淡红色霉层，即病菌的分生孢子座。检视根部，细根腐败消失，主根短小，变黑色或褐色，呈鼠尾状，髓部为黑褐色，最后腐烂，植株很容易拔起。枯萎病在蚕豆苗期也可发病，造成烂种或死苗。但典型的枯萎病多突然发生在开花结荚时，常造成田间蚕豆一片一片地死亡。

（二）发生特点

土壤温度是影响发病程度的重要因素。病菌直接或经伤口侵入蚕豆主根、侧根的根尖及茎基部，随之，病菌沿茎的中轴向上蔓延，到蚕豆生长后期可上升到茎的2/3部位。蚕豆收获后，病菌又随病株残体在土壤中越夏或越冬。

（三）防治方法

1. 农业防治　同蚕豆赤斑病的农业防治方法。
2. 化学防治　在蚕豆枯萎病常发田里，可用10％石灰水灌根，进行土壤处理。可选用20％三唑酮乳油按种子重量的0.25％拌种，或者选用75％百菌清可湿性粉剂按种子重量的0.2％拌种，或者选用种子重量0.4％的50％福美双可湿性粉剂拌种。发病初期，可选用25％多菌灵可湿性粉剂500倍液或50％甲基硫菌灵可湿性粉剂500倍液、25％丙环唑乳油2 000～3 000倍液，进行灌根。

三、蚕豆根腐病

（一）症状

一般病株率为5％～15％，发病严重时超过50％。主要侵害根和茎基部，最终引起全株枯萎。根和茎基部发病时，初生水渍状病斑，后发展为黑色腐烂，侧根枯杇，皮层易脱落，烂根表面有致密的白色霉层，后变成黑色颗粒（菌核）。病茎水分蒸发后，变灰白色，表皮破裂如麻丝，内部有时出现鼠粪状黑色颗粒。

（二）发生特点

病菌可在蚕豆种子上存活或传带，种子带菌率为 1.2%～14.2%，并且主要在种子表面经种皮传播。此外，以菌丝体或厚垣孢子随病残体在土壤中越冬的病菌，也可成为翌年的初侵染源。条件适宜时，病菌从根毛或茎基部的伤口侵入，在田间借浇水、雨水及昆虫传播蔓延，引起再侵染。该病发病程度与土壤含水量有关，在地下水位高、田间积水、田间持水量高于 92% 时，发病最重；地势高的田块发病轻。精耕细作及在冬季实行蚕豆、小麦、油菜轮作的田块发病轻，多年连作地块发病较重。年度间的发病程度差异与气象条件相关，播种时遇阴雨连绵天气的年份，由根腐病导致的死苗严重发生。

（三）防治方法

同蚕豆枯萎病防治方法。

四、豆蚜

（一）为害特征

豆蚜属同翅目、蚜科，在青海省发生普遍。豆蚜会群居在蚕豆嫩叶、嫩茎、幼芽、心叶等幼嫩组织上吸食汁液，同时还会传播病毒，并导致叶片萎缩、褪色、植株变矮、生长发育不良，并且引起煤污病，影响光合作用，导致结荚减少，千粒重下降，严重时还会危害蚕豆产量，甚至造成整株蚕豆死亡，颗粒无收。

（二）形态特征

有翅胎生雌蚜体长 1.5～1.8mm，体黑绿色或黑褐色，具光泽。触角 6 节。腹管较长，末端黑色。

无翅胎生雌蚜体长 1.8～2.4mm，体肥胖，黑色、浓紫色、少数墨绿色，具光泽，体被均匀蜡粉。中额瘤和额瘤稍隆起。触角 6 节，比体短。

（三）发生规律

豆蚜冬季以成蚜、若蚜在垂豆、冬豌豆或紫云英等豆科植物心叶或叶背处越冬。当月平均温度 8～10℃时，豆蚜在冬寄主上开始正常繁殖。4 月下旬至 5 月上旬，成、若蚜群集于留种紫云英和蚕豆嫩梢、花序、叶柄、荚果等处繁殖为害；5 月中、下旬以后，随着植株的衰老，产生有翅蚜迁向夏、秋刀豆及豇豆、扁豆、花生等豆科植物上寄生繁殖；10 月下旬至 11 月间，随着气温下降和寄主植物的衰老，有翅蚜迁向紫云英、蚕豆等冬寄主上繁殖并在其上越冬。豆蚜对黄色有较强的趋性，对银灰色有忌避习性，并且具较强的迁飞和扩散能力。

（四）防治方法

除了加强预测预报外；还可通过以下措施进行防治。

1. 农业防治　同蚕豆赤斑病的农业防治方法。

2. 物理防治　放置黄色粘虫板，诱杀有翅蚜。

3. 化学防治　选用50％抗蚜威可湿性粉剂2 000倍液或10％吡虫啉可湿性粉剂1 500倍液、3％啶虫脒乳油2 000倍液、2.5％溴氰菊酯乳油2 000倍液、25％噻虫嗪可湿性粉剂2 000倍液，喷雾防控。

第七节　藜麦主要病虫害综合防控技术

藜麦病害主要有霜霉病、叶斑病等，虫害主要是地老虎、蛴螬、金针虫、黄条跳甲、根蛆等。

一、藜麦霜霉病

（一）症状

藜麦霜霉病病斑初期呈小点状，边缘不明显，后扩大成不定形的病斑；病害由下向上扩展，干旱时藜麦病叶枯黄，湿度高时坏死腐烂，严重时整株叶片变黄枯死。

（二）发生特点

藜麦霜霉病病菌以卵孢子在藜麦病残体上越冬，也可以菌丝、卵孢子在种子或杂草上越冬。主要通过气流、浇水、农事及昆虫传播。病菌孢子萌发温度为6～10℃，适宜侵染温度为15～17℃。田间种植过密，定植后浇水过早、过大，土壤湿度大，排水不良等容易致病。

（三）防治方法

1. 农业防治　降低田间湿度，依据田间需水情况进行灌溉；减少田间菌源，及时拔除侵染植株；清除杂草，减少霜霉病菌的寄主，从而控制藜麦霜霉病的发生。

2. 化学防治　在田间发病初期，选用50％烯酰吗啉可湿性粉剂1 000～1 500倍液或772g/L霜霉威盐酸盐水剂800倍液进行喷雾防治。

二、藜麦叶斑病

（一）症状

藜麦叶斑病发病初期，病斑呈圆形、近圆形，淡黄色；中后期病斑正面为浅褐色、灰褐色，表面稍隆起，上附着点状霉层，中央呈浅灰色并伴有褐色至暗褐色细线圈，周缘有黄色晕圈，严重时病叶变黄，易脱落。

（二）发生特点

藜麦叶斑病菌在藜麦病株或病残体上越冬，以分生孢子进行初侵染和再侵染。分生孢子借风或雨水传播，也可通过种子带菌传播。温度为 24～28℃，相对湿度为 75%，连续数日，适于孢子的产生和侵染。

（三）防治方法

1. 农业防治　同藜麦霜霉病农业防治方法。

2. 化学防治　在田间发病初期，喷施 25% 多菌灵可湿性粉剂 800 倍液或 10% 苯醚甲环唑水分散粒剂 1 000 倍液、430g/L 戊唑醇悬浮剂 3 000 倍液等，每亩用水 3～5 桶（每桶 15L），每隔 7～10d 用药 1 次，连续用药 2～3 次。

三、藜麦地下害虫

藜麦地下害虫主要有地老虎、蛴螬、金针虫等。详见本章"第八节　地下害虫"。

四、藜麦黄条跳甲

详见本章第三节中"六、黄条跳甲"。

五、藜麦根蛆

（一）为害特征

藜麦根蛆主要以幼虫群集为害地下根部。藜麦根部被啃食后，根表皮上出现褐色斑点疤痕。啃食根尖时，会导致主根分叉，严重时，导致寄主根部严重畸形。受害藜麦叶片由下向上、由外向内变黄萎蔫，植株生长缓慢，甚至整株枯死。

（二）形态特征

卵长约 1.6mm，长椭圆形，乳白色。幼虫长 8～10mm，乳白色略带淡黄色，头部极小，口钩黑色，腹部末端有 7 对肉质突起，第一、第二对位置等高，第五、第六对等长，第七对很小。蛹长 4～5mm，宽 1.6mm，圆筒形，黄褐色。

（三）发生规律

藜麦根蛆以老熟幼虫在土壤中越冬，越冬深度为 30～40cm。翌年 4 月下旬至 5 月上旬，越冬幼虫移动至土壤表层 10～20cm 深处化蛹。5 月下旬至 6 月上旬成虫开始羽化，6 月中旬为成虫羽化盛期，羽化期大约持续 1 个月，此期间大量成虫产卵。雌蝇多集中在藜麦根部或根际土壤表层产卵。6月中、下旬至7月中、下旬为幼虫为害盛期。8月下旬，随地温下降，老熟幼虫开始向土壤下层活动，准备越冬。

（四）防治方法

藜麦根蛆的防治要点是"一翻、二覆、三撒、四诱、五防"：

冬前深翻，破坏老熟幼虫越冬场所；

播前覆膜，防止成虫在根茎部产卵；

结合冬季深翻和春季播种，在地面撒施白僵菌等生物制剂防治越冬幼虫；

在成虫发生期，采用橙色粘板诱杀成虫，或者采用糖醋液诱剂（糖1份、醋1份、水2.5份，加少量敌百虫拌匀）诱杀成虫，注意添补诱杀剂；

结合播种整地，每亩施用25～30kg毒土（50%辛硫磷乳油200～250g，加水10倍，喷于25～30kg细土上拌匀）；在成虫羽化期（5月下旬至6月上旬），选用2.5%溴氰菊酯乳油1 500～2 000倍液或20%氰戊菊酯乳油1 500～2 000倍液喷雾，隔7d防治1次，连续防治2～3次。

第八节　地下害虫

地下害虫是指栖居于土表以下，为害农作物和果树林木的种子、根、茎的一类昆虫。为害时期长，咬食植物的幼苗、根、茎、种子及块根、块茎等。地下害虫在苗期为害，造成缺苗断垄；在生长期为害，破坏组织根系，取食地下嫩果和块根、块茎等，影响作物生长发育，降低产量，影响品质，在部分严重地块可造成绝收。青海省的地下害虫种类主要有蛴螬、蝼蛄、金针虫、地老虎、拟地甲、根蛆等。在小麦成株期受害率通常为2%～5%，马铃薯地块受害时，会严重影响食用和商品价值。

一、小云斑鳃金龟

（一）为害特征

小云斑鳃金龟属鞘翅目、金龟总科。在青海省主要分布于海东市民和县、乐都区、平安区、互助县、循化县、化隆县；西宁市的市郊和湟中区、湟源县、大通县；海南州共和县、贵德县；海北州门源县；黄南州尖扎县、同仁市。主要以幼虫为害地下嫩根、地下茎和块茎，进行咬食和钻蛀，断口整齐，使地上茎因营养、水分供养不上而枯死。马铃薯块茎被钻蛀后，品质变劣或腐烂，成虫可以飞到植株上，咬食叶片进行为害。

（二）形态特征

成虫体长23～30mm，宽11～15mm，淡褐色或黑褐色，长椭圆形。头部有褐色长纤毛，复眼内侧及头的前缘为灰白色，触角 10 节。前胸背板中部有 1 条灰白色纵带，两侧有中断的灰白色斑，外侧有 1 个圆形斑；前缘及后缘侧端有褐色长毛。

卵椭圆形，长 3.5～4mm，乳白色，表面光滑。

老熟幼虫体长 37～47mm，呈马蹄形弯曲，皮肤柔软多皱纹，大多为白色或浅黄色，全身被有褐色细毛。头黄褐色，头顶刚毛每侧 3 根。胸足 3 对，有棕色细毛。

蛹长 31～37mm，初期为黄白色，后变为橙黄色。

（三）发生规律

在青海省，蛴螬类地下害虫有 20 余种，以小云斑鳃金龟的发生较为普遍，为害严重，是农业上的常发性害虫。小云斑鳃金龟在青海省东部农业区为优势种，海南州农业区也是常发地，在海拔 3 000m 以上的高山草原和干旱的柴达木盆地均未发现该虫分布。在青海省，每 4 年完成 1 代，以幼虫在土内越冬。幼虫期长达 1 400d，蜕皮 2 次，共 3 龄。越冬幼虫于 4 月上旬开始上升活动，老熟幼虫于 5 月下旬至 7 月上旬做土室化蛹。成虫不取食，白天潜伏于土中，傍晚在草丛及土缝中交尾，黎明前回到土内潜藏。6 月下旬开始产卵，直至 9 月中旬，卵散产于地表下 6～40cm 深土内，每粒卵都有 1 个内壁光滑的半圆形卵室。卵期 20～26d。雄性成虫飞翔能力强，有强烈的趋光性，雌虫的趋光性较弱。

（四）防治方法

1. 农业防治　春播或秋季翻地时，人工及时捡拾幼虫，可消灭害虫。

2. 物理措施　利用成虫强趋光性的特点，用黑光灯诱杀成虫，减少幼虫发生数量。

3. 化学防治　播种前，每亩可用 50% 辛硫磷乳剂 400～500mL 混细干土 50kg 拌匀成毒土，翻地前均匀撒施于地面，随即翻地播种，或者用 50% 辛硫磷乳剂 75～100mL 兑水 2.5kg，拌种 50kg，堆闷一夜播种，或者每亩用 50% 辛硫磷乳油 350～500mL，随灌用药。

二、云斑鳃金龟

（一）为害特征

云斑鳃金龟属鞘翅目、鳃金龟科。为害松、云杉、杨、柳、榆等林木以及果树和多种农作物。幼虫食害幼苗的根，使苗木枯萎；成虫啃食林木幼芽、嫩叶。

（二）形态特征

成虫全体黑褐色，鞘翅上布满不规则云斑，体长 36～42mm，宽 19～21mm。

头部有粗刻点，密生淡黄褐色及白色鳞片。触角 10 节，雄虫柄节 3 节，鳃片部 7 节，鳃片长而弯曲；雌虫柄节 4 节，鳃片部 6 节。前胸背板表面有浅而密的不规则刻点，有 3 条散布淡黄褐色或白色鳞片群的纵带，似 M 形纹。小盾片半椭圆形，黑色。

卵椭圆形，长约 4mm，乳白色。

老熟幼虫体长 50～60mm。头部棕褐色，背板淡黄色或棕褐色。胸足发达，腹节上有黄褐色刚毛。

蛹体长 45mm，棕黄色。

（三）发生规律

3～4 年发生 1 代，以幼虫在土中越冬。春季土壤温度 10～20℃时幼虫开始活动，6 月老熟幼虫在土深 10cm 左右处做土室化蛹，7—8 月成虫羽化。成虫有趋光性。

（四）防治方法

同小云斑鳃金龟的防治方法。

三、暗黑鳃金龟

（一）为害特征

暗黑鳃金龟属鞘翅目、金龟总科。成虫、幼虫均为害，食性杂。成虫取食榆、白杨、柳、槐、桑、柞、苹果、梨等的树叶，幼虫取食豆类、薯类、麦类等作物的地下部分，可将马铃薯的块茎咬成洞穴状，引起腐烂变质，并为害玉米等春夏播作物的根系。

（二）形态特征

成虫体长 17～22mm，体宽 9～11.5mm，黑色或黑褐色，无光泽。与大黑鳃金龟形态近似。幼虫前顶刚毛每侧 1 根。

（三）发生规律

1 年发生 1 代，以幼虫越冬，偶以成虫越冬。在 6 月上、中旬初见，第一高峰出现在 6 月下旬至 7 月上旬，是形成田间幼虫的主要来源；第二高峰出现在 8 月中旬，虫量较小。成虫具有假死性。

（四）防治方法

1. 农业防治　灌水，轮作；秋耕和春耕时，深耕深耙；不施用未腐熟的秸秆肥。

2. 物理防治　可采用黑光灯诱杀成虫。

3. 化学防治　同小云斑鳃金龟的化学防治方法。

四、黑绒鳃金龟

(一) 为害特征

黑绒鳃金龟属鞘翅目、鳃金龟科。成虫喜食豆科牧草，为害蔷薇科果树及各种农作物。幼虫为害寄主植物幼嫩根部，咬食农作物地下组织，但危害不大。

(二) 形态特征

成虫体长 7～8mm，宽 4.5～5.0mm。体黑色至黑褐色，具天鹅绒闪光。头黑色，唇基具光泽。前缘上卷，具刻点及皱纹。触角黄褐色，9～10 节，棒状部 3 节。前胸背板短阔。鞘翅表面具 9 条刻点沟，外缘具稀疏刺毛。前足胫节外缘具 2 枚齿，后足胫节端两侧各具 1 个端距，跗端具有齿爪 1 对。臀板三角形，密布刻点，胸腹板黑褐色，具刻点，且被绒毛，腹部每腹板具毛 1 列。

卵初产时为卵圆形，乳白色，后膨大呈球状。

幼虫体长 14～16mm。肛腹片腹毛区满布略弯的刺状刚毛。其前缘呈双峰式，峰尖向前止于肛腹片后部的中间，腹毛区中间的裸区呈楔状，将腹毛区一分为二，刺毛列位于腹毛区后缘，呈横弧状弯曲，由 14～26 根锥状直刺组成，中间明显中断。

蛹长约 8mm，初黄色，后变黑褐色。

(三) 发生规律

1 年发生 1 代，以成虫或幼虫于土中越冬，5 月上旬开始出土，7 月中、下旬卵大量孵化、老熟、化蛹，9 月下旬羽化为成虫，成虫出土。成虫于 6—7 月交尾产卵。卵孵后在耕作层内为害，至秋末下迁，以幼虫越冬，次春化蛹，羽化为成虫。

(四) 防治方法

同暗黑鳃金龟的防治方法。

五、马铃薯鳃金龟

(一) 为害特征

马铃薯鳃金龟属鞘翅目、鳃金龟科。幼虫为害马铃薯、油菜、豆类、蔬菜等农作物地下部分。

（二）形态特征

成虫体长 14.2～17.4mm，宽 7.2～9.5mm。头面、腹部腹面深栗褐色，唇基、口器、触角、小盾片、鞘翅、臀板及足淡黄褐色，胸部腹面栗褐色。头部密布粗糙具长毛刻点。前胸背板较长，密布具长毛刻点。鞘翅狭长，密布长毛刻点。腹部每腹节被乳白色毛带，末腹板光滑。雄虫腹下有明显的中纵沟。足较纤，宽4.3～4.8mm。刺毛列由针状刺毛组成，每列 12～13 根，前半部彼此平行，毛尖相遇，后半部两刺毛列岔开呈"八"字形。

（三）发生规律

2～3 年发生 1 代，以幼虫越冬。翌年 6 月中旬开始化蛹，成虫于 7 月羽化，交配后 10d 开始产卵，卵期约 13d，7 月中旬开始孵化幼虫，9 月上旬幼虫进入 3龄，于 11 月中、下旬下潜至 1m 左右深土层越冬，翌春 4 月底至 5 月初上升至表土层活动为害。部分幼虫第二年不化蛹，继续为害，并以 3 龄虫态进行第二次越冬，至第三年 6 月中旬开始化蛹，完成发育。

（四）防治方法

1. 农业防治　秋收后深翻，合理轮作，不施用未腐熟的厩肥。
2. 化学防治　苗期使用硫代磷酸酯或氯唑磷等喷施或灌根。

六、蝼蛄类

（一）为害特征

蝼蛄食性杂，主要为害麦类、豆类、薯类、瓜类、蔬菜作物等。青海省蝼蛄类害虫主要有非洲蝼蛄和华北蝼蛄 2 种，均属直翅目、蝼蛄科。非洲蝼蛄主要分布于西宁市及海东市的河谷地带，华北蝼蛄主要分布于共和县和都兰县。

（二）形态特征

1. 非洲蝼蛄　成虫体长 29～33mm，淡黄褐色，近纺锤形，全身密生细毛。头黑褐色，触角丝状。前胸肥大，盾形，后背中间有纵向凹纹 2 条，前缘向后略弯，后缘呈弧形。前翅短，后翅长。腹部近纺锤形。前足为开掘足，腿节强大，下缘平直，胫节扁宽坚硬。卵长椭圆形，长 2.5mm，初产时乳白色，临孵化时暗紫色。若虫初孵化时为乳白色，后体色逐渐加深。老熟若虫体长 25mm。
2. 华北蝼蛄　成虫体淡褐色或黑褐色。头部暗褐色，前胸背板发达，盾形，中部有 1 个凹陷不明显的心脏形暗红色斑块，两侧各有 1 个前宽后窄的棕黄色斑。前翅黄褐色，宽、短，后翅纵褶成条，露出腹端。腹部圆筒形。前足阔扁，开掘足。卵椭圆形，初期为黄白色，有光泽，后变为黄褐色，长 2.4～3mm，宽

1.7mm。若虫初孵化时乳白色，后头部变为淡黑色，前胸背板黄白色，2龄以后身体变为黄褐色，5～6龄后与成虫同色。

（三）发生规律

10～30℃为蝼蛄活动适宜温度；土壤湿度高、疏松、有机质丰富，适宜其生活。非洲蝼蛄在青海省1年发生1代，以成虫或若虫在土穴内越冬；华北蝼蛄约3年完成1代，以若虫或成虫在土壤内越冬。蝼蛄以成虫和若虫在土中咬食刚播种的种子，造成缺苗断垄。非洲蝼蛄喜在低洼、潮湿、腐殖质多的沙质地区活动；华北蝼蛄喜栖息于温暖湿润、腐殖质多的低洼地、水浇地中。夜间在土表下开掘隧道潜行，切断植物的根、茎，造成缺苗断垄。越冬成虫、若虫于翌年4月开始活动取食，6—7月是产卵盛期。成虫具有趋光性和趋化性。

（四）防治方法

1. 农业防治　合理轮作倒茬；清除田边杂草，在蝼蛄产卵盛期可结合中耕消灭雌虫和卵。

2. 物理措施　利用成虫具有强趋光性的特点，用黑光灯诱杀成虫，减少幼虫发生数量；利用趋化性，设置马粪、牛粪粪坑诱杀。

3. 化学防治　播种前，每亩可用5％辛硫磷颗粒剂1～1.5kg，与15～30kg细土拌匀制成毒土，翻地前均匀撒施于地面，随即翻地播种，或者用50％辛硫磷乳剂500mL兑水25～30kg，拌种250～500kg，堆闷一夜播种。或者每亩用50％辛硫磷乳油350～500mL，随灌用药，或者用50％辛硫磷乳油1kg，兑水稀释5倍，再与炒香的麦麸、豆饼等拌匀，制成毒饵。

七、金针虫

（一）为害特征

金针虫又叫铁丝虫，是叩头甲的幼虫，属鞘翅目、叩头甲科。青海省发生的金钟虫主要有3种，分别是细胸金针虫、褐纹金针虫、宽背金针虫，主要分布于西宁市、海东市、海南州、海北州、黄南州。

（二）形态特征

1. 细胸金针虫　成虫体长8～10mm，宽2.5mm，暗褐色，有光泽。头小微隆起，前胸背板侧缘浅弧形，后侧角外伸，前胸腹板中央有1枚刺突后伸，镶嵌在中胸腹板的凹槽中，前、中胸间有关节，能活动，有明显的叩头动作。老熟幼虫体长23mm，体细长，长圆筒形，淡黄褐色，有光泽。

2. 褐纹金针虫　成虫体长9mm左右，宽2.7mm，体细长，黑褐色并生有灰色短毛。头部黑色，密生较粗的刻点，唇基分裂，触角暗褐色。前胸背板黑色，不呈半球形拱隆，长大于宽，后侧角向后突出，刻点较头部的小。老熟幼虫长约25mm，宽1.7mm，体细长，圆筒形，茶褐色，有光泽。身体背面有细沟及微细刻点，第一胸节长，第二胸节至第八腹节各节前缘两侧均生有深褐色新月形斑纹。

3. 宽背金针虫　成虫体长14～18mm，宽3.5～5mm，体扁平，灰褐色或黑褐色，刻点密，密生金黄色绒毛。头部扁平，密生刻点，头顶有三角形凹陷。雄虫触角12节，雌虫触角11节。前胸背板发达，呈半球形拱隆，后角向后突出，呈角刺状。幼虫体扁圆，黄褐色或金黄色，长20～22mm，宽处4mm，体节宽大于长。背面中央有1条纵沟，尾节背面有近圆形的凹陷，两侧缘隆起。

（三）发生规律

在青海省，以细胸金针虫分布最广，为害最重；宽背金针虫次之；褐纹金针虫在山区和小块农业区发生较多。成虫为害不重，幼虫为害多种植物，小麦田内，取食刚播种的小麦种子，使胚乳受害不能发芽；为害根茎，使幼苗枯死，并能钻入幼茎中取食为害；还会蛀食马铃薯薯块，影响食用和商品价值。

细胸金针虫2～3年完成1代，以幼虫在土中越冬。多发生在水浇地、湿度越大的低洼地及土质黏质的地块，随土壤温度变化上下移动。褐纹金针虫发生1代需2年以上，以幼虫在土内越冬，主要发生在半浅半脑山区阴坡，分布范围很小，在水地有零星发生，局部地区发生较重。宽背金针虫约3年发生1代，成虫和幼虫均可越冬。越冬成虫4月下旬活动最盛，喜在未经腐熟的厩肥、饼肥或绿肥中产卵，卵散产。

（四）防治方法

1. 农业防治　精耕细作，合理轮作倒茬；清除田边杂草。
2. 化学防治　用50%辛硫磷乳油500mL，兑水15～20kg，拌小麦种子200～300kg。

八、网目拟地甲

（一）为害特征

网目拟地甲属鞘翅目、拟步甲科。以成虫为害小麦、青稞幼苗，幼虫在土中为害刚播种的种子与幼芽等。在青海省，主要分布于海东市民和县、乐都区、互助县、平安区、循化县、化隆县，西宁市大通县、湟中区、湟源县，黄南州同仁市、尖扎县、贵德县等县（市、区）。

（二）形态特征

成虫体长7.5～9mm，宽4～5mm。椭圆形，黑色或锈褐色，无光泽，体表常覆有沙粒。头部黑褐色，表面粗糙，较扁平，触角黑色。前胸背板宽大，表面具粒状突，中部拱隆，两侧有略上翘的宽盔状边。鞘翅表面粗糙，具较明显的纵刻点及纵隆线，每刻点沟内有粒状突 5～8 个。

卵椭圆形，乳白色，表面光滑，长 1.2～1.5mm，宽 0.7～0.9mm。

幼虫初孵时体长 2.8～3.6mm，乳白色；老熟幼虫体长 15～18.3mm，体细长，深灰黄色，背板深褐色。

蛹为裸蛹，乳白色并略带灰白色，长 6.8～8.7mm，宽 3.1～4mm，腹部末端有 2 枚钩刺。

（三）发生规律

拟地甲的幼虫与金针虫的幼虫相似，其主要区别是足的形状不同。拟地甲幼虫的前足发达，较中足及后足粗大，中、后足大小相同，而金针虫的 3 对足同大。在青海省，网目拟地甲发生较普遍，1 年发生 1 代，以成虫在土中 6～7cm 深处或枯草、落叶下越冬。4—5 月活动最盛，交配 1～2d 产卵。幼虫 6～7 龄，历期 25～40d。

（四）防治方法

参见金针虫防治方法。

九、蒙古拟地甲

（一）为害特征

蒙古拟地甲属鞘翅目、拟步甲科。在青海省的发生程度较网目拟地甲轻，以成虫为害小麦、青稞幼苗，以幼虫为害刚播种种子及幼苗。在青海省主要分布于东部农业区各县（市、区）。

（二）形态特征

成虫体长 6～8mm，暗黑褐色，头部向前突出，触角呈棍棒状。前胸背板外缘近圆形，前缘凹进，前缘角较锐，向前突出，上有小刻点。鞘翅黑褐色，密布刻点及纵纹，并有黄色细毛。

卵椭圆形，乳白色，有光泽。

幼虫老熟时体长 12～15mm，灰黄色，共 12 节。前胸发达，腹部末节纺锤形。蛹乳白色，腹部末端有 2 个刺状突起。

（三）发生规律

参见网目拟地甲发生规律。

（四）防治方法

参见网目拟地甲防治方法。

十、黄地老虎

（一）为害特征

黄地老虎属鳞翅目、夜蛾科。主要为害小麦、马铃薯、小油菜、白菜、萝卜、青稞、豆类等作物。幼虫多从地面上咬断幼苗，主茎硬化后可爬到上部为害。春播作物早播受害轻，晚播受害重；秋播作物早播受害重，晚播受害轻。在青海省海东市、西宁市、海南州、海北州、海西州、黄南州农业区发生。

（二）形态特征

成虫体长 14～19mm，翅展 32～43mm。全体黄褐色。前翅亚基线及内、中、外横线不甚明显；肾纹、环纹和楔形纹均甚明显，围以黑褐色边。后翅白色，前缘略带黄褐色。

卵半圆形，底平，直径约 0.5mm。

幼虫与小地老虎幼虫相似，其区别为：老熟幼虫体长 33～43mm，体黄褐色，体表颗粒不明显，有光泽，多皱纹；腹部背面各节有 4 个毛片，前方 2 个与后方 2 个大小相似；臀板中央有黄色纵纹，两侧各有 1 个黄褐色大斑；腹足趾钩 12～21 个。

蛹体长 16～19mm，红褐色，腹部末节有臀棘 1 对，腹部背面第五至第七节刻点小而多。

（三）发生规律

1 年发生 2～3 代，以老熟幼虫在土壤中越冬，3—4 月气温回升，越冬幼虫开始活动，陆续在土深 3cm 左右处化蛹，蛹期 20～30d；幼虫 6 龄；卵期平均温度 18.5℃，幼虫期平均温度 19.5℃；产卵前期 36d，产卵期 5～11d；产卵于低矮植物近地面的上部；每雌虫产卵量为 300～600 粒。成虫对黑光灯有较强的趋光性。

（四）防治方法

1. 加强预测预报　对成虫测报可采用黑光灯或蜜糖诱蛾器。幼虫测报可采用田间调查的方法。

2. 农业防治　适时晚播。在幼虫发生期灌水淹田或施行冬灌。幼虫白天喜欢藏在枯草堆下，可采用人工灭幼虫方式压低虫源基数。

3. 物理防治　黑光灯诱杀成虫或糖醋液诱杀成虫或毒饵诱杀幼虫。

4. 化学防治　1～3 龄幼虫期抗药性较差，可喷洒 2.5％溴氰菊酯乳油或 20％氰戊菊酯乳油 3 000 倍液，或者 50％辛硫磷乳油 800 倍液。

十一、八字地老虎

(一) 为害特征

八字地老虎属鳞翅目、夜蛾科。幼虫在 3 龄前昼夜为害，4 龄后昼伏夜出，为害多种花卉及杨、柳、悬铃木、粮食作物、蔬菜等作物根系，咬断地表处根茎部致整株枯死。在青海省主要分布于东部农业区各县（市、区）、西宁市农业区及海南州共和县。

(二) 形态特征

成虫体长 11～13mm，翅展 29～36mm。头、胸部灰褐色，足黑色有白环。前翅灰褐色；基线双线，黑色；内横线双线，黑色，微波形；环纹具有淡褐色黑边；肾纹褐色；外横线双线，锯齿形外弯。后翅淡黄色，外缘淡灰褐色。

幼虫老熟时体长 33～37mm，头黄褐色；体黄色至褐色，背、侧面满布褐色不规则花纹，体表较光滑，无颗粒；背线灰色，亚背线由不连续的黑褐色斑组成，从背面看呈倒"八"字形；臀板中央部分及两角边缘颜色常较深。

蛹体长约 19mm，黄褐色；腹部第四至第七节、腹面前缘具 5～7 排圆形和半圆形凹纹，中间密些，两侧稀少；腹端生 1 对红色粗曲刺；背面及两侧生 2 对淡黄色细钩刺。

(三) 发生规律

1 年发生 1～2 代，以老熟幼虫在土中越冬。翌年 5 月上旬幼虫开始化蛹；7 月下旬进入田间幼虫为害盛期。第一代成虫在 8 月中旬始见，10 月下旬终见。第二代卵在 8 月下旬始见，幼虫在 9 月中旬到 10 月下旬为害，11 月中旬以后陆续越冬。成虫具趋光性。

(四) 防治方法

参照黄地老虎防治方法。

十二、小地老虎

(一) 为害特征

小地老虎属鳞翅目、夜蛾科。食性杂，为害麦类、玉米、马铃薯、麻类及多种蔬菜，春播作物幼苗受害重。在青海省农业区常年发生。

(二) 形态特征

成虫体长 17～23mm，翅展 40～54mm。头、胸部背面暗褐色，足褐色，中、后足各节末端有灰褐色环纹。前翅褐色；基线浅褐色、黑色，波浪形；内横线双线，黑色；环纹内有一圆灰斑；肾纹黑色具黑边，其外中部有一楔形黑纹伸至外横线；亚外缘线以外黑褐色。

卵馒头形，具纵横隆线。

幼虫圆筒形，老熟虫体长 37～50mm，宽 5～6mm。头部褐色，具黑褐色不规则网纹；体灰褐色至暗褐色，体表粗糙，背线、亚背线及气门线均黑褐色；前胸背板暗褐色，黄褐色臀板上具 2 条明显的深褐色纵带；胸足与腹足黄褐色。

蛹体长 18～24mm，宽 6～7.5mm，赤褐色，有光泽。口器与翅芽末端相齐，腹末端具短臀棘 1 对。

（三）发生规律

1 年发生 2～3 代，以老熟幼虫或蛹在土内越冬。4 月上旬成虫开始出现，幼虫 6 龄，3 龄后对药剂的抵抗力显著增加。具有远距离南北迁飞习性，春季由低纬度向高纬度、由低海拔向高海拔迁飞，秋季则沿着相反方向飞回南方。适宜生存温度为 15～25℃；从 4 月到 10 月都见发生和危害，在生产上造成严重危害的为第一代幼虫。成虫对黑光灯极为敏感，有强烈趋性。

（四）防治方法

参照黄地老虎防治方法。

十三、大地老虎

（一）为害特征

大地老虎属鳞翅目、夜蛾科。主要为害玉米、蔬菜、果树幼苗。幼虫将蔬菜幼苗近地面的茎部咬断，使整株死亡，造成缺苗断垄，严重时甚至毁种。在青海省主要分布于海东市民和县、乐都区农业区。

（二）形态特征

成虫体长 20～22mm，翅展 45～48mm。头、胸部褐色，下唇须第二节外侧具黑斑，颈板中部有 1 条黑横线。腹部、前翅灰褐色，外横线以内前缘区、中室暗褐色；基线双线，褐色，达中褶处；内横线波浪形，双线，黑色；剑纹黑边窄小；环纹具黑边，圆形，褐色；肾纹大，具黑边，褐色，外侧具 1 个黑斑近达外横线；中横线褐色；外横线锯齿状，双线，褐色；亚缘线锯齿形，浅褐色，缘线呈一列黑色点。后翅浅黄褐色。

卵半球形，长 1.8mm，高 1.5mm。初淡黄后渐变黄褐色，孵化前灰褐色。

幼虫体长 41～61mm，黄褐色，体片与一毛片大小相似。

（三）发生规律

1年发生1代，以3～6龄幼虫在土表或草丛中潜伏越冬。越冬幼虫在4月、夏幼虫在8月下旬化蛹，于9月中、下旬羽化为成虫。每雌产卵量648～1 486粒。食叶片，抗低温能力较强，在-14℃情况下越冬幼虫很少死亡。

（四）防治方法

参照黄地老虎防治方法。

第九节　农田杂草综合防控技术

一、小麦田主要杂草综合防控技术

（一）麦田主要杂草

杂草对小麦的为害，主要体现在恶化了小麦的生态环境。一方面，杂草与小麦争夺生存必备的水分、土壤养分，由于杂草适应性强、生长迅速、根系发达，因而争夺养分、水分的能力特别强，从而导致小麦苗小、苗弱、苗黄，甚至产生畸形苗；另一方面，杂草与小麦生长在一起，侵占小麦生长所需的空间，使得田间密度过大，小麦生长空间拥挤，茎叶不能舒展，发展受到抑制；最后，杂草还会遮挡阳光，使得小麦光合作用受到影响，妨碍小麦的通风、透光、散热等，对小麦产量和品质造成较大的影响。

青海省西宁市、海东市主要杂草种类有67种，隶属于25科，其中优势杂草有密花香薷、猪殃殃、野燕麦、藜、苣荬菜、大刺儿菜6种。区域性优势杂草有5种，常见杂草有17种，一般杂草有39种。不同地理环境优势杂草略有区别。湟中地区优势杂草种类有猪殃殃、密花香薷、藜、野燕麦、大刺儿菜、芦苇、尼泊尔蓼；民和地区优势杂草种类有狗尾草、藜、萹蓄、野燕麦、田旋花、荞麦蔓、大刺儿菜；平安地区优势杂草种类有野燕麦、猪殃殃、苣荬菜、大刺儿菜、赖草、荞麦蔓、密花香薷、萹蓄、泽漆；化隆地区优势杂草种类有薄蒴草、猪殃殃、野燕麦、荞麦蔓、苣荬菜、密花香薷；大通地区优势杂草种类有野燕麦、猪殃殃、藜、大刺儿菜、问荆、密花香薷；刚察地区优势杂草种类有密花香薷、西伯利亚蓼、薄蒴草、藜、微孔草、旱雀麦、苣荬菜、野胡萝卜。

（二）小麦田草害防除技术

无论是制订杂草防控方案，还是实施杂草防控技术，均应充分应用农艺、机械、物理和生物控草措施，有机协调化学控草措施。

1. 发挥农艺、耕作措施的控草作用

（1）精选种子。严把麦种产地（本地和调种地）留种田杂草防控关，最大限度降低杂草种子混杂率。播前对麦种进行精选，去除麦种内混杂的杂草种子。

（2）选种竞争力强的品种。利用小麦品种自身早发、快长、分蘖壮的生长优势，抑制杂草生长，减轻杂草为害。

（3）插前耙地。小麦播种前进行耙地，铲除已萌芽和出土的杂草，降低田间杂草基数。

（4）苗期中耕。小麦拔节前或拔节初期，进行中耕，铲除已萌芽和出土的杂草，降低杂草基数。

（5）清除逃逸杂草。在杂草花期，清除杂草防控后逃逸杂草，并尽可能清除田边地头、垄沟、相邻沟渠、路边的杂草。

（6）移出麦秸麦糠。收获时，及时将麦秸麦糠集中粉碎，破碎其中存留的杂草种子，降低土壤中杂草种子基数。

（7）清洁农机具。将农机具从作业农田移至另一农田或另一区域前，充分清洁农机具，以阻止杂草种子和无性繁殖体的传播扩散。

（8）轮作倒茬。尽可能实施水旱轮作、禾阔轮作，为相应控草措施提供便利，减轻杂草为害。

2. 安全合理实施化学防治

（1）提倡麦田杂草秋治。常年杂草冬前出苗率为85%以上，此时的杂草植株矮小、组织幼嫩、根系纤弱，对除草剂敏感，基本尚未对小麦形成肥、水、光、空间的竞争，小麦和杂草植株间也基本未相互遮蔽，此时施药，不仅用药少、除草效果好，而且对小麦及后茬作物更为安全。小麦返青后，可依田间草情，实施补治。

（2）强化除草剂交替轮换使用观念。对麦田杂草进行化学防除时，不仅要针对小麦品种、田间实际草相有的放矢地选用相应的除草剂，更要根据除草剂作用机制、杀草谱、前茬及当茬用药情况，在同一生长季节或不同生长季节，交替轮换使用杀草谱相似、作用机制不同的除草剂类型和品种，以确保安全、高效地防控杂草，延缓杂草抗药性的发展。

二、青稞田主要杂草及综合防控技术

（一）青稞主要杂草

青稞田中常见的杂草主要有野燕麦、白茅、野青稞、野油菜、灰灰菜、扁蓄、雀麦等。杂草与青稞混生，对青稞产生的危害主要表现在：一是与青稞争肥、争水、争空间，严重影响青稞正常生长发育；二是杂草生长迅速，易造成田间荫蔽，增加田间湿度，诱发青稞锈病等病害的发生；三是人工防除杂草时容易损害青稞根系，影响青稞生长。

（二）青稞田草害防除技术

杂草造成产量损失的关键危害期是青稞生长的前期，尤其是苗期发生的杂草危害最大。因此，严格控制进入青稞田的杂草种子数量，在杂草生长前期有效防除杂草，是进行青稞田杂草综合防除的重要部分。

1. 农业措施

（1）严格执行杂草检疫制度，加强种子管理。青稞田中许多杂草的种子可能混杂在青稞种子里面，随着青稞种子的大批量调运，进行传播和扩散。因此，必须严格执行杂草检疫制度，精选种子，加强种子管理，密切注意可能导致杂草扩散的各个环节，防止国外的、外地的检疫性及危害严重的恶性杂草因人为因素进入本地青稞生产区。同时也要对本地的检疫性杂草进行灭除，严格管理，杜绝杂草种子向外地传播。

（2）精选种子，清除草种。精选种子是防除杂草远距离传播和扩散的有效手段，可采用风选、筛选、机选、泥水选等多种方法清除杂草种子。

（3）轮作倒茬。合理轮作倒茬不但是用地养地相结合提高土壤肥力的有效途径，也是防除杂草的重要措施。例如野燕麦严重的地块，实行青稞与油菜、小麦倒茬。合理轮作倒茬，不仅消灭了杂草而且也控制了病虫的发展、蔓延。

（4）淹灌灭草。主要可以消灭深根系杂草。在杂草多的田块周围筑起 30～40cm 高的田埂，然后放水淹灌，保持一定的水位和时间，待田中杂草散发出腐烂气味时，停止灌水，让太阳暴晒 3～5d，再灌 1 次水，这样反复 3～4 次，杂草即可淹死、腐烂，成为肥料。

（5）中耕除草。中耕松土不但可以清除田间杂草，而且能控制杂草的危害，更重要的是能疏松土壤，增强土壤通透性，提高土壤湿度，促进青稞健康生长。

2. 物理性除草　最常用的物理除草方法为人工除草和机械除草。人工除草的方法中，无论是手工拔草，还是应用锄、犁、耙等工具除草，都很费时、费力，劳动强度大且除草效率低。但是，目前人工除草在一些不发达地区仍然是主要的除草手段，在发达地区或较发达地区，也被作为一种补救除草措施应用。机械除草主要是指运用机耕犁、电耕犁、旋耕机、中耕除草机、除草施药机等机械防除田间杂草。机械除草除了可应用于常规的中耕除草之外，还可以应用于深耕灭草、播前封闭除草、出苗后除草、田间除草、行间中耕除草等，是农机和农艺紧密结合的配套除草措施。

3. 农业和生态治草　农业治草措施除耕作治草、轮作治草、作物群体覆盖治草之外，常用的还有秸秆覆盖治草和腐熟有机肥或干土覆盖治草。秸秆覆盖又称秸秆还田，其主要效应包括：

第一，减少并推迟杂草的发生；

第二，抑制杂草光合作用，阻碍其生长；

第三，禾谷类作物秸秆的水浸物可抑制某些杂草的萌发和生长，例如麦秸水浸物可以抑制白茅、马唐等杂草；

第四，增加有机质和多种养分含量，改善土壤结构；

第五，覆盖秸秆有一定的保温作用，可促进作物生长，增强抗冻能力；

第六，可以保湿、保肥、减少水土流失。比较秸秆覆盖的行间铺草和留茬两种形式，发现前者抑制杂草的效果较好，不影响作物的生长；后者效果较差，影响播种和作物的前期生长，但省工、节本。

虽然秸秆覆盖的优点很多，但也有一定的缺陷，例如大量秸秆直接还田或者收割时保留高茬，则可能把大量杂草种子留在田间；秸秆分解过程中会消耗土壤中的氮素等。因此，为避免杂草种子随秸秆和有机肥料进入田间，需要在一定的温度、水分、通气条件下，将秸秆和未完全腐熟的农家肥置于 $50\sim70℃$ 的持续高温下堆沤处理 $2\sim3$ 周以杀死杂草种子。此外，青稞田的杂草防除还可以借鉴小麦田的河泥拍麦、开（铲）沟压麦和麦行中耕的传统习惯，既能有效抑制看麦娘、硬草等多数杂草的萌芽生长，又能促进青稞的生长。

4. 化学灭草

（1）土壤处理。播前土壤耕翻、整地后，每亩用 40%燕麦畏 $150\sim200mL$，兑水 5kg，与 30kg 细土或细沙拌匀，均匀撒施于地表，混土 10cm，$7\sim10d$ 后播种。

（2）化学除草。在青稞 $4\sim5$ 叶期，每亩用 75%苯磺隆干悬浮剂 $1.5\sim2g$，兑水 $30\sim40kg$ 均匀喷雾。防除野油菜、灰灰菜等双子叶杂草，须在防治时注意风向并远离油菜等十字花科作物，以免造成药害而减产。

5. 生物除草　利用动物（包括昆虫）、真菌、细菌、病毒等防除田间杂草，既可减少除草剂对环境的污染，又有利于自然界的生态平衡，近年来已日益引起人们的重视。例如，我国东北地区利用盾负虫单一取食鸭跖草，湖北部分地区利用尖翅小卷蛾防治香附子都很好地运用昆虫防除杂草，取得了成功经验。生物除草剂的研究也取得了重大突破，为杂草防除提供了一个新的研究方向。

无论采用何种除草手段，都不能仅仅防除青稞田种植区域的杂草，田边地头、路旁、灌水沟渠都容易发生大量杂草，需要加强田间管理。在大量杂草开花结实之前就将其全部防除，防止杂草种子传播或扩散至田间。

三、春油菜田主要杂草及综合防控技术

（一）春油菜田主要杂草

青海省的油菜田杂草种类达 182 种，隶属于 35 个科，危害油菜生长的有 91 种，严重危害的有 44 种。主要杂草种类有野燕麦、旱雀麦、芦苇、藜、扁蓄、田旋花、苣荬菜、宝盖草、苦苣菜、密花香薷、大刺儿菜、猪殃殃等 10 余种。若田间管理不到位，草害尤为严重，造成春油菜严重减产，经济损失惨重。

春油菜田主要杂草种类有密花香薷、野燕麦、藜、野胡萝卜、薄蒴草、节裂角茴香、扁蓄、鹅绒委陵菜、苣荬菜、猪殃殃、大蓟、西伯利亚蓼等。

青海省川水地区主要杂草群落为苣荬菜＋田旋花＋藜＋扁蓄＋大刺儿菜，脑山地区为密花香薷＋遏蓝菜＋薄蒴草＋尼泊尔蓼＋藜＋猪殃殃，国有农场区为密花香薷＋苣荬菜＋藜＋野胡萝卜＋野燕麦＋鹅绒委陵菜。

（二）春油菜田草害防除技术

目前，青海省油菜田杂草防除主要采取轮作防除、机械除草、人工除草、地膜控草、化学防除等措施。在化学防除方面使用药剂除草，药剂种类主要有 3 类：一是用于土壤处理的氟乐灵、二甲戊灵、燕麦畏、乙草胺、敌草胺等；二是用于苗后茎叶处理防除禾本科杂草的烯草酮、精喹禾灵、高效氟吡甲禾灵等；三是用于茎叶处理防除阔叶杂草的草除灵、二氯吡啶酸、氨氯吡啶酸等。

1. 川水地区油菜田杂草治理对策 采用化学药剂防治为主、人工防除和深耕灭草为辅的综合治理技术。化学防治方面，采用 75％二氯吡啶酸（龙拳）于油菜田双子叶杂草 2～5 叶期兑水喷施，可有效控制苣荬菜、大刺儿菜等多年生双子叶杂草，后期人工铲除遗留的杂草，秋收后采用人工或机械深耕，捡出地下根茎，排除隐患。

2. 脑山地区油菜田杂草治理对策 应抓好轮作、化学药剂防治等技术。油菜播前进行土壤处理，或者在苗期于杂草 2～5 叶（对）期采用氟乐灵喷施；后茬麦田于麦苗 3 叶 1 心至 4 叶 1 心期喷施麦阔净，可有效控制优势杂草种群的发生量，降低危害程度。

3. 国有农场区油菜田杂草治理对策 抓好合理轮作、耙向灭草与化学药剂防治相结合的治理技术。以藜、扁蓄、密花香薷等 1 年生杂草为主的油菜田块，于播前进行土壤处理；苗期发生大蓟、大刺儿菜、苣荬菜等多年生双子叶杂草的油菜田块，于杂草 2～5 叶期喷施油草枯或龙拳；后茬轮作小麦（青稞）田，于麦苗（青稞苗）3 叶 1 心期至 4 叶 1 心期喷施麦阔净，对农场优势杂草种群有较好的控制效果，灭草后增产显著。

四、马铃薯田主要杂草及综合防控技术

（一）马铃薯田主要杂草

马铃薯田田间杂草具有适应性强、传播途径广、种子寿命长、繁殖方式多样、出苗时间不定、结籽多、种子成熟度不一致等特点。在田间与马铃薯争水、争肥、争光照、争空间，并成为传播病虫害的寄主，对马铃薯生产造成危害。

马铃薯田田间杂草分为单子叶杂草和双子叶杂草两种。单子叶杂草有禾本科、莎草科杂草，双子叶杂草有十字花科、菊科、藜科、蓼科、唇形科、旋花科杂草等。

（二）马铃薯田草害防除技术

目前，青海省马铃薯种植大多采用地膜覆盖技术，针对马铃薯田草害防除，对

于小地块可以通过人工除草，对于大型地块必须进行化学防除。化学防除杂草措施有土壤处理和叶面喷施两种。

采用封闭性除草剂处理土壤，可在播种前处理，也可在播种后出苗前处理，如氟乐灵、乙草胺等，注意：当田地土壤有机质含量为3％以下时，每亩用48％氟乐灵乳油80～110mL；有机质含量3％～8％的田，每亩用48％氟乐灵乳油130～160mL；有机质含量8％以上的田，不宜使用；每亩用量最多不能超过200mL。叶面喷施可采用草甘膦等，也可采用选择性除草剂，如砜嘧磺隆、精喹禾灵等，每亩用25％砜嘧磺隆水分散粒剂3.5g 2袋、5％精喹禾灵乳油20mL 2袋，混配后进行土壤处理或者叶面喷施。

五、玉米田主要杂草及综合防控技术

（一）玉米田主要杂草

玉米田优势杂草对玉米生育及产量的影响主要源于其对水、肥的争夺。杂草使玉米籽粒中淀粉、蛋白质含量降低，种皮增厚，影响其品质。某些杂草有毒或有异味，混入粮食及饲料中会对人、畜健康造成危害。杂草为害作物生长的另一种作用是异株克生作用，即一种植物通过向环境中释放某种或某些物质而影响同一生活环境中其他植物生长，包括抑制或促进生长的现象，例如蓼、断节莎、大狗尾草等对玉米生长均有异株克生作用。很多杂草是玉米病虫的中间寄主和传播媒介，例如旱稗可吸引叶蝉、黏虫、蝗虫及传染褐斑病等。草害还会使农业生产耗费大量工时，增加农民的劳动强度。杂草的大量发生还会给机械化作业带来麻烦，既增加油耗，又影响作业质量和进度。青海省玉米田主要杂草种类有藜、稗、田旋花、大刺儿菜、冬寒菜、萹蓄、苣荬菜、狗尾草、灰绿藜、芦苇、酸模叶蓼、问荆等，为害率依次递减；主要杂草群落有藜＋稗＋凹头苋，田旋花＋大刺儿菜＋藜，稗＋藜＋田旋花，萹蓄＋藜＋稗，反枝苋＋香附子＋马唐＋藜，香附子＋马唐＋狗尾草＋马齿苋。

（二）玉米田草害防除技术

1. 农业防除

（1）加强植物检疫。检疫性恶性杂草种子主要靠混进粮食作物种子内，随粮食调运和进出口到处传播。例如，我国的假高粱最早就是从国外进口粮食中传入的，在局部地区严重危害高粱、玉米。目前，假高粱在我国的分布有限，因此必须加强植物检疫，防止此种恶性杂草在国内扩大传播。

（2）实行轮作倒茬。实行水旱轮作和中耕作物与密植作物轮作，可以消灭部分杂草，不仅省工而且有利于减轻病虫害发生。

（3）使用充分腐熟的农肥。农家肥中常混有各种杂草种子，必须进行高温堆肥，使肥料中的杂草种子失去发芽能力。

（4）进行伏耕和秋深耕。通过深耕可将芦苇、假高粱等杂草的根状茎切断，并翻至地面暴晒使其死亡；同时将各种落地杂草种子翻入土壤深层，抑制其萌发出苗，减轻对作物的危害。

（5）精选种子。不少杂草如稗草、莎草、假高粱、狗尾草等，其种子混入高粱、玉米种子内到处传播，因此在种子调运、播种之前，必须通过风选、水选等方法清除高粱、玉米种子内的杂草种子。

（6）加强田间管理。苗期及时进行中耕除草，消灭各种杂草幼苗，中后期铲除假高粱、稗草、芦苇等高草，集中烧毁。同时铲除田埂、路旁、渠道等处杂草，防止杂草种子，随风和灌水侵入农田。

2. 化学防除

（1）播前土壤处理。在玉米播种前，将地整平，散开粪肥，打碎土块。每亩用40%莠去津胶悬剂100～200mL与50%乙草胺乳油50～100mL混剂，兑水50kg，均匀喷洒于地表，然后浅耙混土，再播种。可有效防除稗草、马唐、狗尾草、画眉草、牛筋草、看麦娘、蓼、藜、苋、茼蒿、苍耳、龙葵、马齿苋、繁缕、地绵及豆科、十字花科等多种单、双子叶杂草，对某些多年生深根杂草也有一定抑制作用。此外，莠去津除草效果好，对玉米安全，但残效期长达120～160d，使用不当对后茬有影响，因此应掌握好用量，喷药均匀周到，不能重喷或漏喷。以上除草剂除草效果的好坏与土壤墒情有很大关系，土壤湿度大，有利于杂草对药液的吸收，药效发挥好，反之则差，因此施药后应及时浅耙混土，以利保墒。如果长时间干旱，在施药前最好灌1次水，使土壤有良好的墒情。

（2）播后苗前土壤处理。播后苗前土壤处理适于气温较高、雨水多、播种前土壤湿润的地区应用。玉米播种后出苗前，一般每亩用40%莠去津胶悬剂150～200mL或50%乙草胺乳油150～200mL，兑水30kg，均匀喷洒于地表，施药后浅耙混土。耙深以不耙出种子为准，可防除多种禾本科杂草和双子叶杂草。以上除草剂用量，沙质土和有机质含量低的田块一般用低剂量，黏土、壤土和有机质含量高的田块用高剂量。

六、蚕豆田主要杂草及综合防控技术

（一）蚕豆田主要杂草

青海省蚕豆位于春播区，一般在3月下旬至5月上旬播种，7—9月收获。蚕豆田主要草害种类有反枝苋、刺苋、鸭跖草、水棘针、苘麻、铁苋菜、马齿苋、豚草、鬼针草、苍耳、曼陀罗等。禾本科稷属杂草、早熟禾、狗牙根、双穗雀稗、假高粱、芦苇、野黍、白茅、匍匐冰草等也有发生。

（二）蚕豆田草害防除技术

1. 农业防除

（1）实行轮作倒茬。

（2）合理密植。合理密植对控制蚕豆田杂草危害的效果较为显著。合理密植既能保证豆类的密度，又能留出较大的行距，有利于进行中耕和喷施除草剂，增加单产。

（3）精选种子。豆类种子中常常混有菟丝子、稗草、野燕麦等多种杂草的种子。这些杂草种子随豆种进入农田或远距离传播，因此必须进行种子精选，如筛选、水选和风选，可有效控制杂草危害。

（4）施用充分腐熟的农家肥。农家肥中常混有大量杂草种子，施入蚕豆田的农家肥必须进行高温堆肥，使杂草种子失去发芽能力，减轻蚕豆田杂草危害。

（5）进行人工除草。结合间苗、中耕进行人工除草，可消灭藜、萹蓄、苋等多种双子叶杂草。

（6）可采用地膜抑制杂草生长。

2. 化学防除　在播前的土壤处理可每亩施用 48％氟乐灵乳油 180mL 或 40％燕麦畏乳油 180mL；苗期可每亩施用 5％精喹禾灵乳油 40～50mL 或每亩 10.8％高效盖草能乳油 30～40mL 于杂草 3～5 叶时茎叶均匀喷雾。

第十节　农区鼠害及综合防控

青海省境内农业区海拔为 1 650～3 800m，垂直差异大。根据地理生态环境、海拔高度等因子划分为川水（河、湟谷地灌溉农业区）、浅山（半干旱沟壑山区）、脑山（高寒阴湿山区）、柴达木绿洲灌溉农业区、海南台地农业区、高寒草原小块农业区 6 类生态类型。害鼠是威胁青海省农牧业生产、农牧民生命财产安全的重要有害生物之一。

一、农区害鼠种类

青海省主要的害鼠种类有 3 目 8 科 30 种：农田地下害鼠有高原鼢鼠、甘肃鼢鼠、斯氏鼢鼠 3 种；农田地上害鼠有黄胸鼠、小家鼠、褐家鼠、长尾仓鼠、灰仓鼠、藏仓鼠、柴达木根田鼠、甘肃根田鼠、青海田鼠、松田鼠、黑线姬鼠、子午砂鼠、五趾跳鼠、三趾跳鼠、喜马拉雅旱獭、高原鼠兔等 27 种。

二、农区鼠害防控措施

选择鼠密度较高自然村先行开展鼠害综合防治，以点带面推动鼠害综合治理工作。按照"全栖息地毒鼠法"在农田与农舍及公共场所同时实施、统一灭鼠，即将杀鼠药物、用药技巧和组织措施融为一体，全过程分为"查明鼠情、选准时机、制好毒饵、组织围歼、正确投饵、查漏扫残"六大技术环节。落实"五统一"（统一指挥、统一时间、统一药物、统一制饵、统一投放）、"四不漏"（村不漏户、户不漏间、地不漏块、不漏公共场所）。

（一）毒饵站灭鼠技术

毒饵站是根据害鼠取食习性设立的固定、隐蔽的投饵场所，可利用 PVC 管、竹筒、瓦片、瓦罐等材料制作。其工作原理是害鼠能够自由进入取食而其他动物（如鸡、鸭、猫、狗等）不能进入或取食。毒饵站是一种能盛放毒饵的容器，具有高效、经济、安全、环保、持久等优点，儿童、禽畜不易接触到毒饵，毒饵不易被雨水冲刷，不易受潮、霉变、失效，可长久发挥药效，节省灭鼠成本，不易对环境造成污染。投饵标准：室内按每 10～15m² 放置 1 个毒饵站（在墙根或墙角），房屋四周沿墙角每 10m 放置 1 个毒饵站，饵料 20g 左右，农舍中的毒饵站常年放置；农田每亩放置 1～2 个毒饵站，设置在田埂、地边或鼠道上，饵料 20～30g，毒饵站一直放置到农作物收割为止。农舍、农田投饵后 3～4d 根据害鼠取食情况再补充毒饵，多吃多补，不吃不补，至毒饵不再被害鼠取食为止，每亩需用毒饵100～150g。

（二）采用"毒饵站"技术控制农区害鼠

1. **使用新型抗凝血慢性杀鼠剂取代高毒杀鼠剂**　敌鼠钠盐、溴敌隆、大隆等抗凝血杀鼠剂是 20 世纪 90 年代国内外开始使用的一类抗凝血杀鼠剂，其作用机理是破坏血液中凝血酶原合成，导致鼠类因内脏出血而死亡，能有效杀灭对急性鼠药产生拒食或抗性的鼠类，天敌、畜禽等动物二次中毒的风险小，高效，低风险，该类慢性抗凝血杀鼠剂是农业农村部指定替代毒鼠强、甘氟、氟乙酰胺等高毒急性杀鼠剂的新型杀鼠剂。杀鼠剂应轮换使用，一种杀鼠剂使用 2～3 年后，应用另一种杀鼠剂替换，避免害鼠产生拒食，影响防效。抗凝血杀鼠剂的选择，应遵循由低代向高代逐步轮换的原则。

2. **防治家栖鼠种**　黄胸鼠、小家鼠、褐家鼠等家栖鼠种的防治，可采用一次投饵或间隔式投饵，毒饵浓度 0.005%。每间房 5～15g 毒饵。如果家栖鼠种以小家鼠为主，布防毒饵的堆数应适当多放一些，每堆 2g 左右即可；如果家栖鼠种以黄胸鼠或褐家鼠为主，每堆毒饵 5g 左右。间隔式投饵需要进行两次投饵，可在第一次投饵后的 3～4d 检查毒饵取食情况并予以补充。在院落中投放毒饵宜在傍晚进行，可沿院墙四周，每 5m 投放 1 堆，每堆 3～5g，次日清晨注意回收毒饵，以免家畜、家禽误食。

3. **防治野栖鼠种**　防治野栖鼠种时，毒饵有效成分含量适当提高，一般采取一次性投放的方式。对于高原鼢鼠、甘肃鼢鼠，毒饵的有效成分含量可提高至0.01%～0.02%；按洞投放，每洞 15～20g。防治长尾仓鼠可使用 0.005% 的毒饵，每洞 5g。防治大林姬鼠可使用 0.005% 的毒饵，每堆 5g。防治子午沙鼠可使用0.01% 的毒饵，每洞 5g，也可以使用常规的 0.005% 毒饵，每洞 10g。防治达乌尔黄鼠可采用 0.01% 毒饵，每洞 10g。防治高原鼠兔可使用 0.01% 的毒饵，每洞 10g。

4. 化学防治注意事项　配制和投放毒饵时，应穿戴防护用品，结束时用肥皂洗手，不得徒手接触毒饵。

投放时，毒饵量要足，毒饵应该注意防潮防雨。

溴敌隆对家禽敏感，在家禽饲养场使用时要尤其谨慎。在灭鼠期间要关好家禽、家畜。以防家禽、家畜误食中毒。

防治结束后，将死鼠、剩余的毒饵和中毒致死的畜禽一起深埋。

严禁食用中毒致死的畜禽。

住宅灭鼠前要断掉鼠粮，以提高防治灭鼠效果。

田间防治应选择晴天进行投药。田间投放毒饵的区域应有警示标志，以防人、畜中毒。

取水地方及周围不得投放毒饵。

如发现有人误服或中毒，应该立即服用维生素 K，并立即送医院就诊。

（三）农田地下害鼠的防控

1. 采用弓箭射杀、人工捕捉防控地下害鼠　青海省根据主要农作物生长季节和高原鼢鼠等地下害鼠发生特点，在春秋两季组织群众实施弓箭射杀、人工捕捉等方法来防控高原鼢鼠等地下害鼠。捕捉时间一般在上午 10 时至下午 4 时鼢鼠活动高峰期。

2. 采用药剂防控地下害鼠　于农田地下害鼠活动时期，在地下害鼠新推出的土堆周围用探棍探明鼠道后，轻轻将探棍抽出，用漏斗将一定量的溴敌隆毒饵放入鼠道内，用土块将探孔封严。

3. 机械耕作防控地下害鼠　于春秋两季，在作物播种前和作物收获后，使用大型农机对农田进行深翻作业，能够破坏地下害鼠的活动鼠道，从而改变害鼠的活动、栖息环境，限制和驱避地下害鼠。

（四）采用 TBS 技术及器械防控农田害鼠

1. 采用 TBS 技术防控农田害鼠　TBS（trap - barried system）技术又称陷阱栅栏系统，是近年来国际上兴起的一项控制农田鼠害技术，也是一种国际上公认的无害化鼠害控制技术（绿色防控）。TBS 技术原理是在保持原有生产措施与结构的前提下，将围栏内引诱作物的播种期提前，利用鼠类的行为特点，通过捕鼠器与围栏结合的形式控制农田鼠害。TBS 技术不仅可以用于控制鼠害，降低鼠类对农业生产的影响，同时也可以用于鼠情监测，特别是在田间害鼠种类调查中发挥重要作用。从总体看，TBS 技术具有一次投资、长期防治的特点，并可避免化学杀鼠剂的使用，减轻对环境的污染，避免人、畜二次中毒发生。

每个 TBS 系统（由 4 个围栏及 48 个捕鼠桶组成）防控害鼠面积约为 33hm^2 农田。其实施的前提条件是春季鼠密度 3％以上或上年秋季鼠密度 5％以上的不同生态类型农田，控鼠区域内种植的作物基本一致，TBS 围栏内作物较大田作物提早播种 7～10d，用以引诱害鼠前来取食。但在生产实际操作过程中，因机械化作业率较高，如果提前设置 TBS 对机械操作有影响，所以也可在全部播完后再设置 TBS，在 TBS 围栏内人为投入一些谷物等引诱害鼠。

2. 使用物理器械防控农田害鼠　利用鼠笼、鼠夹、粘鼠板、电猫等捕鼠器械在农舍、粮仓、庭院等害鼠活动的场所开展灭鼠工作，控制害鼠的危害。

（五）生物杀鼠剂

具有灭杀和不育作用的 0.25 mg/kg 雷公藤甲素颗粒剂是一种由天然植物雷公藤的制取物（雷公藤甲素母药）及添加剂复配加工而成的生物（植物源）灭鼠剂。适合鼠类的口味，具有很好的短期杀灭和对雌雄害鼠抗生育双重作用（既可用于紧急防治，又可用于预防），不会引起鼠类的警觉而产生超补偿性繁殖和抗药性，从根本上降低鼠类数量和密度，达到长久的灭鼠效果。该灭鼠剂为植物源农药，毒性较低，对环境无污染。

（六）通过生境治理控制农区害鼠

1. 推广使用防鼠粮仓　利用防鼠粮仓储备粮食，能够断绝害鼠的粮源，可以有效地降低害鼠的繁殖数量，达到控制鼠害发生的目的。

2. 改造农村庭院环境　结合人居环境整治，积极倡导农民群众，搞好村庄及庭院的环境卫生工作，清理长期堆放的垃圾、柴草，铲除路边的杂草，改建简陋的牲畜棚等。这些方法既美化了村庄、庭院的环境，又能最大程度上限制和改变害鼠的栖息场所，达到控鼠的目的。

3. 天敌动物的保护和利用　在有条件的地区，在认真开展控鼠、防疫工作的前提下，注重天敌动物的疫病防控工作，防止人、畜共患病的传播。保护天敌动物，适度发展养猫示范村，达到控鼠目的。

第九章　蔬菜病虫害综合防控技术

第一节　瓜类蔬菜主要病虫害及综合防控

一、瓜类蔬菜霜霉病

（一）症状

霜霉病是瓜类蔬菜主要的病害之一，生产上只要发病条件满足，无论是露地栽培还是大棚栽培均可发病。从幼苗期至成株期均可发生，以成株期危害严重，主要为害叶片。发病时在植株下部老叶上产生白色霉霜层；后期病斑变为黄褐色，多数病斑常连成一片，使全叶发黄枯死。

（二）发病条件

病菌在黄瓜、西葫芦等瓜类蔬菜上越冬，也可随病叶越冬。病菌发育温度15～30℃，孢子囊形成适宜温度 15～20℃，湿度 85％以上，萌发适宜温度为 15～22℃。在高湿条件下，20～24℃病害发展迅速而严重。多雨、多露水、多雾和昼夜温差大等发病较重，保护地栽培湿度大、种植过密、通风透光不良时较易发病。

（三）防治措施

选用抗病品种；与非瓜类作物进行 2 年以上轮作；加强田间管理，室内经常通风降温，及时摘除发病的花、叶、果。药剂防治方面，用 80％代森锌可湿性粉剂 800～1 000 倍液或50％腐霉利（速克灵）可湿性粉剂、50％多菌灵可湿性粉剂 800 倍液进行喷施，连续进行 3～4 次。

二、瓜类蔬菜白粉病

（一）症状

瓜类蔬菜白粉病俗称"白毛"，主要发生在叶片上，其次为叶柄和茎。在整个生育期均可发生。发病初期，在叶正面、叶背面、幼茎上产生白色近圆形的小粉斑，以叶正面最多，然后向四面扩展成边缘不明显的连片白粉状。

（二）发病条件

白粉病发生与温度、湿度和栽培管理关系密切，最适宜发生温度为 16～25℃，超过 30℃ 或低于 10℃ 病菌不能萌发；另外种植过密、通风透光不好、高温高湿交替、植株生长弱、管理粗放，均可发病。

（三）防治措施

选用抗病品种。加强栽培管理：合理密植，注意通风透光，合理使用氮、磷、钾肥，促进植株健壮生长，严防植株徒长，提高抗病能力。药剂防治方面，温室或大棚栽培在定植前，用硫黄杀菌（每亩 250g，锯末 500g 点燃熏蒸一夜，次日打开门窗通风）；发病初期，选择晴天早晨，喷洒 25% 嘧菌酯悬浮剂 1 500～2 500 倍液，或者 75% 百菌清可湿性粉剂 600～800 倍液、25% 三唑酮可湿性粉剂 2 000 倍液，连续防治 2～3 次。

三、瓜类蔬菜病毒病

（一）症状

瓜类蔬菜整个生育期均可发生，主要有花叶型、黄化皱叶型及两者混合型。花叶型表现为嫩叶出现明脉及褪绿的斑点，严重时顶叶变为鸡爪状。黄化皱叶型表现为植株上部的叶片沿叶脉失绿，出现浓绿色隆起皱纹，叶片变小或出现蕨叶。

（二）发病条件

病毒可在多种保护地蔬菜和杂草上越冬，次年主要通过蚜虫传播，也可通过农事操作接触传播，种子本身也可带毒。高温干旱、大棚和温室内管理粗放、缺水缺肥、光照很强、蚜虫数量多时发病。

（三）防治措施

发病初期用 20% 病毒 A 可湿性粉剂 500 倍液或 1.5% 植病灵乳油 1 000 倍液或 0.5% 抗毒剂 1 号水剂 300 倍液，每 10d 施用 1 次，连续 2～3 次。但最主要的目的还是要消灭蚜虫。

四、瓜类蔬菜细菌性角斑病

（一）症状

瓜类蔬菜细菌性角斑病在设施栽培中发生较多，易与霜霉病相混淆，应细心观察。主要为害叶片，也能为害茎蔓和果实。发病初期在叶片上产生水渍状淡褐色病斑；后期病斑中间干枯、脱落，形成穿孔。叶背面病斑受叶脉限制，呈多角形，空气潮湿时出现白色的细菌黏液。

（二）发病条件

高温高湿、植株长势弱、管理粗放时易发病。发病的最适温度为 18～26℃。

角斑病一般比霜霉病发病早。

（三）防治措施

种子消毒；发病初期每亩用 40％斑枯宁可湿性粉剂 500 倍液喷施或 50％甲霜铜可湿性粉剂 500 倍液喷施或每亩 5％百菌清粉剂 1 000g 喷施，要喷洒均匀。如果与霜霉病同时发生，用 70％甲霜铝铜可湿性粉剂 250 倍液或 50％甲霜铜可湿性粉剂 600 倍液进行防治，连防 2～3 次。

五、黄瓜根结线虫病

（一）症状

根结线虫病主要发生于黄瓜根部的侧根和须根上，导致地上部器官发育受阻。须根和侧根受侵染后，发育不良，产生大小不等的瘤状体。根结上可生出细弱的新根，新根延长，再长根结，犹如串糖葫芦状。根结初为白色，后变褐色，有时表面龟裂。解剖根结时，可见很多白色细线状的线虫。后期重病根系变褐、腐烂。地上部的症状因根部受害程度的不同表现各异。受害较轻时症状不明显，重病株发育严重受阻，植株矮小黄瘦，中午叶片萎蔫，早、晚可恢复，逐渐植株变黄、枯死，影响结实，严重时全田枯死。

（二）发病条件

根结线虫多以 2 龄幼虫或卵随病残体遗留在 5～30cm 深土层中生存 1～3 年，条件适宜时，越冬卵孵化为幼虫，继续发育后侵入黄瓜根部，刺激根部细胞增生，产生新的根结或肿瘤。根结线虫发育到 4 龄时交尾产卵，雄线虫离开寄主钻入土中后很快死亡。产在根结里的卵孵化后发育至 2 龄后脱离卵壳，进入土壤中进行再侵染或越冬。在温室或塑料大棚中，单一种植几年黄瓜后，根结线虫将逐渐成为优势种。田间发病的初始虫源主要是病土或病苗。在南方地区，根结线虫生存最适温度 25～30℃，高于 40℃或低于 5℃都很少活动，55℃经 10min 死亡。田间土壤湿度是影响根结线虫孵化和繁殖的重要条件。土壤湿度适合蔬菜生长时，也适合根结线虫活动，雨季有利于孵化和侵染，但在干燥或过湿土壤中，其活动受到抑制。其为害时，沙土常较黏土发病重。同时，近年来土壤酸化加剧了线虫发生。

（三）防治措施

与抗病、耐病蔬菜实行 2～3 年轮作，加强栽培管理防病，收获后彻底清除病残根，翻晒土壤，减少线虫越冬量。对有根结线虫发生的地块使用氰氨化钙进行土壤消毒处理，土壤处理后需使用优质微生物菌剂补充有益菌。定植前可使用噻唑膦或阿维·噻唑膦颗粒剂撒施预防，定植前使用淡紫拟青霉菌剂也可有效预防。田间发现有根结线虫发生后，可使用噻唑膦或阿维·噻唑膦或氟吡菌酰胺等药剂进行灌根控制，在灌根时需加入腐殖酸、海藻肥、氨基酸等具有生根作用的肥料，以促进新根生出，维持黄瓜地上生长。

六、瓜蚜

（一）为害特点

以成虫及若虫在瓜类蔬菜叶背和嫩茎上吸食作物汁液为害。瓜苗嫩叶及生长点被害后，叶片卷缩，瓜苗萎蔫，甚至枯死；老叶受害，提前枯落，缩短结瓜期，造成减产。

（二）形态特征

无翅胎生雌蚜体长 1.2～1.9mm，夏季黄绿色，春、秋季墨绿色，腹管黑色或青色，圆筒形，基部稍宽。体表被薄蜡粉。尾片两侧各具毛 3 根。有翅胎生雌蚜体长 1.2～1.9mm，黄色、浅绿色或深绿色，前胸背板及胸部黑色。腹部背面具黑斑和透明斑，腹管、尾片同无翅胎生雌蚜。

（三）发生规律

瓜蚜在华北地区每年发生 10 余代，长江流域 20～30 代，以卵在越冬寄主上或以成蚜、若蚜在温室内蔬菜上越冬或繁殖为害。春季气温 6℃以上时开始活动，在越冬寄主上繁殖 2～3 代后，于 4 月底产生有翅蚜迁飞到露地蔬菜上繁殖为害，秋末冬初又产生有翅蚜迁入保护地，可产生雄蚜与雌蚜交配产卵越冬。春、秋季 1d左右完成 1 代，夏季 4～5d 繁殖 1 代，每雌蚜产若蚜 60 余头。繁殖适温 16～20℃，北方地区超过 5℃、南方地区超过 27℃、相对湿度高于 75％，不利于瓜蚜繁殖。北方地区露地 6 月至 7 月中、下旬虫口密度最高，为害重；7 月中旬以后经高温高湿和雨水冲刷，瓜蚜为害减轻。

（四）防治方法

采用银灰色防虫网防治瓜蚜，兼治瓜绢螟、白粉虱等其他害虫；采用黄板诱杀。药剂防治方面，采用 2.5％天王星乳油 3 000 倍液，70％吡虫啉水分散粒剂 10 000 倍液，20％吡虫啉浓可溶剂 4 000 倍液，2.5％功夫乳油 3 000 倍液防治，或者 10％杀瓜蚜烟剂防治，7～10d 喷 1 次，连喷 2～3 次。

七、瓜绢螟

（一）别名

瓜绢野螟、棉螟蛾、瓜野螟、瓜螟。

（二）为害特征

瓜绢螟幼龄幼虫在叶背啃食叶肉，被害部位呈白斑状，3 龄后吐丝将叶或嫩梢缀合，匿居其中致使叶片穿孔或缺刻，严重时仅留叶脉。幼虫常蛀入瓜内、花中或潜蛀瓜藤，影响产量和质量。

（三）形态特征

成虫体长 11～12mm，翅展 22～25mm，头、胸部黑色，腹部除第五、第六节黑褐色外其他节白色，腹部末端具黄黑色相间的绒毛，前翅白色略透明，前翅前缘、后翅外缘具黑褐色宽带。末龄幼虫体长约 26mm，头部、前胸背板淡褐色，胸、腹部草绿色，亚背线呈 2 条白色纵带，化蛹前消失，气门黑色。蛹长约 15mm，深褐色，头部光整尖瘦，翅基伸及第五腹节，外被薄茧。卵椭圆形，扁平，淡黄色，表面布有网状纹。

（四）发生规律

1 年发生 3～6 代，以老熟幼虫或蛹在枯卷叶或土中越冬。次年 4 月底羽化，5 月幼虫为害，7—9 月发生数量多，世代重叠，为害严重，11 月后进入越冬期。成虫夜间活动，趋光性弱，雌蛾产卵于叶背，散产或几粒在一起，每雌蛾可产卵 300～400 粒。幼虫 3 龄后卷叶取食，蛹化于卷叶、落叶中或根际表土中，结有白色薄茧。卵期 5～7d，幼虫期 9～16d，共 4 龄，蛹期 6～9d，成虫寿命 6～14d。

（五）防治措施

瓜果收摘完毕后，及时清理瓜地，消灭藏匿于枯藤落叶中的虫蛹。在幼虫发生初期，及时摘除卷叶，以消灭部分幼虫。药剂防治上，可在种群主体处于 1～3 龄时喷洒 100g/L 高效氯氰菊酯混 45％甲维·虱螨脲乳油 3 000 倍液或 10％甲维·茚虫威悬浮剂 1 000 倍液、5％氯虫苯甲酰胺悬浮剂 3 000 倍液、1.8％阿维菌素乳油 750 倍液、240g/L 甲氧虫酰肼乳油 1 000 倍液、2.5％多杀菌素悬浮剂 1 000 倍液、15％茚虫威悬浮剂 2 000 倍液等。

八、瓜蓟马

（一）为害特征

瓜蓟马成虫、若虫以锉吸式口器取食瓜类心叶、嫩芽、花器和幼果汁液，嫩叶、嫩梢受害，组织变硬缩小，茸毛变灰褐色或黑褐色，植株生长缓慢，节间缩短，幼瓜受害，果实硬化，瓜毛变黑，造成落瓜。

（二）形态特征

成虫体长 1mm，金黄色，头近方形，复眼稍突出，单眼 3 只，红色，排成三角形。单眼间鬃位于单眼三角形连线外缘。触角 7 节。翅 2 对，周围生有细长的缘毛。腹部扁长。卵长 0.2mm，长椭圆形，淡黄色。若虫黄白色，3 龄，复眼红色。

（三）发生规律

1 年发生 17～18 代，世代重叠，终年繁殖。3—10 月为害瓜类和茄子，冬季取食马铃薯等作物，每年有 3 个为害高峰期，即 5 月下旬至 6 月中旬、7 月中旬至 8 月上旬以及 9 月，尤以秋季发生普遍，为害严重。瓜蓟马成虫活跃、善飞、怕光，多在节瓜嫩梢或幼瓜的毛丛中取食，少数在叶背为害。雌成虫主要行孤雌生殖，偶有两性生殖；卵散产于叶肉组织内，每雌虫产卵 22～35 粒。若虫怕光，到 3 龄末期停止取食，坠落在表土。

（四）防治措施

适时栽植，避开为害高峰期；覆盖地膜，可减少瓜蓟马对瓜苗的为害；清除瓜田附近的野生茄科植物，减少虫源。蓝板诱杀成虫，每 10m 左右挂 1 块蓝色板，高于蔬菜 10～30cm，以减少成虫产卵为害。在瓜类 2～3 片真叶期至成株期发现叶心有 2～3 头蓟马时，应及时喷洒 25g/L 多杀霉素悬浮剂 1 500 倍液或 24％螺虫乙酯悬浮剂 2 000 倍液、15％唑虫酰胺乳油 1 500 倍液、10％烯啶虫胺可溶性液剂 2 500 倍液等，7～15d 喷 1 次，连防 3～4 次。穴盘育苗也可在定植时用 20％吡虫啉乳油 4 000 倍液或 25％噻虫嗪水分散粒剂 4 000 倍液蘸根，持效期为 1 个月。

九、红叶螨

（一）别名

朱砂叶螨、红蜘蛛。

（二）为害特征

以刺吸式口器在叶背面吸食汁液，当 1 片叶背面有 1～2 头叶螨为害时，叶正面显出黄、白斑点；有 4～5 头叶螨为害时，出现小红点；叶螨越多，红斑越大。随虫口增多，红叶面积逐渐扩大，直至全叶焦枯、脱落，严重时全株叶片脱落。

（三）形态特征

成虫体通常呈红色，形态类似梨形。体两侧有明显的黑色斑点。足部透明或乳白色且数量丰富，有助于其在植物上稳定站立。雌性成虫背面卵圆形，体两侧各有黑斑 1 个，体长 0.48mm，肤纹突三角形至半圆形。雄性的背面则略呈菱形，体长 0.36mm（包括喙），体宽 0.2mm；阳具端锤较小，背缘突起，两角皆尖，长度约等。红蜘蛛的生命周期包括卵、幼螨、第一若螨、第二若螨和成螨 5 个阶段。卵呈圆形，初产时为白色，表面有光泽。幼螨体长 0.14～0.15mm，体色可能从浅黄色变为深黄色，并可能出现红色。若螨体椭圆形，体色加深，体侧出现黑色斑点。成

174

螨体椭圆形，体色可随寄主而异，多为朱红色或锈红色。

（四）发生规律

红叶螨以雌螨在枯叶、土缝和杂草根部越冬。翌年日平均气温达 6℃时开始活动、取食。在华北地区，露地上的红叶螨 3—4 月开始为害植株，5—7 月为害最重，在大棚、温室内周年均可为害。红叶螨每年繁殖代数因气候条件而异，平均气温在 20℃以下时，完成 1 代需 17d 以上。红叶螨喜干旱，其繁殖最适相对湿度为 35%～55%。所以，干旱年份有利于红叶螨的大发生。温度达 30℃以上和相对湿度超过 70%时，不利于其繁殖。

（五）防治措施

彻底清洁田园，于秋末和早春清除田边、路边、渠旁杂草及枯枝落叶，结合冬耕冬灌，消灭越冬虫源。天气干旱时，注意灌溉，增加菜田湿度，创造不利于红叶螨发育繁殖的环境。提倡喷洒植物性杀虫剂，如 0.5%藜芦碱醇溶液 800 倍液或 0.3%印楝素乳油 1 000 倍液等。药剂可选用 15%阿维菌素·辛硫磷乳油 1 200 倍液或 25%丁醚脲乳油 800 倍液、20%阿维·乙螨唑悬浮剂 2 000 倍液、30%多杀·甲维盐悬浮剂 2 000 倍液等交替使用。

第二节　茄果类蔬菜主要病虫害及综合防控

一、茄果类蔬菜灰霉病

（一）症状

灰霉病在设施栽培茄果类蔬菜中发病较重。主要为害花、叶、果和茎。病害多从青果上残留的花瓣、花托侵入，再向果实、果柄延伸，被害的果皮呈白灰色软腐，表面出现灰绿色霉层。茎染病时表现为水渍状小斑，后扩展为长椭圆形，潮湿时病斑出现灰褐色霉层。叶片染病后自叶边缘向内呈 V 字形扩展，病斑有深浅相间轮纹，表面长有少量灰霉。

（二）发病条件

低温高湿、栽培过密、光照不足、通风不良、生长势弱时，易发病。温度高于 30℃或低于 4℃、湿度低于 93%时，病害受到控制。

（三）防治措施

加强田间管理，适当控制浇水，注意防寒保温，加强通风，及时清除病果，严防病源扩散。发病初期用 2%武夷菌素水剂 100 倍液或 50%腐霉利可湿性粉剂

1 500倍液、50％乙烯菌核利可湿性粉剂1 000倍液、50％扑海因可湿性粉剂1 500倍液、75％百菌清可湿性粉剂600倍液等交替使用，连防2～3次。

二、茄果类蔬菜黄萎病

（一）症状

茄果类蔬菜苗期易染黄萎病，田间多在坐果后表现症状。一般自下向上发展。初期叶缘及叶脉间出现褪绿斑，病株发病初期在晴天中午呈萎蔫状，早晚尚能恢复，经一段时间后不再恢复，叶缘上卷、变褐、脱落，病株逐渐枯死，叶片大量脱落呈光秆。剖视病茎，维管束变褐。有时植株半边发病，呈半边红或半边黄。此病对茄子生产危害极大，发病严重年份绝收或毁种。

（二）发病条件

黄萎病病菌以菌丝体、厚垣孢子或微菌核随病残体在土壤中越冬，可存活6～7年，可随耕作栽培活动及调种传播蔓延。病菌从根部伤口或根尖直接侵入，进入导管内向上扩展至全株，引致系统发病。发病适温为19～24℃。降水多、温度低于15℃且持续时间长，或者久旱后灌水不当、地温下降、田间湿度大，或者连作重茬病害发生重。

（三）防治措施

选用抗病品种。注意清洁田园，与非茄科蔬菜轮作；前茬收获后进行高温闷棚处理，再用50％多菌灵可湿性粉剂灌根，对茄子黄萎病防效在90％以上。药剂防治方面，发病初期提倡喷洒20％二氯异氰脲酸钠可湿性粉剂300～400倍液，隔10～15d喷1次，连喷2次，或者浇灌0.5％氨基寡糖素水剂200倍液、60％多菌灵盐酸盐可溶性粉剂600倍液、50％多菌灵磺酸盐可湿性粉剂700倍液、2.5％咯菌腈悬浮剂1 000倍液，每株灌兑好的药液100mL，隔5～7d灌1次。

三、番茄早疫病

（一）症状

番茄早疫病又叫轮纹病。在整个生育期都可发病，主要为害叶片、茎和果实。叶片被害时，初生褐色小斑点，逐步扩大成近圆形或椭圆形，病斑边缘黑褐色，具有同心轮纹，严重时植株下部叶片全部枯黄。茎部发病时，多在分枝处出现褐色椭圆形病斑，轮纹不明显，稍凹陷。果实发病时，多发生在蒂部，病斑近圆形，褐色或黑色，病斑凹陷，有同心轮纹。

（二）发病条件

早疫病对温度适应性较强，发病适宜温度为20～28℃。空气相对湿度在70％

时发病最快。此外，基肥不足、密度过大、植株生长势弱、棚膜有水滴都容易引发病害。

（三）防治措施

选用优良品种，进行种子消毒。忌连作，防湿度过大，合理密植，注意通风降湿，及时除去底部的老、病叶和病果；搞好棚室内的通风、透光、降湿，但同时还要保持温度不要太低；加强肥水管理，使植株长势壮旺，防止早衰及各种因素引起的伤口。药剂防治方面，预防时可以用75%百菌清可湿性粉剂600倍液喷施；发病初期用47%春雷霉素·氢氧化铜可湿性粉剂800～1 000倍液，50%甲霜灵锰锌可湿性粉剂或50%多菌灵可湿性粉剂500倍液，75%百菌清可湿性粉剂600倍液，也可用70%代森锰锌可湿性粉剂500倍液。

四、番茄晚疫病

（一）症状

番茄晚疫病主要为害叶、茎、果实，但以叶和青果受害严重。幼苗发病时，叶片出现暗绿色水渍状病斑，并向叶柄和茎发展，幼苗萎蔫，潮湿时病部边缘出现白色霉层；成株发病时，多先从下部叶片的叶尖、叶缘开始，初为暗绿色水渍状，后变为暗褐色，无轮纹，潮湿时叶背面沿病斑外缘生白色霉状物。茎染病时，病斑由水渍状变暗褐色、稍凹陷，植株萎蔫或由病部折断，病果质地硬而不软腐，潮湿时边缘有白色霉层。

（二）发病条件

低温高湿下发病严重。另外，通风不良、氮肥过多、植株徒长等均能导致病害发生。

（三）防治措施

选用抗病品种。清园，切断越冬病残体组织，合理密植，高垄栽培，控制湿度。药剂防治方面，预防时可采用40%精甲霜灵·百菌清悬浮剂1 000倍液或75%百菌清可湿性粉剂600倍液喷施；发病初期用40%乙磷锰锌可湿性粉剂300倍液、64%噁霜灵·代森锰锌可湿性粉剂500倍液、72.2%霜霉威水剂800倍液。

五、辣椒炭疽病

（一）症状

辣椒炭疽病主要为害叶、蔓和果实。受害叶片病斑近圆形，呈淡灰色至红褐色，外缘有晕圈，略呈湿润状，严重时叶片干枯。果受害时病斑近圆形，初期呈

177

淡绿色，后为黑褐色，病部稍凹陷，表面有粉红色黏稠物，易变形，后期常开裂。

（二）发病条件

炭疽病是由刺盘孢菌引起的真菌性病害。病菌生长适温 24℃，8℃以下、30℃以上停止生长。适宜发病的温度范围较大，在 10～30℃均可发病，其中 24℃发病重。病菌可随病残体在土壤中越冬，病菌也可附着在种子表面，田间架材和设施也可带菌，这些均是翌年病害的初侵染源。通常，在氮素施用过多、排水不良、通风透光差的地块发病严重。

（三）防治措施

选用抗病品种。增施磷、钾肥，清除病株，轮作倒茬；加强棚室温湿度管理；田间操作应在露水落干后进行，减少人为传播蔓延。药剂防治方面，喷施 1∶2∶100 波尔多液，或者 65%代森锌可湿性粉剂 500～800 倍液、70%代森锰锌可湿性粉剂 400 倍液，或者 70%甲基托布津可湿性粉剂 1 000 倍液，或者 80%炭疽福美可湿性粉剂 300 倍液，或者 70%代森锰锌可湿性粉剂 500 倍液＋50%炭疽福美可湿性粉剂 500 倍液，任选 1 种，轮换喷雾，严守安全间隔期。

六、茄果类蔬菜病毒病

（一）症状

茄果类蔬菜病毒病有多种不同的症状表现，常见的有花叶型、蕨叶型和条斑型3 种。当气温平均在 26℃时，最适合病毒病的发生。

（二）发病条件

病毒靠冬季尚还生存、保护地种植的蔬菜或多年生杂草、蔬菜种株做寄主存活越冬。翌年在现存活寄主上发病传播，再由蚜虫、粉虱取食传播。高温干旱有利于蚜虫繁殖和传毒，进而导致病毒病发生严重。管理粗放、田间杂草丛生和紧邻十字花科留种田的地块发病重。

（三）防治措施

选用抗病品种，防控烟粉虱和蚜虫。加强田间管理，及时整枝打杈，促进植株健壮，布置防虫网、黄蓝板、杀虫灯。药剂防治方面，苗期可选用 20%病毒 A 可湿性粉剂 500 倍液或 15%植病灵乳油 1 000 倍液进行喷施；定植后喷 10%吡虫啉可湿性粉剂 3 000～4 000 倍液，以防蚜虫传毒；发病时喷施 25%噻虫嗪水分散粒剂 2 000 倍液或 22.45%噻虫嗪·高效氯氟氰菊酯微囊悬浮剂 3 000 倍液、10%吡虫啉可湿性粉剂 1 000 倍液。

七、茄子褐纹病

(一) 症状

茄子幼苗及成株均可受害，主要为害茄子叶、茎、果实。幼苗染病时，多在幼茎与土表接触处，形成梭状水渍状病斑，逐渐成褐色凹陷斑，致幼苗倒折。大苗发病时，呈立枯状并在病部生有黑色小软粒，幼苗叶部亦可出现圆形白色小点扩大后呈不规则病斑，中部浅灰色，边缘褐色，病斑上有不规则宽纹状褐色小颗粒。茎被害时，病斑呈梭形，边缘深色，中间白色，上生有褐色小颗粒，由于皮层腐烂致使茎秆折断。果实受害时，出现圆形或椭圆形的淡黄色至黄褐色病斑，稍凹陷，其上生有轮状排列的小黑点，病斑使果实腐烂、脱落或干腐后挂在枝条上。

(二) 发病条件

病菌发育最适温度为 28～30℃，相对湿度高于 80%、连续阴雨条件下，病害容易流行。植株生长衰弱、多年连作、地势低洼、土壤黏重、排水不良、偏施氮肥，病害常偏重发生。

(三) 防治措施

选用抗病品种或无病种子。轮作倒茬。加强田间管理，选择地势高、干燥、排水良好地块种植，合理密植；施足底肥，配方施肥，勿偏施过施氮肥，适时喷施叶面肥；及时清除病残物；勤浇薄浇水，雨后注意清沟排渍。药剂防治方面，结果期发病前，喷洒 70%代森锰锌可湿性粉剂 500 倍液或 75%百菌清可湿性粉剂 600 倍液、56%百菌清·嘧菌酯悬浮剂 8 000 倍液、50%甲霜铜可湿性粉剂 500 倍液、58%甲霜灵锰锌可湿性粉剂 400 倍液，隔 7～10d 喷 1 次，连喷 2～3 次。结果后发病前，喷洒 75%百菌清可湿性粉剂＋70%甲基硫菌灵可湿性粉剂 1:1 混合剂1 000倍、75%百菌清可湿性粉剂 600 倍液。该病潜伏期较长，发病后再防效果差，应在发病前喷药预防。

八、茄子枯萎病

(一) 症状

茄子枯萎病病株的叶片自下而上逐渐变黄、枯萎，病症多表现在第一、第二层分枝上，有时同一叶片仅半边变黄，另一半健全如常。

(二) 发病条件

多年连作、排水不良、雨后积水、酸性土壤、地下害虫为害重、栽培上偏施氮肥等的田块发病较重。21℃以下或 33℃以上，病情扩展缓慢。

（三）防治措施

选用抗病品种，进行种子消毒。实行 3 年以上轮作。基肥应使用充分腐熟的有机肥料，采用配方施肥技术，适当增施钾肥，提高植株抗病力；新土育苗或床土消毒。药剂防治上，用 50％多菌灵可湿性粉剂 8～10g，加土拌匀，先将 1/3 药土撒在畦面上，然后播种，再把其余药土覆在种子上；发病初期喷洒 50％多菌灵可湿性粉剂或 36％甲基硫菌灵悬浮剂 500 倍液，此外可用 10％双效灵水剂或 12.5％增效多菌灵浓可溶剂 200 倍液灌根，隔 7～10d 灌 1 次，连续灌 3～4 次。

九、番茄潜叶蝇

（一）为害特点

幼虫潜入寄主叶片表皮下，曲折穿行，取食绿色组织，造成不规则的灰白色线状隧道。为害严重时，叶片组织几乎全部受害，叶片上布满蛀道，尤以植株基部叶片受害最为严重，甚至枯萎死亡。幼虫也可潜食嫩荚及花梗。成虫还可吸食植物汁液，使被吸处成小白点。多头幼虫侵害一片叶时，易使叶片枯萎。

（二）形态特征

成虫体长 4～6mm，头半圆形。雌虫额带宽，黄褐色，腹部较粗，单眼黄色。雄虫额带狭，暗褐色，单眼鲜红色。雌、雄虫前翅均黄褐色，其上有各色闪光，翅脉黄色。足的股节和胫节黄色，跗节黑色。卵长椭圆形，白色，表面有不规则纹。幼虫老熟时全体白色或黄白色，在叶表面褶皱处或果实中化蛹，蛹为红褐色或黑褐色。

（三）发生规律

5月中、下旬，越冬代成虫开始羽化产卵，幼虫孵化后很快钻入叶内为害，6月上、中旬是为害盛期。幼虫老熟后脱离叶片入土化蛹，7—9 月是第二至第三代幼虫期。全年以春季第一代幼虫为害严重。潜叶蝇飞行能力有限，自然扩散能力弱，主要靠卵和幼虫附着在寄主植物或盆栽植物的土壤、交通工具上等进行远距离传播。

（四）防治措施

加强肥水管理，雨后及时排出田间积水；收获结束后及时清除田间病残体并集中带出田外销毁。在成虫始盛期或盛末期在温室内设置诱杀点，每个点放置 1 张黄色诱蝇纸诱杀成虫。保护地栽培中使用防虫网或其他措施防止潜叶蝇的进入是一种较为有效的方法。发现有虫为害时，可采用50％灭蝇胺可湿性粉剂 3 000 倍液，或者 11％阿维·灭蝇胺悬浮剂 4 000 倍液，或者 5％阿维·高氯可湿性粉剂 3 000 倍液，或者 4.5％高效氯氰菊酯乳油 2 000 倍液，或者 5％甲氨基阿维菌素苯甲酸盐微乳剂 3 000 倍液等兑水喷雾，视虫情间隔 7～10d 喷 1 次。

十、斑潜蝇

（一）为害特点

幼虫潜入茄果类蔬菜叶片和叶柄处为害，因幼虫食叶肉而产生曲折蜿蜒的食痕，严重时潜痕密布，致叶片发黄、枯焦或脱落，花芽和果实被灼伤。

（二）形态特征

成虫翅长 1.3～2.3mm；除复眼、单眼三角区、后头及胸、腹部背面大体黑色，其余部分基本黄色；内、外顶鬃均着生在黄色区。卵椭圆形，米色，稍透明。幼虫初孵无色，渐变黄橙色，老熟时长约 3mm。蛹卵形，腹面稍扁平，橙黄色，大小（1.7～2.3）mm×（0.5～0.75）mm，橙黄色至金黄色，后气门 7～12 孔。

（三）防治方法

集中销毁或深埋残枝落叶；扣棚前深翻土地；培育无虫苗，杜绝虫苗进棚；释放姬小蜂、反颚茧蜂、潜蝇茧蜂，这 3 种寄生蜂对斑潜蝇寄生率较高；在温室、大棚内的通风口处设置防虫网，室内挂黄板或杀虫灯。药剂防治上，用 40％灭蝇胺可湿性粉剂 4 000 倍液或 1.8％阿维菌素乳油 4 000 倍液、70％吡虫啉水分散粒剂 4 000 倍液，发生高峰期隔 5～7d 防治 1 次，连续防治 2～3 次。

十一、棉铃虫

（一）为害特点

幼虫蛀食番茄植株的蕾、花、果，偶而蛀茎，并且食害嫩茎、叶和芽，主要为害果实。蕾受害后苞叶张开，变成黄绿色，2～3d 后脱落。幼果常被吃空或因引起腐烂而脱落，成果被蛀食果肉，蛀孔在蒂部使得雨水、病菌易侵入引起腐烂、脱落。

（二）形态特征

成虫体长 14～18mm，翅展 30～38mm，灰褐色；前翅具褐色环纹及肾纹，肾纹前方的前缘脉上有 2 条褐纹，肾纹外侧为褐色宽横带，端区各脉间有黑点；后翅黄白色或淡褐色，端区褐色或黑色。老熟幼虫体长 30～42mm，体色有淡绿色、淡红色至红褐色乃至黑紫色，常见的为绿色型及红褐色型；头部黄褐色，背线、亚背线和气门上线呈深色纵线，气门白色，腹足趾钩为双序中带；两根前胸侧毛连线与前胸气门下端相切或相交。卵长约 0.5mm，半球形，乳白色，具纵横网格。蛹长 17～21mm，黄褐色。

（三）防治方法

在菜田种植玉米诱集带，能减少番茄田棉铃虫的产卵量；利用频振式杀虫灯，防治茄果类蔬菜棉铃虫，兼治地下害虫效果好。在二代棉铃虫卵高峰后 3～4d 及 6～8d，连续 2 次喷洒细菌杀虫剂 1 000 倍液或棉铃虫核型多角体病毒，致幼虫大量染病死亡，也可用人工繁育的松毛虫赤眼蜂防治棉铃虫。药剂防治上，抓住卵孵化盛期至 2 龄盛期，即幼虫未蛀入果内之前施药，提倡喷洒 5％天然除虫菊素乳油 800 倍液或 1.8％阿维菌素乳油。

十二、茄果类蔬菜白粉虱

（一）为害特征

白粉虱成虫和若虫吸食植物汁液，被害叶片褪绿、变黄、萎蔫，甚至全株枯死。此外，由于其繁殖力强，繁殖速度快，种群数量庞大，群聚为害，并分泌大量蜜液，严重污染叶片和果实，往往引起煤污病的大发生，使产品失去商品价值。

（二）形态特征

成虫体长 1.0～1.5mm，淡黄色，翅面覆盖白蜡粉，俗称"小白蛾子"。卵长约 0.2mm，侧面观为长椭圆形，基部有卵柄，从叶背的气孔插入植物组织中。1 龄若虫体长约 0.29mm，长椭圆形；2 龄若虫体长约 0.37mm；3 龄若虫体长约 0.51mm，淡绿色或黄绿色，足和触角退化，紧贴在叶片上；4 龄若虫又称伪蛹，体长 0.7～0.8mm，椭圆形，初期体扁平，逐渐加厚呈蛋糕状（侧面观），中央略高，黄褐色。

（三）发生规律

白粉虱冬季在室外不能存活，以各种虫态在温室越冬并继续为害。成虫羽化后 1～3d 可交配产卵，平均每雌虫产卵 143 粒；也可孤雌生殖，其后代为雄性。成虫有趋嫩性，总是随着植株的生长在顶部嫩叶产卵。卵通过卵柄从气孔插入叶片组织中，与寄主植物保持水分平衡，不易脱落。若虫孵化后 3d 内在叶背可进行短距离游走，当口器插入叶组织后就失去了爬行的能力，开始营固着生活。白粉虱繁殖适温为 18～21℃，在温室中约 1 个月完成 1 代。温室中的白粉虱对黄色有强烈趋性，不善飞翔，向外扩散迁移慢，在菜田中多先点片发生，后逐渐蔓延扩散，虫口密度分布不均，成虫喜欢群集在茄果类等多种蔬菜的植株上部嫩叶背面，并把卵产在嫩叶上，随菜株生长成虫向上部转移，成虫和初产的卵多集中在上层嫩叶上，稍下部叶片上的多为变褐色的卵，再下部多为初龄若虫、中老龄若虫及蛹。

（四）防治措施

加强管理，使通风、透光良好，可减轻白粉虱的发生与危害；利用涂有机油的黄色板诱杀成虫；摘除老叶烧毁，因老龄若虫多分布在下部叶片，在茄果类蔬菜整枝打杈时，适当摘除部分枯黄老叶携出室外深埋或烧毁，以减少白粉虱种群数量。生育期进行药剂防治，1～2龄时施药效果好，可喷洒70%吡虫啉水分散粒剂3 000倍液，或者5%天然除虫菊素乳油1 000倍液，或者10%联苯菊酯乳油1 500倍液，或者1.8%阿维菌素乳油2 000倍液，或者25%噻嗪酮可湿性粉剂1 500倍液，或者亩用50%噻虫胺水分散粒剂6～8g喷雾，或者25%吡蚜酮可湿性粉剂2 000倍液，或者25%噻虫嗪水分散粒剂2 000倍液等；3龄及其以后各虫态的防治，最好用含油量为0.4%～0.5%的矿物油乳剂混用上述药剂，可提高杀虫效果；防虫同时需加入防病毒病药剂。

十三、番茄根结线虫

（一）症状

番茄根结线虫主要发生在番茄根部的须根或侧根上。病部产生肥肿畸形瘤状根结，解剖根结可见很小的乳白色线虫埋于其内。一般在根结之上可生出细弱新根，再度染病，则形成根结状肿瘤。轻病株地上部症状不明显；重病株矮小，发育不良，结实少，干旱时中午萎蔫或提早枯死。

（二）发病规律

根结线虫常以2龄幼虫或卵随病残体遗留在土壤中越冬，可存活1～3年。翌年条件适宜时，越冬卵孵化为幼虫，继续发育并侵入寄主，刺激根部细胞增生，形成根结。线虫发育至4龄时交尾产卵，雄虫离开寄主进入土中，不久即死亡。卵在根结里孵化发育，2龄后离开卵壳，进入土中进行再侵染或越冬。初侵染源主要是病土、病苗及灌溉水。土壤偏酸、板结及病枝残株清理不净、地势高燥、土壤质地疏松、盐分低的条件适宜线虫活动，有利于发病，连作地发病重。

（三）防治措施

选用无病土育苗；提倡采用高温闷棚防治保护地根结线虫和其他土传病害；合理轮作，提倡水旱轮作，最好与禾本科作物轮作。采用营养钵和穴盘无土育苗，这是防治根结线虫的一种重要措施，能防止番茄苗早期受到根结线虫为害，并且秧苗质量好于常规土壤育苗。病害发生时可每亩施用 30％噻唑磷微囊悬浮剂 1 000mL，或者 21％阿维·噻唑磷水乳剂 500～1 000mL，或者每株施用 41.7％氟吡菌酰胺悬浮剂 0.03mL 等进行根结线虫防治。

十四、蚜虫

（一）为害特征

成虫及若虫在茄果类蔬菜叶上刺吸汁液，造成叶片卷缩变形，嫩茎、嫩叶和花梗不能正常生长，使植株生长不良。此外，蚜虫传播多种病毒病，造成的危害远远大于蚜害本身。

（二）形态特征

无翅孤雌蚜体长 2.6mm，宽 1.1mm。体淡色，头部深色，体表粗糙，但背中域光滑，第七、第八腹节有网纹。额瘤显著，中额瘤微隆起。触角长 2.1mm，第三节长 0.5mm，有毛 16～22 根。腹管长筒形，端部黑色，为尾片的 2.3 倍。尾片黑褐色，圆锥形，近端部 1/3 收缩，有曲毛 6～7 根。有翅孤雌蚜头、胸部黑色，腹部淡色。触角第三节有小圆形次生感觉圈 9～11 个。腹部第四至第六节背中融合为 1 块大斑，第二至第六节各有大型缘斑，第八节背中有 1 对小突起。

（三）发生规律

在茄果类蔬菜保护地，蚜虫终年在蔬菜上胎生繁殖，不越冬。翌春 4 月下旬产生有翅蚜，迁飞至已定植的蔬菜上继续胎生繁殖，至 10 月下旬进入越冬。靠近桃树时，亦可产生有翅蚜，飞回桃树交配、产卵、越冬。桃蚜的发育起点温度为 4.3℃，发育最适温为 24℃，高于 28℃则不利。因此，在我国北方地区，春、秋季为两个发生高峰期。桃蚜对黄色、橙色有强烈的趋性，而对银灰色有负趋性。

（四）防治措施

蔬菜收获后，及时处理残败叶，清除田间、地边杂草；保护地栽培可采取高温闷棚法，先用塑料膜将棚室密闭 5d，消灭棚室中的虫源。蚜虫发生较少时，采用药剂控制蚜虫的为害，药剂选用 10％烯啶虫胺水剂 5 000 倍液，或者 3％啶虫脒乳油 1 500 倍液，或者 10％氟啶虫酰胺水分散粒剂 4 000 倍液，或者 10％吡虫啉可湿性粉剂 2 000 倍液，或者 25％噻虫嗪可湿性粉剂 3 000 倍液，或者 2.5％高效氯氟氰菊酯乳油 2 000 倍液，或者 2.5％溴氰菊酯乳油 2 500 倍液，或者 10％高效氯氰菊酯乳油 3 000 倍液等兑水均匀喷雾，视虫情间隔 5～7d 喷 1 次。

第三节　叶菜类蔬菜主要病虫害及综合防控

一、白菜软腐病

（一）症状

白菜软腐病为白菜常发性病害，分布广泛，一般零星发病，轻度影响白菜生产，严重时发病率可达20％以上。从莲座期到包心期均有发生，外叶呈萎蔫状，莲座期可见菜株于晴天中午萎蔫，但早晚恢复，持续几天后，病株外叶平贴于地面，心部或叶球外露，叶柄茎或根茎处髓组织溃烂，流出灰褐色黏稠状物，轻碰病株即倒折溃烂。病菌由菜帮基部伤口侵入，形成水浸状浸润区，逐渐扩大后变为淡灰褐色，病组织呈黏滑软腐状；病菌由叶柄或外部叶片边缘，或者叶球顶端伤口侵入，引起腐烂。腐烂的病叶经日晒逐渐失水变干，呈薄纸状，紧贴叶球。腐烂处均产生硫化氢恶臭味，是本病重要特征，有别于黑腐病。软腐病在白菜储藏期可继续扩展，造成烂窖。

（二）发病条件

病菌主要在病株、种株上及随土中未腐烂的病残体越冬，也可在害虫体内越冬。在温暖地区，病菌无明显越冬期。病菌在田间通过雨水、浇水、昆虫、带菌肥料等传播，重复侵染。病菌生长发育温度为2～40℃，最适温度25～30℃，致死温度50℃。病菌不耐光或干燥，日光下暴晒2h即大部分死亡，在脱离寄主的土中只能存活15d左右。田间发病情况与害虫、天气和管理造成的伤口数量有关。白菜生长后期高温多雨，病虫及人为造成的伤口多，叶球内长时间结水，病害发生较重。地势低洼，积水，管理粗放，或者前茬作物残体未彻底清除就整地种植，病害发生严重。

（三）防治措施

尽可能与禾本科、豆科作物轮作，避免与葫芦科和十字花科蔬菜连作。加强管理，适时浇水施肥和防治害虫，减少各种伤口。发病后及时清除病株，并注意浇水。用1％中生菌素水剂60倍液拌种。发病初期，可选用47％春雷·王铜可湿性粉剂400～600倍液，或者3％四霉素水剂800倍液，或者2％春雷霉素可湿性粉剂800～1 000倍液，或者58.3％氢氧化铜干悬浮剂600～800倍液，或者25％噻枯唑可湿性粉剂800倍液，或者30％络氨铜水剂350倍液等，隔7～10d防治1次，视病情防治1～3次。

二、白菜褐腐病

（一）症状

白菜苗期染病引起立枯病，成株染病引起褐腐病。发生在白菜幼苗出土过程中或出土后，幼茎中下部变褐、缢缩，严重时植株干枯后死亡，造成死苗或缺苗断垄。该病主要为害叶面，被害叶初期现出水烫状湿腐型病斑，后病斑扩大为不定形，早露未干时，病部呈灰绿色，干燥时病部转呈灰白色，严重时叶片腐烂，仅残留主脉，有的叶柄或茎部也腐烂，在湿腐患部可见蛛丝状的菌丝缠绕并逐渐纠结成疏松的白色菌丝团，后变为棕褐色的老熟菌核。褐腐病在大白菜上的表现为叶柄外壁接近地面菜帮上，生有褐色或黑褐色凹陷斑，周缘不明显，湿度大时，病斑上出现褐色或者黄褐色蛛网状菌丝及菌核，发病重的叶柄基部逐渐腐烂，或者病叶发黄、脱落。

（二）发病条件

病菌以菌核或厚垣孢子在土壤中休眠越冬，翌年地温高于10℃时开始发芽，进入腐生阶段，白菜播种后遇有适宜发病条件，病菌从根部的气孔、伤口或表皮直接侵入，引起发病。之后，病部长出菌丝继续向四周扩展，形成子实体，产生担孢子在夜间飞散，落到植株叶片上以后，产生病斑。此外，该病还可通过雨水、灌溉水、肥料或种子传播蔓延。高温、连雨天气多、光照不足、幼苗抗性差或反季节栽培，易染病。菜地积水或湿度大、通透性差、栽培过深、培土过多过湿、施用未充分腐熟的有机肥，发病重。

（三）防治措施

根据当地气候，因地制宜确定适宜播种期，不宜过早播种。播种后若遇连续几天高温天气，应及时浇水降低地温，控制该病发生。摘除近地面病叶片，携出田外深埋或销毁。发病初期喷洒240g/L噻呋酰胺悬浮剂1 000倍液，或者70%甲基硫菌灵可湿性粉剂500倍液，或者20%氟酰胺可湿性粉剂800倍液，或者2.5%咯菌腈悬浮剂1 500倍液，或者25%吡唑醚菌酯乳油2 000倍液，或者0.3%四霉素水剂1 000倍液，或者80%代森锰锌可湿性粉剂600倍液等，隔10d喷1次，连续喷施2～3次。

三、白菜猝倒病

（一）症状

白菜在出苗期或6～7片真叶期，在茎基部靠近地面处产生水渍状斑，后缢缩、折倒或萎蔫，湿度大时病部或者土表生有白色棉絮状物，即病菌菌丝、孢囊柄和孢子囊。

（二）发病条件

引起猝倒病的病菌有瓜果腐霉、异丝腐霉、宽雄腐霉、畸雌腐霉、刺腐霉，均属于鞭毛菌亚门真菌。病原以卵孢子在病残体或12～18cm深表土层越冬，并在土中长期生存，也可以菌丝在土中营腐生生活。春天遇到适宜条件时，萌发产生孢子囊，以游动孢子或芽管侵入寄主。病原侵入后，在皮层薄壁细胞中扩展，菌丝蔓延于细胞间或细胞内，之后在病组织内形成卵孢子越冬。田间的再侵染主要靠病苗上产出的孢子囊及游动孢子，借灌溉水或雨水溅附到贴近地面的根茎上，引致更严重的损失。

（三）防治措施

选择地势高、地下水位低、排水良好的地块做苗床，播前一次灌足底水，出苗后尽量不浇水，必须浇水时一定选择晴天浇小水，不宜大水漫灌。必要时选用722g/L霜霉威盐酸盐水剂 1 000 倍液、30％甲霜·噁霉灵水剂 2 000 倍液、60％氟吗·锰锌水分散粒剂 700 倍液等兑水喷淋幼苗。

四、白菜菌核病

（一）症状

储藏期白菜帮及田间植株均可受害。幼苗期轻病株无明显症状，重病株根茎腐烂并生有白霉，田间栽植后病情不断扩展，至抽薹后达到高峰。病株茎秆上出现浅褐色凹陷病斑，后转为白色，终致皮层腐朽，纤维散离成乱麻状，茎腔中空，内生黑色鼠粪状菌核。在高湿条件下，病部表面长出白色棉絮状菌丝和黑色菌核。受害轻的烂根，致发育不良或烂茎，植株矮小，产量降低；受害严重的茎秆折断，植株枯死。

（二）发病条件

病菌主要以菌核混在土壤中或附着在采种株上、混杂在种子间越冬，在春、秋两季多雨潮湿时，菌核萌发，产生子囊盘放射出子囊孢子，借气流传播。子囊孢子在衰老的叶片上进行初侵染引起发病，后病部长出菌丝或菌核。在田间主要以菌丝通过病、健株或病、健组织之间的接触进行再侵染，到生长后期又形成菌核越冬。白菜菌核病属子囊孢子气传病害，其特点是气传的子囊孢子致病力强，从寄主的花、衰老叶或伤口侵入。菌丝生长发育和菌核形成适温为 $0 \sim 30 ℃$，菌核不休眠，在潮湿土壤中菌核能存活 1 年，在干燥土中可存活 3 年。

（三）防治措施

选用抗病品种。轮作，深翻及加强田间管理，最好能与禾本科作物进行隔年轮作。收获后及时翻耕土地，将子囊盘埋入土中 12cm 深以上，使其不能出土。合理密植，施足腐熟有机肥或农家肥，合理施用氮肥，增施磷肥、钾肥。发病初期喷洒50％腐霉利可湿性粉剂 500 倍液，或者 50％异菌脲可湿性粉剂 500～750 倍液，或者 50％多·霉威可湿性粉剂 1 000 倍液，或者 40％菌核净可湿性粉剂 800 倍液，或者 35％多菌灵磺酸盐悬浮剂 500 倍液，或者 50％腐霉利·多菌灵可湿性粉剂 500 倍液等，每隔 7～10d 喷 1 次，根据病情喷 1～3 次。

五、白菜白斑病

（一）症状

白斑病主要为害白菜叶片，特别严重时易侵染叶柄，大白菜、普通白菜等受害较重。叶片病斑初为浅绿色小点，逐渐变成灰白色至灰褐色近圆形斑，之后发展成大小不等、形状各异的不定形略凹陷病斑。空气潮湿时，病斑表面产生稀疏的灰白色霉状物，即病菌分生孢子梗和分生孢子。空气干燥时，病部组织干缩、变薄，破裂或穿孔。病害严重时，叶片上病斑密布，相互连接，致叶片枯黄、坏死。

（二）发病条件

病菌主要以菌丝和菌丝块随病残组织越冬。翌年条件适宜时，产生分生孢子，通过浇水或降雨飞溅形成初侵染，发病后产生分生孢子借风雨传播进行多次再侵染。病菌对温度要求不严格，5～28℃均可发病，适宜温度为 11～23℃。旬平均温度 23℃左右，相对湿度高于 62％或降水量超过 16mm，雨后 12～16d 即开始发病。白菜生长期低温多雨或在梅雨季后，发病普遍。此外，该病与品种、栽种时间、地势、是否连作等直接相关，一般土壤黏重、地势低洼、种植期正逢雨季或与白菜类蔬菜连作，发病严重。本病病症常因品种及发病条件的不同有急性型或低温型之别。

（三）防治措施

因地制宜，选用适宜的抗病品种。平整土地，重病区实行与非白菜类蔬菜 2～3 年轮作；避开雨季，适期栽种，增施底肥，生长期加强管理，避免田间积水。发病初期进行药剂防治，可选用 50％异菌脲可湿性粉剂 750 倍液，或者 25％嘧菌酯悬浮剂 1 000～1 500 倍液，或者 80％代森锰锌可湿性粉剂 500～600 倍液，或者 25％吡唑醚菌酯乳油 1 500～2 000 倍液，或者 32.5％苯甲·嘧菌酯悬浮剂 1 500 倍液等兑水喷雾，10～15d 防治 1 次，根据病情防治 1～3 次。

六、菜蛾

（一）为害特征

菜蛾初龄幼虫仅能取食叶肉，留下表皮，在菜叶上形成一个个透明的斑，俗称"开天窗"。3～4 龄幼虫可将菜叶食出孔洞和缺刻，严重时全叶被吃成网状。在苗期常集中为害心叶，影响包心。在留种菜上，为害嫩茎、幼荚和籽粒，影响结实。

是我国南方地区十字花科蔬菜上最普遍、最严重的害虫之一。

（二）形态特征

成虫体长 6～7mm，翅展 12～16mm；两翅合拢后在体背具 3 个相连的土黄色斜方块，前翅缘毛长并翘起，如鸡尾；触角丝状，褐色有白纹，静止时向前伸；雌虫较雄虫肥大。卵椭圆形，稍扁平，淡黄色。幼虫刚孵化时为深褐色，后变为绿色，性情活泼；雄虫腹部第六至第七节背面具 1 对黄色性腺。末龄幼虫体长 10～12mm，纺锤形，体表生有稀疏、长而黑的刚毛；头部黄褐色，前胸背板上有淡褐色无毛的小点，组成两个 U 形纹。蛹长 5～8mm，在灰白色网状茧中，茧呈纺锤形，体色变化较大，呈绿色、黑色、灰黑色、黄白色等。

（三）发生规律

菜蛾在北方以蛹越冬，翌春 5 月羽化。成虫昼伏夜出，白天仅在受惊扰时，在株间做短距离飞行。成虫产卵期可达 10d，平均每雌蛾产卵 100～200 粒，卵散产或数粒在一起，多产于叶背脉间凹陷处。卵期 3～11d。初孵幼虫潜入叶肉取食，2 龄初从隧道中退出，取食下表皮和叶肉，留下上表皮，呈"开天窗"状；3 龄后可将叶片吃成孔洞，严重时仅留叶脉。幼虫很活跃，遇惊扰即扭动、倒退或翻滚落下。幼虫共 4 龄，发育历时 12～27d。老熟幼虫在叶脉附近结薄茧化蛹，蛹期约 9d。菜蛾的发育适温为 20～30℃，于 5—6 月及 8 月（也正是十字花科蔬菜大面积栽培季节）出现两个发生高峰，以春季为害重。

（四）防治措施

合理布局，尽量避免小范围内十字花科蔬菜周年连作，以免虫源周而复始。对苗田加强管理，及时防治，避免将虫源带入本田。蔬菜收获后，要及时处理残株败叶或立即翻耕，可消灭大量虫源。菜蛾有趋光性，在成虫发生期，每 10 亩菜地设置 1 盏黑光灯，可诱杀大量菜蛾，减少虫源。提倡用苏云金杆菌防治菜蛾，于幼虫 1～2 龄前用 Bt 乳剂，兑水 500～1 000 倍液，约每毫升 1 亿孢子，可使小菜蛾幼虫大量感病死亡。在卵孵盛期至 2 龄幼虫发生期，往叶背或心叶喷洒 10%溴虫腈悬浮剂 1 000 倍液，或者 5%阿维菌素乳油 800 倍液，或者 5%虱螨脲悬浮剂 1 500 倍液，或者 20%氯虫苯甲酰胺悬浮剂 2 000 倍液，或者 15%茚虫威悬浮剂 1 500 倍液等。防治菜蛾时，忌单一种类农药常年连续使用，提倡采用生物防治，减少对化学农药的依赖性。必须使用化学农药时，一定要做到交替使用或混用，以减缓抗药性产生。

七、菜青虫

（一）为害特征

菜青虫幼虫食叶，2 龄前只能啃食叶肉，留下一层透明的表皮。3 龄后可蚕食整个叶片，造成孔洞和缺刻。老龄幼虫取食迅速，食量大，轻则虫口累累，重则仅剩下叶脉。幼苗受害严重时，整株死亡，若防治失时，常造成严重减产。此外，造成的伤口易引起软腐病。

（二）形态特征

成虫为白色中型的蝴蝶。雌虫前翅前缘和基部大部分为灰黑色，翅顶角处有1个三角形黑斑，中央外侧有2个显著的黑色圆斑。雄虫前翅颜色比较白，翅顶角处的三角形黑斑颜色浅而且也比较小。卵直立，似瓶状，高约1mm，初产时乳白色，后变为橙黄色，表面具纵脊和横格。幼虫共5龄，青绿色，背线淡黄色，腹面绿白色，体表密布细小黑色毛瘤。蛹纺锤形，两头尖细，中间膨大具有棱状突起，初蛹多为绿色，以后变为灰黄色、青绿色、灰褐色、淡褐色、灰绿色等。

（三）发生规律

菜青虫在各地均以蛹越冬，有滞育性。越冬场所多在秋菜田附近的房屋墙壁、篱笆、风障、树干上，也有的在砖石、土缝、杂草或残株落叶间，一般在干燥背阴面。由于越冬场所不同，羽化期可长达1个月之久，造成世代重叠，防治困难。菜青虫虫口随春季天气变暖而逐渐上升，春夏之交达到最高峰，到盛夏或雨季，由于高温多湿、天敌增多等因素，虫口迅速下降，到秋季又略有回升。1~3龄幼虫进入暴食期，食量占幼虫期总食量的80%以上。老熟幼虫多在叶片上化蛹，化蛹时以腹部末端粘在附着物上，并吐丝束缚身体。蛹的发育起点温度为7℃。菜青虫发育最适温度为20~25℃，相对湿度76%左右，与十字花科蔬菜栽培的适宜条件一致。

（四）防治措施

全程覆盖防虫网可减少菜青虫数量。保护菜青虫天敌昆虫，对菜青虫数量控制也十分重要，利用其天敌，可以把菜青虫数量长期控制在一个低水平、不引起经济损失、不造成为害的状态。可用菜青虫颗粒体病毒防治菜青虫，每亩用染有此病毒的5龄幼虫尸体10~30条（3~5g），捣烂后兑水40~50L，于1~3龄幼虫期、百株有虫10~100头时，喷洒到十字花科蔬菜叶片两面：白菜从定苗至收获共喷1~2次，花椰菜、甘蓝、芥蓝从定植至收获共喷3~4次，每次间隔15d。提倡采用昆虫生长调节剂，如20%除虫脲悬浮剂或25%灭幼脲3号悬浮剂600~1 000倍液，这类药一般作用缓慢，通常在虫龄变更时才使害虫死亡，因此应提前几天喷洒，药效可持续15d左右。药剂防治上，还可选用15%茚虫威悬浮剂2 000倍液，或者1.8%阿维菌素乳油1 000倍液，或者20%抑食肼可湿性粉剂1 000倍液，或者10%氯氰菊酯乳油2 000倍液，或者2.5%多杀菌素悬浮剂1 500倍液等。

八、斜纹夜蛾

(一) 为害特征

斜纹夜蛾幼虫以食叶为主，也咬食嫩茎、叶柄，造成缺刻或孔洞。大面积发生时，常把叶片和嫩茎吃光，造成严重损失。

(二) 形态特征

成虫体长 14～20mm，翅展 35～41mm；头、胸、腹部均深褐色，胸部背面有白色丛毛，腹部前 3 节背面中央具有暗褐色丛毛。前翅灰褐色，斑纹复杂，内横线及外横线灰白色，波浪形，中间有白色条纹，在环状与肾纹间，自前缘向后缘外方有 3 条白色斜线；后翅白色，无斑纹；前、后翅表面常有水红色至紫红色闪光。卵粒半球形，直径 0.4～0.5mm，初产黄白色，后转为淡绿色，孵化前紫黑色。卵粒集结成 3～4 层的卵块，外覆灰黄色的疏松绒毛。老熟幼虫体长 35～51mm，头部黑褐色，胸、腹部颜色因寄主和虫口密度不同而异，包括土黄色、青黄色、灰褐色或暗绿色，背线、亚背线及气门下线均为灰黄色及橙黄色。从中胸至第九腹节在亚背线内侧有三角形黑斑 1 对，其中第一、第七、第八腹节的最大。胸足近黑色，腹足暗褐色。蛹长 15～20mm，赤褐色至暗褐色，腹部第一至第三节背面光滑，第四至第七节背面近前缘处密布圆形刻点；气门黑褐色，椭圆形隆起，前缘很宽，后缘锯齿状；腹部气门后缘为锯齿状，其后有一凹陷的空腔；腹部末端有 1 对弯曲的粗刺，刺基分开，尖端不呈钩状。

(三) 发生规律

第一代盛蛾期为 6 月中、下旬，多在蔬菜、绿肥作物上为害，第二代为 5 月下旬至 6 月上旬，第三至第五代分别发生于 7 月上、中旬，8 月上中旬和 9 月上、中旬，10—11 月还可以发生第六代。幼虫由于取食不同类型食料，发育程度参差不齐，造成世代重叠现象严重。斜纹夜蛾是一种喜温性害虫，其生长发育最适宜温湿度条件为温度 28～30℃、相对湿度 75％～85％。38℃以上高温和冬季低温，对卵、幼虫和蛹的发育都不利。当土壤湿度过低，含水量在 20％以下时，不利于幼虫化蛹和成虫羽化。1～2 龄幼虫如遇暴风雨则大量死亡。蛹期大雨、田间积水也不利于羽化。田间水肥好、作物生长茂盛的田块，虫口密度往往较大。土壤含水量在 20％以下对化蛹、羽化均不利。

(四) 防治措施

及时翻犁空闲田，铲除田边杂草。在幼虫入土化蛹高峰期，结合农事操作进行中耕灭蛹，降低田间虫口基数。在斜纹夜蛾化蛹期，结合抗旱进行灌溉，可以淹死大部分虫蛹，降低虫口基数。在斜纹夜蛾产卵高峰期至初孵期，人工摘除卵块和初孵幼虫为害的叶片，带出田外集中销毁。合理安排种植茬口，避免斜纹夜蛾寄主作物连作。成虫盛发期，采用荧光灯、糖醋酒液诱杀成虫。在卵块孵化到 3 龄幼虫前，药剂方面可用 1.8％阿维菌素乳油 1 000～1 500 倍液，或者 20％氰戊菊酯乳油 1 500 倍液，或者 10％高效氯氰菊酯乳油 1 000 倍液，或者 2.5％溴氰菊酯乳油 1 000 倍液，或者 5％氟氯氰菊酯乳油 1 500 倍液，或者 20％甲氰菊酯乳油 3 000 倍液，或者 45％甲维·虱螨脲悬浮剂 3 000 倍液，或者 10％甲维·茚虫威悬浮剂 1 000倍液等，用药时可加入有机硅展着剂增加药效。由于幼虫白天不出来活动，喷药宜在午后及傍晚进行。每隔 7～10d 喷施 1 次，连用 2～3 次。

九、甘蓝夜蛾

（一）为害特征

甘蓝夜蛾初孵幼虫群集在蔬菜叶背啃食叶片，残留表皮；稍大时渐分散，被食叶片呈小孔、缺刻状。大龄幼虫可钻入叶球为害，并排泄大量虫粪，使叶球因污染而腐烂。

（二）形态特征

成虫体长 20mm，翅展 45mm，棕褐色；前翅中部近前线处有 1 条明显的灰黑色环纹，1 条灰白色肾纹，外缘有 7 个黑点，前缘近端部有等距离的白点 3 个；后翅外缘有 1 个小黑斑。卵半球形，表面具放射状的纵脊和横格；初产时黄白色，孵化前变紫黑色。幼虫头部黄褐色，胸、腹部背面黑褐色，腹面淡灰褐色，前胸背板梯形，各节背面具黑色倒"八"字纹。蛹赤褐色至棕褐色，臀棘较长，末端着生 2 根长刺，刺的末端膨大呈球形。

（三）发生规律

在青海省东部农业区发生较为普遍。地区不一样，发生代数也不一样，在青海省东部农业区从南到北逐渐减少，最多达 4 代，一般发生 2 代。成虫于 5 月下旬开始羽化，昼伏夜出，一般产卵于叶子茂密、植株高大的作物叶子表面，每雌虫产卵量常达 150 粒，最高达 500 粒。食物缺乏时有成群迁移习性。幼虫老熟后入土结茧化蛹。甘蓝夜蛾的发生往往出现间歇性暴发和局部暴发。

（四）防治措施

有条件的地区可以在栽培中使用防虫网。蔬菜生长期间结合管理，人工摘除卵块和初孵幼虫为害的叶片，集中处理。栽培结束后及时秋耕、冬耕，可杀死部分越冬蛹。可采用糖醋液诱杀，糖、醋、水的质量比为 6∶3∶1，再加入少量的敌百虫。药剂上，可选用 5％丁烯氟虫腈乳油 3 000 倍液，或者 22％氰氟虫腙悬浮剂 3 000 倍液，或者 15％茚虫威悬浮剂 4 000 倍液，或者 5.1％甲维·虫酰肼乳油 4 000倍液，或者 25％灭幼脲胶悬剂 3 000 倍液，或者 100g/L 三氟甲吡醚乳油

4 000倍液，或者1.8%阿维菌素乳油3 000倍液，或者60g/L乙基多杀菌素悬浮剂
2 000倍液，视虫情间隔10～15d喷1次。

十、菜叶蜂

（一）为害特征

菜叶蜂幼虫为害蔬菜叶片，造成孔洞或缺刻，为害留种株的花和嫩荚，少数可啃食根部，影响蔬菜作物生长。虫口密度大时，仅几天即可造成严重损失。

（二）形态特征

成虫体长6～8mm，头部和中、后胸背面两侧为黑色，其余橙蓝色；翅基半部黄褐色，向外渐淡，至翅尖透明，前缘有一黑带与翅痣相连；触角黑色，雄性基部两节淡黄色。蛹头部黑色，蛹体初为黄白色，后转为橙色。幼虫头部黑色，胴部蓝黑色，各体节具很多皱纹及许多小突起。卵近圆形，卵壳光滑，初产时乳白色，后变为淡黄色。

（三）发生规律

菜叶蜂以蛹在土中做茧越冬。第一代发生于5月上旬至6月中旬，第二代发生于6月上旬至7月中旬，第三代发生于7月上旬至8月下旬，第四代发生于8月中旬至10月中旬。老熟幼虫入土筑茧化蛹越冬，每年春、秋季形成两个发生高峰，以秋季8—9月最为严重。成虫在晴朗高温的白天极为活跃，交配产卵，卵产入叶缘组织内呈小隆起，常在叶缘排成一排。幼虫共5龄，发育历期10～12d。幼虫早晚活动取食，有假死性。

（四）防治措施

蔬菜收获后及时中耕、除草，使虫茧暴露或被破坏，能减少虫源。在幼虫发生初期，可采用5.1%甲维·虫酰肼乳油4 000倍液，或者1.8%阿维·鱼藤酮乳油3 000倍液，或者32%丙溴·氟铃脲乳油5 000倍液，或者0.5%藜芦碱醇溶液2 000倍液等兑水喷雾，间隔7～10d喷1次。

十一、甘蓝蚜

（一）为害特征

甘蓝蚜喜在叶面光滑、蜡质较多的十字花科蔬菜上刺吸植物汁液，造成叶片卷缩变形、植株生长不良，影响包心，并因大量排泄蜜露、蜕皮而污染叶面。能传播病毒病，造成的损失远大于蚜虫的直接为害。

（二）形态特征

有翅胎生雌蚜体长约 2.2mm，头、胸部黑色，腹部黄绿色，有数条不明显的暗绿色横带，两侧各有 5 个黑点，全体覆有明显的白色蜡粉，无额瘤，腹管远比触角第五节短，中部膨大。无翅胎生雌蚜体长约 2.5mm，体暗绿色，腹背各节有断续暗带，全体覆有明显白色蜡粉，触角无感觉圈，无额瘤，腹管似有翅型。

（三）发生规律

甘蓝蚜在北方地区每年发生 8～20 代，以卵在植株近地面根茎凹陷处、叶柄基部和叶片上越冬。在 4 月下旬孵化，5 月中旬产生有翅蚜，5 月下旬至 6 月初陆续迁飞到春夏十字花科蔬菜及春油菜上大量繁殖为害。甘蓝蚜一般在春、秋季的危害较重，在温暖地区，全年可以孤雌胎生繁殖。对寄主的选择上，偏嗜叶面光滑无毛的甘蓝、花椰菜等。所以，在北方地区，这些作物春、秋两茬大面积栽培时，甘蓝蚜也在春、秋形成两次发生高峰。

（四）防治措施

及时处理残株败叶，铲除杂草并带出田外集中处理。保护天敌昆虫，在田间设置黄板诱杀。药剂上，可用 240g/L 螺虫乙酯悬浮剂 5 000 倍液，或者 10％氟啶虫酰胺水分散粒剂 4 000 倍液，或者 10％吡虫啉可湿性粉剂 2 000 倍液，或者 50％抗蚜威可湿性粉剂 2 000 倍液，或者 25％噻虫嗪可湿性粉剂 3 000 倍液，或者 10％氯噻啉可湿性粉剂 2 000 倍液，或者 3.2％烟碱川楝素水剂 300 倍液，或者 0.5％藜芦碱可湿性粉剂 3 000 倍液，或者 1.3％苦参碱水剂 500 倍液，或者 5％鱼藤酮微乳剂 800 倍液等喷雾，视虫情间隔 7～10d 喷 1 次。

十二、蜗牛

（一）为害特征

蜗牛初孵幼贝只取食蔬菜叶肉，稍大后刮食叶、茎，形成孔洞或缺刻，造成叶片、茎秆破损，僵苗迟发，成苗率下降。严重时将幼苗咬断，全部吃光，造成缺苗断垄。

（二）形态特征

同型巴蜗牛贝壳中等大小，壳质厚，坚实，呈扁球形。壳高 12mm，宽 16mm，具 5～6 个螺层，顶部螺层增长稍慢，略膨胀，螺旋部低矮，体部螺层生长迅速，膨大快。头发达，上有 2 对可翻转缩回的触角。壳面红褐色至黄褐色，具细致而稠密的生长线。卵圆球形，直径 2mm，乳白色有光泽，渐变为淡黄色，近孵化时为土黄色。

灰巴蜗牛贝壳中等大小，壳质稍厚，坚固，呈圆球形。壳高 19mm，宽

21mm，有 5.5～6 个螺层，顶部几个螺层增长缓慢，略膨胀，体部螺层急剧增长，膨大。壳面黄褐色或琥珀色，并具有细致而稠密的生长线和螺纹。壳顶尖，缝合线深。壳口呈椭圆形，口缘完整，略外折，锋利，易碎。轴缘在脐孔处外折，略遮盖脐孔。脐孔狭小，呈缝隙状。个体大小、颜色变异较大。卵圆球形，白色。

（三）发生规律

各菜区蜗牛每年发生 1 代。以成贝和幼贝越冬。越冬场所多位于潮湿阴暗处，如菜田的草堆下、石块下、土缝中。3 月初开始活动取食，4—5 月成贝交配产卵。因为蜗牛雌雄同体，除异体交配受精外，也可以自体受精繁殖。每只成贝可产卵30～235 粒，并能多次产卵。蜗牛喜阴湿，如遇雨天，昼夜活动为害，干热时昼伏夜出，干旱或气候不良时，分泌黏液形成蜡状膜将口封住，隐蔽起来不活动，干旱过后又恢复活动。蜗牛的天敌很多，如步行虫、青蛙等，天敌数量多时，可减轻蜗牛的危害。灰巴蜗牛每年繁殖 1～2 次，卵产于草根、农作物根部土壤中、石块下或土缝里。

（四）防治措施

采用清洁田园、铲除杂草、及时中耕、排干积水等措施。秋季耕翻，使部分越冬成虫、幼虫暴露于地面冻死或被天敌啄食，卵被晒爆。用树叶、杂草、菜叶等在菜田做诱集堆，天亮前集中捕捉。在沟边、地头或作物间撒石灰带，每亩施用生石灰 50～75kg，保苗效果良好。每亩用 6％四聚乙醛颗粒剂 0.5～0.7kg 与 10～15kg 细干土混合，均匀撒施，或者与豆饼粉、玉米粉等混合做成毒饵，于傍晚施于田间垄上诱杀。当清晨蜗牛未潜入土时，用氨水 70～100 倍液或 1％食盐水等喷洒防治。

十三、蛞蝓

（一）为害特征

蛞蝓取食蔬菜叶片，形成孔洞，尤以幼苗、嫩叶受害最重，影响苗期生长发育，严重时全苗被毁。

（二）形态特征

成体伸直时体长 30～60mm，体宽 4～6mm；内壳长 4mm，宽 2.3mm。长梭形，柔软，光滑，无外壳。体表呈暗黑色、暗灰色、黄白色或灰红色。触角 2 对，暗黑色，下边 1 对短，约 1mm，称前触角，有感觉作用；上边 1 对称后触角，长约 4mm，端部具黑色眼。口腔内有角质齿舌。体背前端具外套膜，为体长的 1/3，边缘卷起，其内有退化的贝壳，即盾板，上有明显的同心圆线，即生长线。同心圆线中心位于外套膜后端偏右。呼吸孔位于体右侧前方，其上有细小的色线环绕。尾脊钝。腺体分泌的黏液无色。右触角后方约 2mm 处为生殖孔。卵圆形，韧而富有弹性，白色透明，可见卵核，近孵化时色变深。初孵幼虫体长 2～2.5mm，淡褐色，体形同成体。

（三）发生规律

蛞蝓以成体或幼体在作物根部湿土下越冬。5—7 月在田间大量活动为害，入夏气温升高，活动减弱，秋季天气凉爽后又活动为害，完成 1 个世代约需 250d。5—7 月产卵，卵期 16～17d，从孵化到成贝性成熟约 55d，成贝产卵期长达 160d。蛞蝓雌雄同体，异体受精，亦可同体受精。卵产于湿度大、有隐蔽的土缝中，每隔 1～2d 产卵 1 次，产 1～32 粒。每处产卵 10 粒左右，平均产卵量为 400 粒左右。蛞蝓怕光，强日照下 2～3h 即死亡，因此均在夜间活动，从傍晚开始，晚上 10—11 时达活动高峰，清晨前又陆续潜入土中或隐蔽处。在食物缺乏或不良环境条件下，可不吃不动，耐饥力很强。阴暗潮湿的环境易于大发生，气温 11.5～18.5℃、土壤含水量 20%～30%，对其生长发育最为有利。

（四）防治措施

采用高畦栽培，并覆盖地膜，以减少蛞蝓为害机会。可在田边、地埂上撒石灰或草木灰，蛞蝓爬过时身体失水死亡。发现该虫时，用 6% 四聚乙醛颗粒剂 0.5kg或 18% 灭蜗灵颗粒剂 1～1.5kg，于晴天傍晚撒施在株间，效果很好。用绿肥或菜叶、瓦砾等堆积在田间，翌日清晨或在毛毛雨天人工捕捉，集中杀灭。

第四节　豆类蔬菜主要病虫害及综合防控

一、豆类蔬菜根腐病

（一）症状

根腐病主要为害豆类蔬菜根部和茎基部。一般蔬菜出苗后开始发病，21～28d进入发病高峰。发病初期植株下部叶片变黄，病部产生点状病斑，由支根蔓延至主根，引起整个根系腐烂或坏死，病株易拔起。纵剖病根，可见维管束呈红褐色，病情扩展后向茎部延伸。主根全部发病后，地上部茎叶萎蔫枯死。湿度大时，病部产生粉红色霉状物。

（二）发病条件

病原以菌丝体或厚垣孢子在病残体或土壤中越冬，种子不带菌。初侵染源主要是土壤、病残体和带菌的有机肥。病原通过工具、雨水及灌溉水传播蔓延，先从伤口侵入引起根部皮层腐烂。施用未腐熟的有机肥、追肥时撒施不均匀、施肥量过大或植株根部受伤害，易发病。地势低洼、土质黏重、雨后不及时排水都利于病原侵染和发病。荷兰豆根腐病每年 6—10 月均可发生，秋豇豆发病最重，尤其是多雨年份，往往造成田间豆成片枯死，严重影响产量，甚至绝收。

（三）防治措施

选用抗病品种。水旱轮作，或者与非豆科作物实行 2 年以上轮作；深沟高畦，防止积水，雨后及时排水。由于豇豆不耐盐，因此底肥上禁止使用含盐量大的粪肥及复合肥，可多使用生物有机肥做底肥，生长季结荚后可单独冲施腐殖酸类肥料，少用或不用氮、磷、钾肥，可大幅减轻根腐病发生。用 3％苯醚甲环唑悬浮种衣剂或 25g/L 咯菌腈悬浮种衣剂按种子量的 0.3％拌种预防。根腐病是土传病害，一定要提前灌药预防，药剂上选用 40％甲基硫菌灵悬浮剂 800 倍液，或者 15％噁霉灵水剂 450 倍液，或者 2.5％咯菌腈乳油 1 000 倍液等浇淋植株基部或灌根。在出苗后 7～10d 或定植缓苗后，开始第一次施药，每株 250mL，隔 7d 浇淋 1 次，连续浇淋 3 次。

二、豆类蔬菜褐斑病

（一）症状

褐斑病主要为害豆类蔬菜叶片。发病初期叶片上产生红色至紫红色小斑点，后扩展成近圆形或多角形，中间灰白色，边缘为紫褐色至深紫褐色病斑，有时在病斑上可见黑色小斑点，即病原菌的分生孢子器。严重时叶片上病斑融合成不规则形大斑，致叶片干枯脱落。

（二）发病条件

病原以菌丝体和分生孢子器随病残体遗落土中越冬，翌年条件适宜时，产生分生孢子进行初侵染和再侵染，借雨水溅射传播蔓延。温暖多湿的天气或地势低洼、株间郁闭等都利于发病。

（三）防治措施

注意清沟排渍，改善土壤通透性；做好田间管理，及时清除初发病叶，减少菌源。发病初期喷洒 70％甲基硫菌灵可湿性粉剂 600 倍液，或者 70％丙森锌可湿性粉剂 600 倍液，或者 75％百菌清可湿性粉剂 600 倍液，或者 40％百菌清悬浮剂 500 倍液，或者 50％苯菌灵可湿性粉剂 1 000 倍液，或者 25％嘧菌酯悬浮剂 1 500 倍液，或者 30％苯甲·丙环唑乳油 2 500～3 000 倍液等，每隔 10d 喷 1 次，连续防治 2～3 次。

三、豆类蔬菜锈病

（一）症状

发病初期，豆类蔬菜叶片上的病斑为黄绿色，圆形，微凹，后渐变为褐色的圆形病斑，有黄绿色晕环，病斑上可见褐色至黑褐色的小粒点，最后褐色部分脱落，形成穿孔。随着病情的发展，叶片背面有锈孢子密集在一起，似黄白色至淡黄褐色的粗绒状霉。近地面的成熟叶先发病，逐步向上蔓延。夏孢子堆生于叶两面，近圆形，初为白色小疱斑，渐为灰褐色，成熟后多从顶部破裂，散出红褐色粉状的夏孢子。条件适合时夏孢子堆外可形成次生夏孢子堆。叶上夏孢子堆有或无黄晕，也能产生浅褐色具深褐色边缘的枯斑，单个枯斑圆形或近圆形，初期为青枯色失水状，自然情况下不破裂穿孔，多个枯斑相连成为不定形。在变淡及发黄的叶上，夏孢子堆周围绿色，形成绿岛，其中以具黄晕的症状最为普遍。叶脉、叶柄及蔓茎上的病斑初期为梭形或近梭形条状，稍隆起，褪绿，水渍感，在蔓茎上有时出现纵裂，中央持有褐色至黑褐色小粒点。蔓茎、叶柄及花梗上的夏孢子堆多为近圆形或短条状，也可围生一圈长圆形的次生夏孢子堆。随着植株衰老或天气转凉，夏孢子堆转变为黑色的冬孢子堆，散出栗褐色粉状的冬孢子。

（二）发病条件

春天条件适宜时，冬孢子萌发产生担孢子，借助气流传播为害，并在病部产生病原，进行多次重复侵染。高温条件下易发生流行；多阴雨或高湿度的连阴雨天气下，发病最严重；低洼积水、种植过密、通风不良的地块易流行。

（三）防治措施

实行轮作倒茬。阴雨季节清沟排水，防止低洼地积水；合理密植，保证通风良好，及时搭好支架；搞好田园清洁，收获后将病叶清除干净集中烧掉；避免前期氮肥施用过多；合理密植，高畦栽培及拔藤后做好田园清洁工作。发病初期喷 325g/L 苯甲·嘧菌酯悬浮剂 750～1 000 倍液，或者 40％苯甲·吡唑酯悬浮剂 1 000 倍液，或者 10％苯醚甲环唑水分散粒剂 750～1 000 倍液，或者 25％戊唑醇水乳剂 2 000 倍液等，兑水喷雾，隔 7～10d 喷 1 次，连续 2～3 次。

四、豆类蔬菜白粉病

参照瓜类蔬菜白粉病防治方法。

五、豆蚜

（一）为害特征

豆蚜常在叶面上刺吸植物汁液，造成叶片卷缩变形、植株生长不良，影响生长，并因大量排泄蜜露污染叶面。能传播病毒病，造成的损失远大于豆蚜的直接为害。

（二）形态特征

有翅胎生雌蚜体长 0.5～1.8mm，体黑绿色或黑褐色，具光泽；触角 6 节，第

一、第二节黑褐色，第三至第六节黄白色，节间褐色，第三节有感觉圈4~7个，排列成行。无翅胎生雌蚜体长0.8~2.4mm，体肥胖，黑色、浓紫色，少数墨绿色，具光泽，体披均匀蜡粉；中额瘤和额瘤稍隆起；触角6节，比体短，第一、第二和第五节末端及第六节黑色，其余黄白色；腹部第一至第六节背面有1个大型灰色隆板，腹管黑色，长圆形，有瓦纹。尾片黑色，圆锥形，具由微刺组成的瓦纹，两侧各具长毛3根。在适宜的环境条件下，每头雌蚜寿命可长达10d及以上，平均每头雌蚜胎生若蚜100多头。

（三）发生规律

适宜豆蚜生长、发育、繁殖的温度为8~35℃；最适环境条件为温度22~26℃、相对湿度60%~70%。5—6月进入为害高峰期，6月下旬后蚜量减少，但干旱年份为害期多延长。10—11月，随着气温下降和寄主植物的衰老，产生有翅蚜迁向紫云英、蚕豆等冬寄主，进行繁殖和越冬。豆蚜对黄色有较强的趋性，对银灰色有忌避习性，并且具有较强的迁飞和扩散能力。

（四）防治措施

豆类蔬菜收获后，及时处理残败叶，清除田间、地边杂草。发生初期可采用22.4%螺虫乙酯悬浮剂3 000倍液，或者10%烯啶虫胺水剂5 000倍液，或者10%氟啶虫酰胺水分散粒剂4 000倍液，或者25%吡虫·仲丁威乳油3 000倍液，或者5%氯氰·吡虫啉乳油3 000倍液，或者22%噻虫·高氯氟悬浮剂1 500倍液，或者2.5%溴氰·仲丁威乳油3 000倍液，或者4%氯氰·烟碱水乳剂3 000倍液，或者3.3%阿维·联苯菊酯乳油1 500倍液等，兑水喷雾，视虫情间隔7~10d喷1次。

六、豆荚螟

（一）为害特征

幼虫为害豆叶、花器及豆荚，常卷叶为害或蛀入荚内取食幼嫩的种粒，在荚内及蛀孔外堆积粪便。受害豆荚品质极低甚至不能食用。

（二）形态特征

成虫体灰褐色；触角丝状，黄褐色；前翅暗褐色，中央有2个白色透明斑，后翅白色透明，近外缘处暗褐色。幼虫老熟时体长14~18mm，黄绿色至粉红色；头部及前胸背板褐色，中、后胸背板上每节前排有黑褐色毛疣4个，各生有细长刚毛2根，后排有褐斑2个；腹部各节背面毛片位置同中、后胸；腹足趾钩双序缺环。卵呈椭圆形，扁平；长约0.6mm，宽为0.4mm；初产时淡黄绿色，半透明，后呈淡褐色，将孵化时呈褐色，能透见幼虫。蛹体长约13mm；初化蛹时为黄绿色，后变黄褐色；头顶突出；复眼初为浅褐色，后变红褐色；翅芽伸至第四腹节后缘，将羽化时能透见前翅斑纹；蛹体外被白色薄丝茧。

（三）发生规律

豆荚螟的发生既普遍，又严重，是豆类蔬菜上常见的主要害虫，在我国南方、北方地区均有发生。成虫产卵于花和嫩荚上，幼虫多在上午 6—9 时孵化，初孵幼虫不食卵壳，在豆荚上爬行 15～30min，稍息片刻后吐出一种白色丝状物裹住虫体，然后在豆荚上蛀孔，经 3～6h 钻进豆荚内，并吐丝封孔，在荚内蛀食为害。初孵幼虫如果不能及时蛀入豆荚就会自己死亡。3 龄后的幼虫会转荚为害，1 头幼虫一生可为害 2～4 个豆，严重影响产量。气温条件不同，豆荚螟卵和幼虫的生育期也不相同。

（四）防治措施

及时清除田间落花、落荚，摘除被害卷叶和果荚，集中销毁，重害区应避免豆类作物与豆科绿肥连作或邻作。在花期和结荚期灌"跑马水"1～2 次，改变田间小气候，也可有效减轻为害；收获后翻耕豆田，冬春灌水浸田杀虫；采用黑光灯诱蛾。药剂防治方面，在成虫盛发期和幼虫孵化盛期前喷药。一般应从现蕾开始，每隔 7～10d 喷蕾、花 1 次，连喷 2～3 次可控制为害。在菊酯类农药加入少许甲维盐等内吸性药剂混合喷杀，可选用 50%杀螟硫磷乳油 1 000 倍液，或者 10%氯氰菊酯乳油 1 000 倍液，或者 5%氟铃脲乳油 1 500～2 000 倍液，或者 5%甲维盐乳油 1 500～2 000 倍液等，兑水喷雾。在老熟幼虫入土前，田间湿度高时，可施用白僵菌粉剂，每亩用 1～5kg，加细土 4～5kg，撒施。从始花盛期开始，在幼虫卷叶前采用"治花不治荚"的施药原则，选用 5%甲维盐乳油 800 倍液，或者 10%溴虫腈悬浮剂 1 000 倍液，或者 24%甲氧虫酰肼悬浮剂 1 500 倍液等，于上午 8 时以前，太阳未出之时，集中喷在蕾、花、嫩芽和落地花上，每隔 7～10d 防治 1 次，连续防治 2～3 次，效果较好。

第五节　根茎类蔬菜主要病虫害及综合防控

一、根茎类蔬菜黑斑病

（一）症状

黑斑病主要为害根茎类蔬菜茎、叶、叶柄。叶片染病初期生有苍白色新月形的病斑，多沿叶缘发生，扩大后呈暗褐色，常使病叶干枯。湿度大时叶两面均生有浓厚的黑色霉层。

（二）病原

黑斑病病原为胡萝卜链格孢，属真菌界半知菌类。

（三）发病条件

病菌以菌丝或分生孢子在种子或病残体上越冬，成为翌年初侵染源。发病后从新病斑上产生的分生孢子，通过气流传播蔓延，进行再侵染。一般雨季、植株长势弱的田块，发病重。发病后遇干旱天气利于症状显现。发病严重时，植株因叶片大量早枯而死亡。

（四）防治措施

选用抗病品种。用种子重量 0.3％的 50％福美双可湿性粉剂或 40％拌种双粉剂或 70％代森锰锌可湿性粉剂、75％百菌清可湿性粉剂、50％异菌脲可湿性粉剂拌种。发病时及时拔除病株。发病初期喷洒 30％醚菌酯悬浮剂 2 000 倍液，或者 75％百菌清可湿性粉剂 600 倍液，或者 78％波尔·锰锌可湿性粉剂 500 倍液、80％代森锌可湿性粉剂 600 ～ 650 倍液、50％异菌脲可湿性粉剂 1 000 倍液，隔 10d 左右防治 1 次，连续防治 3 ～ 4 次。

二、根茎类蔬菜斑枯病

（一）症状

斑枯病主要为害根茎类蔬菜叶片、叶柄和根。叶片染病时，多在叶缘产生病斑。病斑近圆形、椭圆形，边缘黄绿色，中间褐色至黑褐色，后期病斑上产生黑色小颗粒；叶柄染病时，产生深褐色纺锤形、长椭圆形病斑，其上散生黑色小粒点；多个病斑融合致叶片枯黄。

（二）发病条件

斑枯病病原菌可在种子、病残体及土壤中越冬。翌年春天，带菌的种子和土壤均为初侵染来源。在温度 25℃、相对湿度 85％以上，并有水滴存在时易发病。管理粗放、生长衰弱，发病重。

（三）防治措施

选用无病种子或对种子进行处理。施足粪肥，适时追肥，增施磷肥、钾肥。适当灌水，灌水后加强中耕松土，控制田间湿度。雨后及时排除田间积水。及时摘除病残叶。发病初期喷洒 75％百菌清可湿性粉剂，或者 50％多菌灵超微可湿性粉剂 500 倍液，或者 15％三唑酮可湿性粉剂 1 500 倍液，或者 70％代森锰锌可湿性粉剂 500 倍液。

三、根茎类蔬菜黄化病

（一）症状

感染黄化病的蔬菜植株明显矮化，呈丛生状。叶片小，叶前部略向内侧卷，叶脉呈明脉状，有的沿叶脉现黄斑。生育后期染病的植株叶片褪绿、黄化，老叶有时略带红色，提早干枯死亡。

（二）发病条件

黄化病病毒在带毒胡萝卜采种根中或伞形科杂草上存活越冬。在田间主要靠胡萝卜蚜、胡萝卜微管蚜传毒。虫在带毒病株上吸食 1~24h 后获毒，之后飞到健株上吸食汁液 24h，即可传毒。虫获毒后 15d 内仍可传毒。

（三）防治方法

发现病株及时拔除，以减少田间毒源。发现蚜虫要采取果断措施及时消灭，防其传毒。加强肥水管理，增强抗病力。发病初期喷洒 2%宁南霉素水剂 500 倍液。

四、根茎类蔬菜灰霉病

参照茄果类蔬菜灰霉病防治方法。

五、根茎类蔬菜白粉病

参照瓜类蔬菜白粉病防治方法。

六、根茎类蔬菜霜霉病

参照瓜类蔬菜霜霉病防治方法。

七、地老虎

（一）为害特征

地老虎低龄幼虫啃食根茎类蔬菜幼苗嫩叶，造成孔洞或缺刻，中老龄幼虫夜间取食胡萝卜近地面嫩茎，严重时使植株死亡，造成缺苗断垄。

（二）形态特征

卵半球形，长 0.5mm，表面具纵横隆纹，初产时乳白色，后出现红色斑纹，孵化前变灰黑色。

幼虫体长 37~47mm，灰黑色，体表布满大小不等的颗粒。

蛹长 18~23mm，赤褐色，有光泽，腹部第四至第七节有一圈刻点，背面刻点大而深，腹末具臀棘 1 对。

成虫体长 16~23mm，翅展 42~54mm，深褐色。雌蛾触角丝状，雄蛾触角双栉齿状，栉齿仅达触角一半，端半部为丝状。前翅由内、外横线将全翅分为 3 段，具有显著的肾纹、环纹、棒纹和 2 条黑色剑纹；后翅灰色，无斑纹。

（三）发生规律

成虫夜间活动，交配产卵，卵产于5cm高以下的矮小杂草上，尤其是在贴近地面的叶背或嫩茎上，卵散产或成堆产，每雌虫平均产卵800～1 000粒。成虫对黑光灯及糖醋酒液等趋性较强。幼虫共6龄，3龄前在地面、杂草或寄主幼嫩部位取食，危害不大；3龄后昼间潜伏在表土中，夜间出来为害，动作敏捷，性残暴，能自相残杀。老熟幼虫有假死习性，受惊缩成环形。幼虫发育历期：15℃，67d；20℃，32d；30℃，18d。

（四）防治措施

与非十字花科作物轮作，避免连作障碍，减少病虫害基数。加强田间管理，及时清除草害等。根据害虫具有趋黄的特性，利用诱虫灯诱杀。播种后2～4d虫害发生时，喷施2.5%高效氯氟氰菊酯乳油700～800倍液，或者用90%晶体敌百虫800倍液灌根。

八、甜菜夜蛾

（一）为害特征

甜菜夜蛾初孵幼虫群集于叶背，吐丝结网，在其内取食叶肉，留下表皮，形成透明小孔，3龄以上幼虫可将叶片吃出孔洞或缺刻，严重时仅余叶脉和叶柄，致使菜苗死亡，3龄以上幼虫可钻蛀青椒、番茄果实，造成落果、烂果，使其失去商品价值，造成严重经济损失。

（二）形态特征

成虫体长8～10mm，翅展19～25mm。灰褐色，头、胸部生有黑点。前翅灰褐色，基线仅前段可见双黑纹；内横线双线，黑色，波浪形外斜；剑纹为一黑条；环纹粉黄色，黑边；肾纹粉黄色，中央褐色，黑边；中横线黑色，波浪形；外横线双线，黑色，锯齿形，前、后端的线间白色；亚缘线白色，锯齿形，两侧有黑点，外侧有1个较大的黑点；缘线为1列黑点，各点内侧均为白色。后翅白色，翅脉及缘线黑褐色。

卵圆球状，白色，成块产于叶面或叶背，8～100粒不等，排为1～3层，外面覆有雌蛾脱落的白色绒毛，因此不能直接看到卵粒。

幼虫体色变化很大，绿色、暗绿色、黄褐色、褐色至黑褐色；背线有或无，颜色亦各异。老熟幼虫体长约22mm。较明显的特征是腹部气门下线为明显的黄白色纵带，有时带粉红色，此带的末端直达腹部末端，不弯到臀部上去。各节气门后上方具1个明显的白点。此种幼虫在田间常易与菜青虫、甘蓝夜蛾幼虫混淆。

蛹长 10mm，黄褐色。中胸气门显著外突。臀棘上有 2 根刚毛，其腹面基部亦有 2 根极短的刚毛。

（三）发生规律

甜菜夜蛾 1 年发生 4～6 代，成虫昼伏夜出，有假死性，白天多藏在叶丛、土缝或杂草中，阴天全天为害。多在下午羽化，活动时间以晚上 8—12 时为盛，雌蛾羽化数小时后即可交配，一般羽化后第二天开始产卵，羽化后的第三至第五天产卵最多，卵多产于叶背的叶脉分叉处，以生长高大、茂密浓绿的作物居多，且多产于植株中部，成虫寿命多为 7～15d。成虫对糖醋液、发酵液等有强趋化性，对黑光灯有较强趋性。

（四）防治措施

晚秋与初冬对土壤进行翻耕，并及时清除土壤中的残枝落叶，消灭部分越冬蛹，以减少来年甜菜夜蛾的发生量。夏季结合农事操作，进行中耕或灌溉，摘除卵块或幼虫。在产卵盛期到卵块孵化前，及时摘除卵块，并利用 1 龄幼虫群集于叶背取食的习性，摘除有虫叶片，采用黑光灯诱杀成虫。在 3 龄前喷洒 5%氯虫苯甲酰胺悬浮剂 1 500 倍液，或者 100g/L 三氟甲吡醚乳油 1 000 倍液，或者 45%甲维·虱螨脲悬浮剂 3 000 倍液，或者 5%多杀霉素悬浮剂 1 200 倍液，或者 5%甲氨基阿维菌素苯甲酸盐乳油 1 500 倍液，或每亩施用 12%虫螨腈·甲维盐悬浮剂（有效成分）1.2g，药后 9d 防效为 90%，持效 10～15d。此外，还可选用 20%氟虫双酰胺水分散粒剂 3 000 倍液，或者 20%氟苯虫酰胺水分散粒剂 3 000倍液，或者 15%唑虫酰胺乳油 1 000 倍液，或者 15%茚虫威悬浮剂 4 000倍液，或者 10%虫螨腈悬浮剂 2 000 倍液等，在甜菜夜蛾大发生时及早选用。提倡选用 6%乙基多杀菌素悬浮剂 2 000 倍液，有利于保护天敌。用药时需加入有机硅助剂以提高药效。

九、黄条跳甲

（一）为害特征

黄条跳甲成虫啃食根茎类蔬菜叶片，以幼苗期为害最严重。刚出土的幼苗，子叶被吃后，整株死亡，造成缺苗断垄。在留种地主要为害花蕾和嫩荚。幼虫侵害菜根，蛀食根皮，咬断须根，使叶片萎蔫枯死。

（二）形态特征

成虫体长 1.8～2.4mm，为黑色小甲虫，鞘翅上各有 1 条黄色纵斑，中部狭而弯曲。后足腿节膨大，善跳。老熟幼虫体长约 4mm，长圆筒形，黄白色，栖息于土壤中。卵椭圆形，淡黄色，半透明。蛹椭圆形，乳白色。

（三）发生规律

高温高湿有利于黄条跳甲发生，气温超过 10℃时，该虫开始活动、取食。成虫善于跳跃，高温时还能飞翔，一般中午前后活动最盛。成虫有趋光性，对黑光灯敏感。成虫寿命长，产卵期长达 30～45d，致使发生不整齐，世代重叠。卵散产于植株周围湿润的土隙中或细根上。幼虫在土中孵化、取食、发育、化蛹，成虫出土后为害叶片。每头雌虫平均产卵 200 粒左右。卵孵化需要较高的湿度，卵期 3～9d，幼虫期 11～16d，共 3 龄，生活于土中，老熟幼虫在土中 3～7cm 深处筑土室化蛹。黄条跳甲一般于春、秋季发生较重，并且秋季重于春季，湿度高的田块重于湿度低的田块。该虫发生的轻重还与茬口连作有关，连作地最重，十字花科作物连作地次之，与非十字花科蔬菜轮作地较轻。另外，旱地连作发生较重，水旱轮作发生较轻。

（四）防治措施

对准备耕作的菜地，提前 2 周翻晒，清除杂草、残菜叶等害虫食料。播种前 5d 再翻 1 次地，根据后作蔬菜的需求撒适量石灰、草木灰，以杀灭部分蛹、卵、幼虫。冬灌或春灌，以杀死部分幼虫。收后追肥时，使用氨水灌根以杀死幼虫。药剂上，可喷洒 2.5％鱼藤酮乳油 500 倍液，或者 0.5％川楝素杀虫乳油 800 倍液，或者 1％苦参碱醇溶液 500 倍液，或者 3.5％氟腈·溴乳油 1 500 倍液，或者 24％阿维·毒乳油 2 500 倍液，或者 10％高效氯氰菊酯乳油 2 000 倍液，或者 45％啶虫脒微乳剂 1 000 倍液等，均有很好的防效。

十、根茎类蔬菜蚜虫

参照茄果类蔬菜蚜虫防治方法。

十一、菜青虫

参照叶菜类蔬菜菜青虫防治方法。

第六节　葱蒜类蔬菜主要病虫害及综合防控

一、葱蒜类蔬菜叶枯病

（一）症状

叶枯病主要发生在葱蒜类蔬菜的叶和花薹上。发病初期，从叶尖开始出现白色圆形斑点，后斑点逐渐扩大，色变深呈灰黄色至灰褐色，形状不整，大小不一，有时遍及整个叶片。病斑上密生黑色霉状物，霉状物飞散后，病斑呈灰色或浅黄色。

最后病斑上产生小黑点（即子囊壳）。

（二）发病条件

病菌随病残体上的休眠菌丝和分生孢子在干燥的地方越冬或越夏，播种时随肥料进入田间成为初染源，也可在高海拔地区随生长着的大蒜、大葱、洋葱植株越夏。病菌随风传播，从气孔侵入，在维管束四周扩展，发病后又产生分生孢子进行再侵染。该菌的生长和孢子萌发在温度 10～20℃ 时最快，孢子萌发对湿度的要求为高于 90％，相对湿度达 100％ 或有水滴时萌发最好。雨日多、持续时间长或晴雨（俗称太阳雨），易发病。

（三）防治措施

蔬菜收获后，及时清除田间病株残体，集中烧毁，减少田间菌源。合理密植，改善通风透光条件。增施有机肥，提高植株抗病性。合理灌水，雨后及时排水，降低田间湿度。发病初期可用 25％戊唑醇水乳剂 3 000 倍液，或者 40％苯醚·嘧菌酯悬浮剂 1 500～2 000 倍液，或者 2.5％咯菌腈悬浮剂 1 200 倍液，或者 10％多抗霉素可湿性粉剂 800～1 000 倍液，或者 40％氟硅唑乳油 5 000 倍液等，上述药剂交替应用，每 10d 喷 1 次，连喷 2～3 次。

二、葱蒜类蔬菜白腐病

（一）症状

感染白腐病的蔬菜植株发病初期，叶尖变黄，进而矮化枯死。此时茎基部组织内出现水浸状病块，后呈干腐状，微凹陷，黑色，并沿茎基部向上部扩展，地下部变黑腐败。叶鞘表面或组织内生有稠密的白色绒状霉，后渐变成灰色，并迅速形成大量菌核。菌核多为圆形，较小，直径为 0.5～1mm。菌核多重叠为菌核块。鳞茎和根染病时呈水浸状腐烂，也生有白色绒霉或黑色菌核。

（二）发病条件

病菌以菌丝体或菌核随寄主植物在田间越冬，菌核也可在土壤中越冬。菌核在春季条件适宜时萌发，长出菌丝，借灌溉、雨水蔓延传播。在气温 15～20℃、土壤湿度大的条件下，易发病。所以，在春末夏初、温度较低、多雨的季节，发生严重。此外，长期连作、排水不良、缺肥、生长不良时，易发病蔓延。

（三）防治措施

若在田间发现病株，立即拔除，并用药剂或石灰粉消毒。适当灌水，雨季及时排水，降低田间湿度，避免发病条件。收割后及时清除田间病株残体，并集中烧毁或深埋，同时进行深翻地，把病菌翻入深层，减少田间病源。发病初期可用 50％

多菌灵可湿性粉剂 500 倍液，或者 50％啶酰菌胺水分散粒剂 1 000～1 500 倍液，或者 50％异菌脲可湿性粉剂 500～1 000 倍液等喷雾或浇灌根茎。视病情，7～10d 喷 1 次，喷 1～3 次。

三、葱蒜类蔬菜茎腐病

（一）症状

茎腐病主要为害葱、蒜类蔬菜的鳞茎和叶片，通常在鳞茎的颈部首先发病，产生圆形大斑，黑褐色，湿度大或冬储时产生白色絮状菌丝，称为菌丝型颈腐。后期在外层鳞茎内产生肾形菌核。

（二）发病条件

病菌多以菌丝体或菌核潜伏在鳞茎或病残体上越冬。由菌丝或菌核产生分生孢子，随气流传播，从叶片的伤口或枯死部位侵入、扩展，引起鳞茎或颈部发病。菌丝生长最低温度 4℃、最适温度 20℃、最高温度 30℃。生长后期遇连阴雨或储藏时湿度大，发病重。

（三）防治措施

选用黄皮或红皮的较抗病品种。与非葱类进行 2 年以上轮作。采用垄作或高畦栽培，避免积水，雨后及时排水，严禁大水漫灌；采用配方施肥技术，切忌氮肥施用过多，以免因贪青徒长而染病；适时采收，及时晾晒。发病初期喷洒 50％异菌脲可湿性粉剂 1 000 倍液，或者 50％乙烯菌核利干悬浮剂 800 倍液，或者 50％嘧菌环胺水分散粒剂 1 000 倍液，或者 50％啶酰菌胺水分散粒剂 1 500 倍液，或者 26％嘧霉胺·乙霉威可湿性粉剂 800 倍液等。

四、葱蒜类蔬菜紫斑病

（一）症状

紫斑病主要为害葱蒜类蔬菜叶和花梗。叶片和花梗染病初期，病斑呈水渍状白色小点，后变淡褐色圆形或纺锤形稍凹陷斑，继续扩大呈褐色或暗紫色，周围有黄色晕圈。湿度大时，病部长出同心轮纹状排列的深褐色霉状物，病害严重时，全叶变黄、枯死或折断。鳞茎染病时，多发生在鳞茎颈部，造成软腐和皱缩，茎内组织深黄色。

（二）发病条件

以菌丝体在寄主体内或随病残体在土壤中越冬。翌年条件适宜时，产出分生孢子，借气流或雨水传播，经气孔、伤口或直接穿透表皮侵入。在温暖地区，以分生

207

孢子在葱蒜类作物上辗转为害。生长中后期发病严重。常年连作、沙土地、播种过早、种植过密、田间郁闭、管理粗放、经常缺肥缺水、植株生长过弱、葱蓟马为害重时，发病重。

（三）防治措施

与非百合科蔬菜进行2年以上轮作；加强田间管理，适时适量施肥浇水，雨后及时排除田间积水；适时收获，低温储藏，防止病害在储藏期继续蔓延；收获后及时清洁田园。发病初期选用70%丙森锌可湿性粉剂600~800倍液，或者50%克菌丹可湿性粉剂400~600倍液，或者10%苯醚甲环唑水分散粒剂1 000倍液，或者50%腐霉利可湿性粉剂1 500倍液，或者64%氢氧化铜·福美锌可湿性粉剂1 000倍液，或者47%春雷霉素·氧氯化铜可湿性粉剂600~800倍液，或者50%异菌脲悬浮剂1 000倍液等均匀喷雾，视病情间隔5~7d喷1次。

五、葱蒜类蔬菜黑霉病

（一）症状

黑霉病主要为害葱蒜类蔬菜叶和花梗。发病初期出现黄白色长圆形病斑至不规则形病斑，灰黄色至灰褐色，初期生有灰色霉层，造成葱叶和花梗干枯，进入雨季或湿度大时病部产生一层黑色霉状物，即病原菌的分生孢子梗和分生孢子。后期病斑上密生黑色绒毛状霉层。发病严重时，叶、花梗变黄枯死并折断。花茎和花序受害时变色，黄枯。该病常与紫斑病混合发生。

（二）发病条件

在寒冷地区，病菌以子囊座随病残体在土壤中越冬，以子囊孢子进行初侵染，靠分生孢子进行再侵染，借助气流、雨水传播蔓延。在温暖地区，病菌有性阶段不常见，靠分生孢子辗转为害。该菌系弱寄生菌，长势弱的植株、冻害、管理不善地块，易发病。

（三）防治措施

在黑霉病重病地，与非葱蒜类作物进行2~3年轮作，最好与谷类作物进行3年以上轮作。合理密植，定植前将前茬枯株落叶清除干净。育苗期清除病、弱苗，定植后在发病早期及时摘除老叶、病叶或拔除病株，以减少菌源。加强栽培管理，培育无病壮苗，严防病苗入田。使用腐熟有机肥，配方施肥，增施磷肥、钾肥，避免偏施氮肥。高温阶段切勿大水漫灌。在发病初期，用50%醚菌酯水分散粒剂3 000倍液，或者25%吡唑醚菌酯乳油1 500倍液，或者50%异菌脲可湿性粉剂1 000倍液，或者14%络氨铜水剂300倍液，或者20%咪鲜·松酯酸铜乳油1 000倍液，或者80%代森锰锌可湿性粉剂600倍液，或者50%多菌灵可湿性粉剂500倍液等喷雾，每隔10d喷1次，连续喷2~3次。

六、大葱白绢病

（一）症状

白绢病对大葱的危害严重，一般病株率为20%~40%，在发病严重的地块，可造成较大损失。葱须根、根状茎及假茎均可受害。根部及根状茎受害后软腐，失去吸收功能，导致地上部萎蔫变黄，逐渐枯死。假茎受害后易软腐，外叶先枯黄或从病部脱落，重者整个茎秆软腐、倒伏、死亡。所有患病部位均产生白色绢丝状菌丝。中后期菌丝集结成白色小菌核。在高温潮湿条件下，在病株上及其周围地表都可见到白色菌丝及菌核。

（二）发病条件

6月上旬随着地温升高至30℃，在适宜的湿度条件下菌核萌芽产生的菌丝从地下须根、鳞茎侵入植株，形成发病中心，再向四周扩展。田间主要通过雨水、灌溉水或施肥等途径传播。葱在7—8月高温多雨条件下发病最重。

（三）防治措施

施用腐熟有机肥，避免粪肥带菌。重病区提倡间作、套作，降低田间湿度。合理灌水，防止植株衰弱，提高抗病能力；久雨不晴应注意排水，降低田间湿度，创造不利于发病的条件。田间部分植株开始发病时，要连根拔除病株销毁，甚至可将病株穴内的土壤取至葱地外，并在病株穴内及其附近浇泼药液或施用石灰杀菌。发病初期，喷洒每克含1.5亿活孢子的木霉菌可湿性粉剂，每亩用240g/L噻呋酰胺悬浮剂20~25mL，或者50%异菌脲可湿性粉剂500~1 000倍液，或者50%多菌灵可湿性粉剂500倍液等兑水喷雾。

七、蒜煤斑病

（一）症状

煤斑病为害蒜叶片。发病初期产生苍白色小斑点，后逐渐扩展成平行于叶脉的椭圆形或梭形病斑。病斑中央枯黄色，边缘红褐色，外围黄色。条件适宜时，病斑迅速沿病斑两端扩展，尤以向叶尖方向扩展为快，致使叶尖干枯、扭曲。湿度大时，病斑表面着生致密的深褐色霉层，干燥时呈粉状；发病严重时，数个病斑连片，造成叶枯甚至全株枯死。

（二）发病条件

病菌以休眠菌丝或分生孢子随病残体越夏或越冬。在植株生长期间，病菌随带菌肥料进入田间进行初侵染，经几天潜育后开始发病，病斑上产生的孢子借风雨传播，进行多次再侵染。菌丝及分生孢子萌发适温为 10~20℃，相对湿度饱和或有水滴存在时利其萌发，相对湿度低于 90% 时病菌不萌发。植株生长不良，易发病；生长期间雨日多、湿度大，发病重。

（三）防治措施

选用抗病品种。适时播种，合理密植，加强中耕、除草，保持植株生长健壮。施用充分腐熟粪肥，注意氮肥、磷肥、钾肥合理搭配，适当控制灌水，雨后及时排水，防止田间湿气滞留。及时清除田间病株，减少菌源。药剂方面，选用 2.5% 咯菌腈悬浮剂 1 000 倍液，或者 60% 唑醚·代森联水分散粒剂 750 倍液，或者 86.2% 氧化亚铜可湿性粉剂 800 倍液，或者 325g/L 苯甲·嘧菌酯悬浮剂 1 000 倍液，或者 40% 苯甲·吡唑酯悬浮剂 1 000 倍液等，于发病前或发病初期开始喷药，隔 7~10d 喷 1 次，连防 2~3 次。

八、蒜青霉病

（一）症状

青霉病主要为害蒜鳞茎。初期，仅 1 个或几个蒜瓣呈水渍状，出现淡黄色的病斑，后形成灰褐色不规则形凹陷斑，其上生出青蓝色霉状物，即病原菌的分生孢子梗和分生孢子。储存时间久，霉状物加厚，呈粉块状。严重时，病菌侵入蒜瓣内部，组织发黄、松软、干腐，通常蒜头上 1 至数个蒜瓣干腐。

（二）发病条件

病菌多腐生在各种有机物上，产生分生孢子后，借气流传播，从蒜头伤口侵入。储藏期管理不善会引起严重损失。有时在收获时可发现，可能与地下害虫有关，个别地块发病重。

（三）防治措施

抓好鳞茎采收和储运，尽量避免遭受机械损伤，以减少伤口，不宜在雨后、重雾或露水未干时采收。每平方米储藏窖用 10g 硫黄密闭熏蒸 24h。加强储藏期管理，储存温度控制在 5~9℃，相对湿度控制在 90% 左右。采收前 1 周喷洒 70% 甲基硫菌灵超微可湿性粉剂 500 倍液，或者 50% 甲基硫菌灵·硫黄悬浮剂 800 倍液，或者 45% 噻菌灵悬浮剂 1 000 倍液，或者 50% 苯菌灵可湿性粉剂 1 500 倍液等。严重时可每亩用 50% 氯溴异氰尿酸可溶粉剂 500~1 000g 冲施或 50g 喷雾。视病情每隔 7~10d 防 1 次，连防 1~3 次。

九、蒜黄斑病

（一）症状

蒜黄斑病发生时造成疱斑，蒜叶片、薹茎上出现黄色斑。在蒜薹入库冷藏3～4个月后，黄斑处向下凹陷，逐渐腐烂。在低温、硅窗储藏条件下，蒜薹入库4个月后，由于薹茎基部生理老化，病菌易从采收伤口侵入，开始出现灰白色斑，后向上蔓延，继而腐烂，5个月后腐烂率达10％～20％。薹梢很易染病，入库3个月后开始发病，初生灰白霉斑，逐渐扩展后连成一片，薹梢间相互感染，4个月后病株率达50％～80％，不仅影响蒜薹的外观和口味，同时造成严重损失。

（二）发病条件

春季大蒜返青后，如遇寒流等适宜的条件极易诱发大蒜真菌性病害，促使抽薹期蒜薹上突发"黄点斑"现象，发病严重的地块甚至会出现"黄条斑"。早春低温、多雨或梅雨期间多雨或秋季多雾、多雨的年份，发病重。

（三）防治措施

大蒜储藏4个月未发病及6个月发病率低于5％时，可在储藏保鲜时应用3％噻菌灵烟剂，5～7g/m³。喷洒保鲜灵10～100mg/kg对青霉菌、镰刀菌、交链孢菌的防效为66.8％～95.6％。防治黄斑病应从田间入手，发病前开始喷洒78％波尔·锰锌可湿性粉剂300～500倍液，或者47％春雷·王铜可湿性粉剂500倍液，或者50％异菌脲可湿性粉剂1 000倍液等，尽量减少黄斑病病株率。

十、地种蝇

（一）为害特征

地种蝇幼虫蛀入葱、蒜等鳞茎，引起腐烂、叶片枯黄、萎蔫，甚至成片死亡。韭菜受害后常造成缺苗断垄，甚至全田毁种。

（二）形态特征

雌成虫体长4～6mm，黄褐色，胸、腹部背面均无斑纹。雄成虫稍小，体暗灰褐色，头部两复眼较接近，胸部背面有3条黑色纵纹，腹部背面中央有1条黑色纵纹。卵乳白色，长椭圆形，稍弯曲，表面有网状纹。幼虫俗称蛆，幼虫老熟时体乳白色，头部退化，仅有1对黑色口钩。蛹椭圆形，红褐色或黄褐色。

（三）发生规律

在北方地区地种蝇每年发生3～4代，以蛹在土中越冬。翌年成虫出现时间的早晚因地区而异。5月上旬成虫盛发，卵成堆产在葱叶、鳞茎和周围1cm深的表土中。卵期3～5d，孵化的幼虫很快钻入鳞茎内为害。幼虫期17～18d。老熟幼虫在被害株周围的土中化蛹，蛹期14d左右。第一代幼虫为害期在5月中旬，第二代幼虫为害期在6月中旬，第三代幼虫为害期在10月中旬，成虫集中在葱叶、鳞茎及葱地成堆产卵。成虫白天活动，多在日出或日落前后或阴雨天活动、取食。

（四）防治措施

适时灌溉，必要时随时冲药，可有效灭杀幼虫、减少虫口；越冬前冬灌，可冻死部分幼虫、虫卵，减少部分越冬蛹。播种前每亩用0.06％噻虫胺药肥混剂35～40kg，或者10％联苯•噻虫胺悬浮剂3～5kg，或者3％辛硫磷颗粒剂1.5～3kg，均匀撒在地面，将其犁入土中后再播种。成虫羽化产卵盛期，药剂方面可采用0.5％甲氨基阿维菌素苯甲酸盐微乳剂3 000倍液，或者3.5％氟腈•溴乳油2 000倍液，或者1.8％阿维菌素乳油1 000倍液，或者1.7％阿维•高氯氟氰菊酯可溶性液剂3 000倍液，或者2.5％高效氯氟氰菊酯乳油2 000倍液等喷雾。发现幼虫时，可每亩用22％噻虫•高效氯氟菊酯微囊悬浮剂200～500g，或者15％阿维•辛硫磷颗粒剂2～3kg等冲施。

十一、葱潜叶蝇

（一）为害特征

葱潜叶蝇以幼虫在叶片组织中潜食叶肉，形成迂回曲折虫道，呈曲线状或乱麻状，被害处仅剩上下表皮，严重时导致全叶枯萎，产量下降。

（二）形态特征

成虫体长2mm，头部黄色，头顶两侧有黑纹；复眼红褐色，周缘黄色，单眼三角区黑色；触角黄色，芒褐色；胸部黑色有绿晕，上被淡灰色粉，肩部、翅基部及胸背的两侧淡黄色；小盾片黑色；腹部黑色，各关节处淡黄色或白色；足黄色，基节基部黑色，胫节、跗节黄色，跗节先端黑褐色；翅脉褐色，平衡棍黄色。幼虫体长4mm，淡黄色，细长圆筒形；尾端背面有后气门突1对；体壁半透明，绿色，内脏从外面隐约可见。蛹褐色，圆筒形略扁，后端略粗。

（三）发生规律

葱潜叶蝇1年发生3～4代，以蛹在受害株附近表土中越冬。翌年4月下旬至5月上旬成虫始发，5月上旬进入成虫羽化盛期。白天交尾产卵，5～6d幼虫孵化并开始为害，幼虫期10～12d；幼虫老熟后入土化蛹，蛹期12～16d，越冬蛹为7个月。每头雌虫1年可产卵40～116粒。成虫于上午9时到下午4时取食补充营养，多在下午 3—5 时产卵，每次产卵 17 粒。老熟幼虫于上午 4—6 时离叶，7—9 时为离叶高峰期。葱田连作或与百合科邻作及草荒严重的地块，受害重。

（四）防治措施

秋翻葱地，及时除草，与非百合科作物轮作，以减少虫源。保护、利用天敌。于成虫产卵盛期或幼虫孵化初期，喷洒 15％唑虫酰胺乳油 1 000 倍液，或者 50％灭蝇胺可湿性粉剂 1 800 倍液，或者 1.8％阿维菌素乳油 1 000 倍液，或者 20％阿维·杀虫单微乳剂 1 500 倍液，或者 5％天然除虫菊素乳油 1 000 倍液，或者 25％噻虫嗪水分散粒剂 1 800 倍液等。

十二、葱蓟马

（一）为害特征

葱蓟马成虫、若虫以锉吸式口器为害蔬菜的心叶、嫩芽。被害叶面上形成密集小白点或长条形斑纹，严重时葱叶扭曲枯黄，大蒜嫩叶及受害新根停止生长。

（二）形态特征

成虫体长 1.2～1.4mm，淡褐色，复眼红色，触角 7 节；翅狭长，翅脉稀少，翅的周缘具长缨毛。卵初产时肾形，乳白色，后期逐渐变为卵圆形，黄白色，可见红色眼点。若虫共 4 龄，体浅黄色或橙黄色。伪蛹形态与幼虫相似，但翅芽明显，触角伸向头胸部背面。

（三）发生规律

在北方地区，葱蓟马 1 年发生 3～4 代，以成、幼虫或若虫在植株叶鞘内、土缝中或杂草株间、葱地里越冬。在 25～28℃条件下，卵期 5～7d，幼虫 1～2 龄6～7d。雌虫可行孤雌生殖，卵产于叶片组织中。相对湿度 60％以下时，有利于葱蓟马发生，高温高湿时则发生量较少。成虫多在上午 9 时前和下午 4 时后聚集在叶片上为害。初孵幼虫集中在叶基部为害，稍大即分散。

（四）防治措施

清除葱蓟马越冬场所，减少越冬虫数，栽葱前清洁田园。大葱生长期间勤除草中耕，改变葱田生态条件，适当增加湿度，抑制生长期间蓟马为害。葱蓟马发生初期，喷 0.3％印楝素乳油 800 倍液，或者 10％溴氰虫酰胺可分散油悬浮剂 1 500 倍液，或者 2％甲维盐乳油 2 000 倍液，或者 5％虱螨脲乳油 1 000 倍液，或者 2.5％乙基多杀霉素悬浮剂 1 200 倍液，或者 5％啶虫脒乳油 500 倍液，或者 20％吡虫啉可湿性粉剂 800 倍液等，隔 7d 喷 1 次，连续 3～4 次。用药时可加入有机硅助剂以提高药效。

十三、韭菜迟眼蕈蚊

（一）为害特征

幼虫聚集在韭菜地下部的鳞茎和柔嫩的茎部为害。初孵幼虫先为害韭菜叶鞘基部和鳞茎的上端。春、秋两季主要为害韭菜的幼茎引起腐烂，使韭叶枯黄而死。夏季，幼虫向下活动，蛀入鳞茎，重者鳞茎腐烂，整墩韭菜死亡。韭菜迟眼蕈蚊，可为害大蒜、韭菜、洋葱、瓜类、莴笋等 30 多种蔬菜，其中韭菜受害最重，本书未涉及韭菜栽培技术，因此针对该虫害只进行大蒜被害及防治描述。

（二）形态特征

成虫为小型蚊子，体长 2～5.5mm，黑褐色，头小，复眼相接，触角丝状，16节，有微毛；前翅前缘脉及亚前缘脉较粗，足细长，褐色；腹部细长，8～9 节，雄蚊腹部末端具 1 对铗状抱握器。卵椭圆形，乳白色。幼虫体细长，6～7mm，白色；头漆黑色，有光泽；无足。裸蛹初期黄白色，后转黄褐色，羽化前呈灰黑色；头铜黄色，有光泽。

（三）发生规律

韭菜迟眼蕈蚊多以幼虫在大蒜根茎、鳞茎及根部周围土中群集越冬。3 月中、下旬开始化蛹，4 月上、中旬达羽化高峰，4—6 月、9 月下旬至 11 月虫量多，露地栽培时在春、秋季出现两个为害高峰。

（四）防治措施

施用充分腐熟的有机肥，当蛆害发生时避免用稀粪和硝酸铵做追肥。春、秋季幼虫发生时，连续浇水 2～3d，每天淹没畦面，杀灭根蛆。利用未腐熟粪肥或腐烂发霉的蒜瓣，捣碎后加入少量杀虫剂或用糖醋液来诱杀成虫。地面覆盖细沙和草木灰或用竹签剔开大蒜根际的土壤，形成干燥环境，降低幼虫成活率和成虫羽化率，从而减轻为害。在冬季扣膜时扒土晾根，既可打破休眠，又可冻杀根蛆。利用成虫的趋光性，利用灯光诱杀成虫，在大蒜田或温室内设置普通日光灯，灯下挖一坑，坑内储水或放装有糖醋液的水盆，可以诱杀韭蛆成虫。抓住成虫羽化盛期（4 月中、下旬，6 月中、上旬，7 月中、下旬及 10 月下旬）喷洒 20% 噻虫啉 1 500 倍液。同时每亩混配 10% 虱螨脲悬浮剂 15～20mL 可杀虫杀卵，要求施药前确保土壤湿润。

第十章 其他经济作物病虫害及综合防控技术

第一节 苹果主要病虫害综合防控技术

苹果病害主要有腐烂病、干腐病、轮纹病、炭疽病等，虫害主要是苹果绵蚜、全爪螨等。

一、苹果腐烂病

（一）症状

苹果腐烂病主要为害果树的主干和主枝，也为害小枝、幼枝和果实，根据枝干症状分为溃疡型和枝枯型。溃疡型：主要发生在主干、主枝上，病部树皮呈现红褐色水渍状微隆起圆形至长圆形病斑，病部松软，易被撕裂，手压凹陷处，流出黄褐色汁液，有较浓的酒糟味，后期病部失水干缩，边缘产生裂缝，病斑表面长出小黑点。枝枯型：主要发生在2～5年生枝条上，病斑边缘不清晰，不隆起，不呈水渍状，染病枝条迅速失水干枯，后期表面产生很多小黑点，严重时也为害果实，病斑呈现淡褐色腐烂状，有酒糟味。

（二）发生特点

病菌在病树皮和木质部表层蔓延越冬。早春产生分生孢子，遇雨由分生孢子器挤出孢子角，分生孢子分散，随风周年飞散在果园上空，萌发后从皮孔、果柄痕、叶痕及各种伤口侵入树体，在侵染点潜伏，使树体普遍带菌。6—8月树皮形成落皮层时，孢子侵入并在死组织上生长，之后向健康组织发展。翌年春天扩展迅速，形成溃疡斑，病部环缢枝干造成枯死树。

（三）防治方法

1. 农业防治　改良土壤，增施有机肥、磷肥、钾肥，进行平衡施肥，补充微量元素。提高土壤保水保肥能力，旱涝时及时灌排。科学控制结果量，增强树势，提高树体抗病能力，冬前及时进行树干涂白，防止冻害和日灼。及时防治各种枝干虫害，避免造成各种机械伤口，并对伤口涂药保护，防止病菌侵染。铲除越冬菌源，结合修剪，刮除枝干上的病瘤及老翘皮，清除果园的残枝落叶，集中烧毁或深埋。果实套袋处理。

2. **化学防治** 发芽前喷洒多菌灵可湿性粉剂 300～400 倍液或戊唑醇可湿性粉剂 3 000 倍液。苹果采收后全树喷施 1 次药剂，保护果台、叶痕、果柄痕等自然伤口，药剂可选用松脂酸铜、丙环唑、戊唑醇等。

二、苹果干腐病

（一）症状

溃疡型：主要发生在主枝、侧枝或主干上。一般以皮孔为中心形成暗红色回形小斑块，边缘色泽较深。病斑常数块乃至数十块聚生在一起，病部皮层稍隆起，皮下组织软，颜色浅，舌感苦。病斑表面溢出茶褐色枯液，俗称"冒油"。后期病部干缩凹陷，呈暗褐色，病部与健部之间开裂，表面密生黑色小粒点，发病严重时造成大枝死亡。果腐型：果实被害初期，果面产生黄褐色水烂点，逐渐扩大成同心轮纹状病斑，与苹果轮纹病造成的烂果症状相同，统称轮纹烂果病。条件适宜时，病斑扩展很快，数天后整个果实腐烂。干腐型：由主枝基部开始发病，尤其是在遭受冻害的部位，初期为淡紫色病斑，沿枝干纵向扩展，使组织干枯，呈稍凹陷状，表面粗糙甚至龟裂，病部与健康部位之间易裂开，后期病斑表面密生黑色小粒点。幼树上，嫁接口或砧木剪口附近形成不整形紫褐色至黑褐色病斑，沿枝干逐渐向上或向下扩展，使幼树迅速枯死。

（二）发生特点

病菌以菌丝体、分生孢子器及子囊壳在枝干病部越冬。翌年春天，病部菌丝恢复活动产生分生孢子随风雨传播，经伤口、死芽和皮孔侵入。该病菌具有潜伏侵染特点，只有在树体衰弱时，树皮上的病菌才扩展发病。树皮含水量低时，病菌扩展迅速；干旱年份发病重。品种间抗性有较大区别。

（三）防治方法

1. **农业防治** 同苹果腐烂病农业防治方法。

2. **化学防治** 果树发芽前喷施 1 次波美 5 度石硫合剂，或者用 25％丙环唑乳油 400 倍液喷施树干。发病初期，可用 70％甲基托布津可湿性粉剂 100 倍液。

三、苹果轮纹病

（一）症状

轮纹病又名粗皮病、烂果病。枝干症状：以皮孔为中心形成暗褐色水渍状或小溃疡斑，稍隆起，呈疣状，圆形，后失水凹陷，边缘开裂翘起，扁圆形，直径达

1cm 左右，青灰色。多个病斑密集，主干、大枝的树皮粗糙，故称"粗皮病"。果实症状：果实受害初期，以果点为中心出现浅褐色的圆形斑，后变褐扩大，呈深浅相间的同心轮纹状病斑，其外缘有明显的淡色水渍圈，界线不清晰，病斑扩展引起果实腐烂，烂果有酸腐气味，有时渗出褐色黏液。

（二）发生特点

病菌以菌丝体、分生孢子器在果树病组织内越冬，是初次侵染和连续侵染的主要菌源；春季开始活动，随风雨传播到枝条和果实上，在果实生长期，病菌均能侵入，从落花后的幼果期到 8 月上旬侵染最多。侵染枝条的病菌，一般从 8 月开始以皮孔为中心形成新病斑，翌年病斑继续扩大。

（三）防治方法

1. 农业防治　同苹果腐烂病的农业防治方法。
2. 化学防治　果树发芽前，全树喷施 1∶1∶100 波尔多液。在苹果套袋前，喷施 70%甲基硫菌灵可湿性粉剂 800 倍液或 80%多菌灵可湿性粉剂 1 000 倍液，不套袋苹果的防治在落花后 7～10d 开始，雨前、雨后重点防治，上述药剂轮换使用。

四、苹果炭疽病

（一）症状

苹果炭疽病又名苹果苦腐病、苹果晚腐病。主要为害果实，也可侵染破伤枝条、弱枝条，但很少。果实发病初期，出现针头大小的淡褐色圆形斑点，边缘清晰，病斑迅速扩大后果肉软腐（果肉微苦，与好果肉易分辨），呈圆锥状深入果肉。当病斑扩展到 1cm 左右时，从病斑中央开始逐渐产生轮纹状排列的小黑点，潮湿时小黑点上可溢出粉红色黏液，有时小黑点排列不规则，呈散生状，有时小黑点不明显，只见到粉红色黏液，即病原菌的分生孢子团。

（二）发生特点

菌丝在病果、果台、干枝、僵果上越冬。春季产生分生孢子，借风雨、昆虫传播。分生孢子产生芽管可直接侵入表皮，也可通过皮孔、伤口侵入果实。侵入后在果实蜡质层等处潜伏。自苹果落花至 8 月中、下旬，孢子不断侵染幼果。幼果自 7 月开始发病，每次雨后均有 1 次发病高峰，造成烂果。

（三）防治方法

1. 农业防治　同苹果腐烂病的农业防治方法。
2. 化学防治　一般从幼果期开始喷药，用 40%多菌灵胶悬剂 800 倍＋40%毒死蜱乳油 1 500 倍液（5 月中旬左右施用，兼治苹果轮纹病、卷叶蛾、红蜘蛛等），或者 70％甲基托布津可湿性粉剂 800 倍，或者 50％多菌灵可湿性粉剂 600 倍，或者 25％粉锈宁可湿性粉剂 1 000 倍液等喷雾。

五、苹果绵蚜

（一）为害特征

苹果绵蚜属半翅目、绵蚜科。成虫、若虫群集于背光的苹果树干伤疤、裂缝、剪锯口、新梢的叶腋等处吸食汁液。被害部膨大成瘤，常因该处破裂阻碍水分、养分的输导，严重时树体逐渐枯死。

（二）形态特征

无翅胎生蚜体卵圆形，暗红褐色，头部无额瘤，复眼暗红色，口器末端达后足基节窝；体背有 4 排纵列的泌蜡孔，白色蜡质绵毛覆盖全身。有翅胎生蚜头、胸部黑色，腹部暗褐色，复眼暗红色；翅透明，翅脉及翅痣棕色。有性雌蚜口器退化，头部、触角及足均为淡黄绿色，腹部红褐色，稍被绵状物。卵椭圆形，初产时橙黄色，后渐变为褐色，表面光滑，外露白粉，较大一端精孔凸出。幼虫呈圆筒形，绵毛稀少，体被有白色绵状物，喙长超过腹部。

（三）发生规律

苹果绵蚜以 1～2 龄若虫在枝干病虫伤疤边缘缝隙、剪锯口、根蘖基部或残留的蜡质绵毛下越冬。4 月上旬，越冬若虫在越冬部位开始活动为害，5 月上旬开始胎生繁殖，初龄若虫逐渐扩散、迁移至嫩枝叶腋及嫩芽基部为害。5 月下旬至 7 月初是全年繁殖盛期，6 月下旬至 7 月上旬出现全年第一次盛发期。7 月中旬至 9 月上旬，因气温较高及天敌影响，绵蚜种群数量显著下降。9 月中旬以后，因天敌减少、气温下降，出现第二次盛发期。至 10 月中旬，平均气温降至 7℃，进入越冬。

（四）防治方法

1. 农业防治　加强果树管理，保持树冠通风透光，合理施肥，增强果树抗病能力，及时清理果园杂草，减少其栖息地。在休眠期，结合田间修剪，刮除树缝、树洞、病虫伤疤边缘等处的绵蚜，压低越冬基数。

2. 化学防治　苹果绵蚜于 5 月上旬开始繁殖，若虫逐渐扩散时，可喷施 50％抗蚜威可湿性粉剂 3 000 倍液，或者 2.5％高效氯氟氰菊酯乳油 1 000～2 000 倍液，或者 2.5％溴氰菊酯乳油 1 500～2 500 倍液等，施药时注意喷头压力要大些，喷头对准虫体，冲掉其身上的白色蜡质，使药液接触虫体。

六、苹果全爪螨

（一）为害特征

苹果全爪螨又名叶螨、苹果红蜘蛛，属真螨目、叶螨科。以成螨在苹果树叶片上为害。受害初期，出现失绿小斑点，逐渐全叶失绿，严重时叶片黄绿、脆硬。全树叶片苍白或灰白，一般不落叶。

（二）形态特征

雌成螨体半圆球形，背部隆起，红色至暗红色。雄成螨体卵圆形，腹部末端尖削；初为橘红色，后变深红色。卵球形，稍扁，夏卵橘红色，冬卵深红色。幼螨、若螨圆形，橘红色，背部有刚毛。

（三）发生规律

苹果全爪螨1年发生6～9代。以卵在苹果树短果枝、果台和小枝皱纹处密集越冬。翌年花芽萌发期，越冬卵开始孵化，花序分离时是孵化盛期，落花期是越冬代雌成螨盛期。5月下旬是卵孵化盛期，此时是一个有利的防治时期。6月上、中旬是第一代成螨盛期。

（四）防治方法

1. 农业防治　刮除主干基部和主枝基部老树皮缝内越冬的雌成虫，集中烧毁。
2. 化学防治　春季防治时，若越冬卵量大，发芽前喷施95%的机油乳剂50倍液，消灭越冬卵。8—9月是压低越冬基数的关键时期，可用10%联苯菊酯乳油3 000～5 000倍液，或者24%螺螨酯悬浮剂5 000倍液等。

第二节　梨主要病虫害综合防控技术

梨病虫害主要有黑星病、轮纹病、梨木虱、梨小食心虫等。

一、梨黑星病

（一）症状

梨黑星病又名梨疮痂病、梨黑霉病。叶片症状：发病初期，最典型的症状是在叶背主脉两侧和支脉之间产生圆形、椭圆形或不规则形淡黄色小斑点，界线不明显，数日后逐渐扩大并在病斑上产生黑色霉状物，从正面看仍为黄色，不长黑霉，危害严重时许多病斑融合，使叶正、反面都布满黑色霉层，造成落叶。叶柄症状：

叶柄上出现黑色椭圆形凹陷病斑，产生黑色霉层，造成落叶。果实症状：果实生长前期受害，果面产生淡褐色圆形小病斑，逐渐扩大到 5~10mm，表面长出黑色霉层（为病原菌的分生孢子梗和分生孢子），病部生长停止。随着果实增大，病部逐渐凹陷，木栓化，龟裂。严重时果实出现畸形，果面凸凹不平，病部果肉变硬，具苦味，果实易提早脱落。果实生长到中后期，果面病斑上的黑霉层往往被雨水冲刷掉，病部常被其他杂菌腐生，长出粉红色或灰白色的霉状物。果实生长后期受害，果面出现大小不等的圆形或者近圆形黑色病斑，表面干硬、粗糙、霉层很少，果实不畸形。采收前后受害，果面出现淡黄色小病斑，边缘不整齐，多呈芒状，无霉层，但采收后若经高温高湿，则病斑扩展较快并长出大量黑色霉层。

（二）发生特点

以分生孢子或菌丝体在腋芽的鳞片内越冬，也能以菌丝体在枝梢部越冬，或者以分生孢子、菌丝体及未成熟的子囊壳在落叶上越冬。翌年春天形成子囊壳，产生子囊孢子作为初侵染源。一般 3 月下旬开始发病，5—6 月为盛发期。

（三）防治方法

1. 农业防治　清除落叶，及时摘除病芽、病梢，加强水肥管理，适当疏花疏果，控制结果量，合理修剪，使树内膛通风透光，增施有机肥，排除田间积水，增强树势，提高抗病能力。

2. 化学防治　发病初期可以选择使用 1∶2∶200 波尔多液，或者 50% 多菌灵可湿性粉剂 800 倍液，或者 50% 甲基托布津可湿性粉剂 800 倍液，或者 40% 福星乳油 8 000~10 000 倍液进行防治，效果显著。果实成熟前 30d 左右是防治该病的关键时期，可用 15% 烯唑醇·福美双悬浮剂 800~1 200 倍液或 0.3% 苦参碱水剂 600~800 倍液喷施。

二、梨轮纹病

（一）症状

梨轮纹病又名梨粗皮病。发病初期，以皮孔为中心形成暗褐色的水渍状斑块，随后斑块逐步扩大，呈现圆形或扁圆形，中间隆起，用手触摸，质地坚硬。发病一段时间之后，在树皮表面形成愈伤组织，病斑向四周隆起，患病部位和健康部位之间出现龟裂，果实病斑以皮孔为中心，初为水渍状浅褐色至红褐色圆形烂斑，在病斑扩大过程中逐渐形成浅褐色与红褐色相间的同心轮纹。

（二）发生特点

病菌以菌丝体、分生孢子器及子囊壳在枝干病部越冬。翌年发芽时继续扩展侵害枝干，4 月下旬至 5 月扩展较快，落花后 10d 左右的幼果即可受害。从幼果形成至 6 月下旬最易感病。8 月多雨时，采收前仍可受到明显侵染。当气温在 20℃ 以上，相对湿度在 75％以上或降雨量达 10mm、或者连续下雨 3～4d 时，病害传播快。肥料不足，树势弱，虫害重，发病重。

（三）防治方法

1. 农业防治　同苹果腐烂病的农业防治方法。
2. 化学防治　发病前主要施用保护剂以防止病害侵染，生长期喷药从落花后 10d 左右开始，直至果实膨大为止，药剂可用 50％嘧菌酯水分散粒剂 5 000 倍液或 25％戊唑醇水乳剂 2 000～2 500 倍液等。

三、梨木虱

（一）为害特征

梨木虱属半翅目、木虱科。以成虫、若虫在梨树幼叶、果梗、新梢上群集吸食汁液，导致叶片卷缩，引起早期落叶，影响产量与质量。在花蕾上寄生时，使花蕾不能开花，接着凋落。为害果实时果实表面变黑粗糙，诱发煤污病，污染果面，造成果实发育不良。

（二）形态特征

越冬型成虫褐色，产卵期变红褐色，前翅后缘在臀区有明显的褐色斑。夏型成虫黄色或绿色，体色变化较大，绿色者中胸背板大部分为黄色，胸背部有黄色纵条；翅上均无斑纹，触角丝状。初孵若虫扁椭圆形，淡黄色，复眼红色；3 龄后体扁圆形，绿色，翅芽稍带褐色，晚秋最末代若虫为褐色。越冬卵为长椭圆形，黄色；夏季卵初产时乳白色。

（三）发生规律

以成虫在树皮缝、树洞和落叶下越冬。在早春刚萌动时出蛰活动，在枝条上吸食汁液，并分泌白色蜡质物；而后行交尾和产卵，起始卵产在叶痕沟内，呈线状排列，花芽膨大时大量产卵；吐蕾期为产卵盛期，花期为第一代卵的孵化盛期，花后为若虫期。果实采收后产生末代卵，此代羽化的成虫为越冬代成虫。越冬代成虫将卵产在 1～2 年生枝条的叶痕处，待发芽、开花后，初孵若虫就近取食。若虫喜欢在叶柄和叶丛基部、卷叶内、果袋内、密闭果园的叶背面和其他阴暗处为害。

（四）防治方法

1. 农业防治　早春清洁田园，清理树皮，并将刮下的树皮与杂草、枯枝落叶集中烧毁，消灭越冬成虫。
2. 化学防治　成虫、低龄若虫发生高峰期，可用 10％吡虫啉可湿性粉剂

2 000~2 500 倍液，或者 25％噻虫嗪水分散粒剂 5 000 倍液，或者 5％啶虫脒乳油 1 500~2 000 倍液等。

四、梨小食心虫

（一）为害特征

梨小食心虫属鳞翅目、小卷叶蛾科。可为害梨、桃、苹果等多种果树。为害果树新梢时，多从新梢顶端叶片的叶柄基部进入，蛀孔外有大量虫粪排出，被害嫩梢的叶片逐渐凋萎下垂，最后枯死。为害果实时，幼虫蛀入果肉蛀食，孔外排出虫粪，周围易变黑，果肉被害处留有虫粪，使果肉变质腐败，不能食用。

（二）形态特征

成虫体长 5~7mm，翅展 11~14mm，暗褐色或灰黑色；下唇须灰褐色，上翘；触角丝状；前翅灰黑色，前缘有 10 组白色短斜纹，中央近外缘 1/3 处有 1 个明显白点，翅面散生灰白色鳞片，近外缘处约有 10 个小黑斑。幼虫体长 10~13mm，淡红色至桃红色，腹部橙黄色，头黄褐色，前胸盾浅黄褐色，臀板浅褐色，胸、腹部淡红色或粉色；臀栉 4~7 齿，齿深褐色；腹足趾钩单序环，30~40 个，臀足趾钩 20~30 个；前胸气门前片上有 3 根刚毛。蛹长 6~7mm，纺锤形，黄褐色，腹部第三至第七节背面各有 2 行排列整齐的短刺，腹部末端有钩状刺毛 8 根。茧长 10mm，白色，丝质，长椭圆形。

（三）发生规律

梨小食心虫 1 年发生 2~4 代，老熟幼虫在果树树干翘皮下、剪锯口处结茧越冬。越冬代成虫 4 月下旬至 6 月中旬发生；6 月末至 7 月末第一代成虫发生；8 月初至 9 月中旬第二代成虫发生。第二代幼虫主要为害梨芽、新梢、嫩叶、叶柄，极少数为害果实。第三代幼虫为害果实最重，第三代卵发生盛期为 8 月下旬至 9 月上旬。在桃、梨兼植的果园，第一代、第二代主要为害桃梢，第三代后转移到梨园为害。幼虫为害多从萼、梗洼处蛀入，早期被害果实蛀孔外有虫粪排出，幼虫蛀入直达果心。苹果蛀孔周围不变黑。多为害果核附近果肉，幼果被害后易脱落。为害嫩梢时，从上部叶柄基部蛀入髓部，向下蛀至木质化处转移，蛀孔流胶并有虫粪，被害嫩梢渐枯萎。

（四）防治方法

1. 农业防治　同梨木虱防治方法。

2. 化学防治　成虫产卵高峰期，选用 2.5％高效氯氟氰菊酯水乳剂 4 000 倍液，或者 2.5％高效氯氟氰菊酯水乳剂 4 000~5 000 倍液，或者 10％联苯菊酯乳油 3 000~4 000 倍液等均匀喷雾，虫口大时，间隔 15d 左右再喷 1 次，连喷 2~3 次为宜。

第三节　樱桃主要病虫害综合防控技术

樱桃病害主要有黑斑病、流胶病等，虫害主要是朝鲜球坚蜡蚧、果蝇等。

一、樱桃黑斑病

（一）症状

樱桃黑斑病主要为害樱桃树叶片和果实。叶片上产生圆形灰褐色至茶褐色病斑，直径约 6mm，扩大后产生轮纹，大的 10mm，边缘有暗色晕。病菌分生孢子主要生在叶斑正面。果实染病时，初生褐色水渍状小点，后扩展成圆形凹陷斑。湿度大时，病斑上长出灰绿色至灰黑色霉，即病原菌的菌丝、分生孢子梗和分生孢子。

（二）发生特点

以菌丝体或分生孢子在病残体中越冬。翌年 4 月随风雨或昆虫传播，形成再侵染，5—9 月为发病盛期，雨水是该病害流行的主要条件。雨季来临早、降水量大的年份，发病重；通风不良、低洼积水的果园，易发生。

（三）防治方法

1. 农业防治　选择地势高、排水好，以及避免与桃、梨、李等树种混栽的沙壤土建园；增施有机肥，适时追肥，增强树长势；清除病枝、枯枝，保护树体，防止冻害、日灼、虫害、机械损伤等造成伤口。

2. 化学防治　花谢 7d 后开始用药，可选用 45%咪鲜胺水乳剂 1 000～1 500 倍液、50%咪鲜胺锰盐可湿性粉剂 1 500 倍液等，每隔 10d 喷 1 次。

二、樱桃流胶病

（一）症状

樱桃流胶病症状分为干腐型流胶和溃疡型流胶两种。干腐型流胶：多发生在主干、主枝上，初期病斑不规则，呈暗褐色，表面坚硬，常引发流胶，后期病斑呈长条形，干缩凹陷，有时周围开裂，表面密生小黑点。溃疡型流胶：病部树体有树脂生成，微隆起，但不立即流出，留存于木质部与韧皮部之间，随树液流动，从病部皮孔或伤口处流出。病部初为无色略透明或暗褐色，坚硬。

（二）发生特点

高温高湿环境下，易严重发生。病害、虫害、冻害、机械损伤等造成的伤口是引起流胶病的重要因素。同时，修剪过度、施肥不当、水分过多、土壤理化性状不良等也可引起流胶。

（三）防治方法

1. 农业防治　同樱桃黑斑病的农业防治方法。

2. 化学防治　樱桃树萌芽前，喷施波美 5 度石硫合剂，若发现流胶的位置，将老皮刮除。发病初期喷施杀菌剂进行防治，可选用的药剂有 80% 代森锰锌可湿性粉剂 600 倍液、40% 腈菌唑可湿性粉剂 6 000 倍液。

三、朝鲜球坚蜡蚧

（一）为害特征

朝鲜球坚蜡蚧属同翅目、蜡蚧科。以雌成虫和若虫刺吸果树枝叶汁液，因排泄蜜露常诱致煤污病发生，严重时枝条布满蚧壳，致使枝条干枯。

（二）形态特征

雌成虫体近球形，长 4.5mm，宽 3.8mm，高 3.5mm，前、侧面下部凹入，后面近垂直；初期蚧壳软，黄褐色，后期硬化呈红褐色至黑褐色，表面有极薄的蜡粉，背中线两侧各具 1 纵列不规则的小凹点，壳边平削，与枝接触处有白蜡粉；头、胸部赤褐色，腹部淡黄褐色；触角丝状，10 节，生有黄白短毛；前翅发达，白色半透明，后翅特化为平衡棒。卵椭圆形，长 0.3mm，宽 0.2mm，附有白蜡粉，初白色，渐变为粉红色。初孵若虫长椭圆形，扁平，长 0.5mm，淡褐色至粉红色，被白粉；触角丝状，6 节，眼红色；足发达；体背面可见 10 节，腹面 13节，腹末有 2 个小突起，各生有 1 根长毛；固着后体侧分泌出弯曲的白蜡丝覆盖于体背，不易见至虫体；越冬后雌雄分化，雌体卵圆形，背面隆起呈半球形，淡黄褐色，有数条紫黑横纹，雄体瘦小，椭圆形，背稍隆起，赤褐色。蛹长 1.8mm，赤褐色；腹末有 1 个黄褐色刺状突。茧长椭圆形，灰白色半透明，扁平，背面略拱，有 2 条纵沟及数条横脊，末端有 1 条横缝。

（三）发生规律

朝鲜球坚蜡蚧卵期 7d 左右。5 月下旬至 6 月上旬为孵化盛期。初孵若虫分散至枝、叶背面为害，落叶前叶上的虫转回枝上。雄成虫寿命 2d 左右，可与数头雌虫交配。未交配雌虫产的卵亦能孵化。全年 4 月下旬至 5 月上、中旬为害最盛。

（四）防治方法

1. **农业防治**　选择地势高、排水好，以及避免与桃、梨、李等树种混栽的沙壤土建园；增施有机肥，适时追肥，增强树长势；清除病枝、枯枝，保护树体，防止冻害、日灼、虫害、机械损伤等造成伤口；用硬毛刷或钢丝刷刷枝条，减少朝鲜球蜡蚧越冬基数。

2. **化学防治**　萌芽前，整个树体喷洒波美5度石硫合剂进行预防。3月上、中旬或5月下旬若虫出蛰出壳期进行喷雾防治，可选用65％噻虫酮可湿性粉剂2 000倍～3 000倍液或22.4％螺虫乙酯悬浮剂3 000倍液。

四、樱桃果蝇

（一）为害特征

樱桃果蝇又名黑腹果蝇，属双翅目、果蝇科。成虫将卵产在樱桃果皮下，卵孵化后以幼虫取食果肉，极具隐蔽性，造成果实腐烂。虫果率若达50％左右，会对樱桃生产造成严重威胁。

（二）形态特征

成虫体长4～5mm。体淡黄色，尾部黑色。头部生有很多刚毛；触角3节，芒羽状；复眼鲜红色；翅很短，前缘脉的边缘常有缺刻；雌蝇体较大，腹部背面有5条黑条纹；雄蝇体稍小，腹末端圆钝，腹部背面有3条黑纹，前2条细，后1条粗。卵椭圆形，白色。幼虫乳白色，蛆状，3龄幼虫体长4.5mm。蛹梭形，浅黄色至褐色。

（三）发生规律

樱桃果蝇在果实近成熟时进行为害。室温21～25℃、相对湿度75～85％时，第一代历期4～7d，其成虫期1.5～2.5d，卵期1～2d。成虫具有一定飞行能力，可在自然条件下传播为害，主要靠果实调运扩散传播。

（四）防治方法

1. **农业防治**　选择地势高、排水好，以及避免与桃、梨、李等树种混栽的沙壤土建园；增施有机肥，适时追肥，增强果树长势；清除病枝、枯枝，保护树体，防止冻害、日灼、虫害、机械损伤等造成伤口；加强果园管护，早春开展果园除草工作，同时选用高效低毒药剂处理地面，压低果蝇虫源基数；将园内生理落果清理出园外，进行无害化处理；樱桃成熟后，及时采收，以减少果蝇的取食为害；园内及时排除积水，施用有机肥时覆盖厚土，以减少果蝇的生存地。

2. **物理防治**　利用果蝇的趋光性，可以使用诱虫灯诱杀或频振式杀虫灯诱杀成虫；采用糖醋液诱杀法，将红糖、白酒、食用醋、水按 50g：150mL：50mL：300mL 的比例配制成糖醋液，同时也可用成熟的香蕉进行诱杀；使用果蝇饵剂、梨小食心虫性诱剂诱杀。

3. 生物防治　保护捕食性天敌，如蜘蛛类、蚂蚁、赤眼蜂等天敌；可在樱桃转色期用 100 亿/mL 短稳杆菌悬浮剂 600~800 倍液喷洒落地果，并及时清理。

4. 化学防治　初春选用 40% 辛硫磷乳油 1 500 倍液或 90% 晶体敌百虫 1 000 倍液，对园内地面和周边杂草喷雾，压低虫口基数。

第四节　核桃主要病虫害综合防控技术

核桃病害主要有炭疽病、褐斑病等，虫害主要是木橑尺蠖、举肢蛾、黑斑蚜等。

一、核桃炭疽病

（一）症状

核桃炭疽病为害核桃树叶片、叶柄和果实。叶片症状：产生带有黄晕的黄褐色到褐色斑点，大叶脉能一定程度上阻隔病斑，大的病斑中间有颜色深浅不等的轮纹，严重受害的叶片边缘焦煳，如烤烟叶，病斑呈现角状（与黑斑病的区别：黑斑病颜色更深、没有轮纹；雨水多、湿度大的情况下，黑斑病病斑会越过叶脉，形成较大的圆形病斑，但不形成轮纹）。叶柄症状：叶柄阶段性褐变（与黑斑病的区别：黑斑病往往伴有纵向开裂）。果实症状：果实受害后，先在绿色的外果皮上产生黑褐色圆形或近圆形斑，后扩大并深入果皮，中央凹陷，内生许多黑色小点，散生或排列成同心轮纹状，雨后或潮湿条件下，黑点上溢出粉红色黏质孢子团，即病菌的分生孢子盘和分生孢子。

（二）发生特点

病菌主要以菌丝体和分生孢子盘在病僵果、病叶及芽上越冬，亦可在其他寄主植物的病组织上越冬。翌年条件适宜时，越冬病菌产生大量分生孢子，通过风雨或昆虫传播，从伤口或自然孔口侵染，也可直接侵染。该病潜伏期很短，一般为 4~9d，条件适宜时可发生多次再侵染，所以流行性较强，为害较重。同时，病菌具有潜伏侵染特性，多表现为幼果期侵入、中后期发病，外观无病的果实、枝条、叶片，可能带有潜伏病菌。

（三）防治方法

1. 农业防治　要选择地势较高、通风透光性良好的地块建造核桃园，合理确定种植密度，避免与苹果、梨、桃等易发生病虫害的果树及林木相邻栽植或混栽。

生长期科学修剪，雨季及时排水，保持果园通风透气性好。及时清除树上、树下的病果、僵果、病叶、病株等，集中深埋，消灭病菌越冬场所。结合冬季修剪，剪除染病枝梢。

2. 化学防治　往年病害发生较重的核桃园，在发芽前喷施 1 次铲除性杀菌剂，如 41%甲硫·戊唑醇悬浮剂 400～500 倍液，或者 77%硫酸铜钙可湿性粉剂 450 倍液，或者 45%代森铵水剂 300 倍液。或者落花后 20d 喷药，常用药剂有 10%苯醚甲环唑水分散粒剂 2 000 倍液、70%甲基硫菌灵可湿性粉剂、430g/L 戊唑醇悬浮剂 3 500 倍液等。

二、核桃褐斑病

（一）症状

核桃褐斑病为害核桃叶片、嫩梢和果实。先在叶片上出现近圆形或不规则形病斑，中间灰褐色，边缘暗黄绿色至紫褐色。病斑常融合在一起，形成大片焦枯区。病叶容易早期脱落。发病后期病部表面散生黑色小粒点，即病原菌的分生孢子盘和分生孢子。果实上的病斑较叶片小，凹陷、扩展后，果实变成黑色、腐烂。

（二）发生特点

病菌主要以菌丝体和分生孢子盘在落叶上越冬，也可在核桃枝梢病斑上越冬。翌年条件适宜时，越冬病菌产生分生孢子，通过风雨或昆虫传播，从皮孔侵入或直接侵染进行为害。该病潜育期较短，在果园内可发生多次再侵染，7—8 月为发病盛期。

（三）防治方法

1. 农业防治　同核桃炭疽病的农业防治方法。

2. 化学防治　零星发生，无需单独喷药；发生较重时，应在病害发生初期开始喷药，可选用 70%甲基硫菌灵可湿性粉剂 800～1 000 倍液或 50%多菌灵可湿性粉剂 600～800 倍液，隔 15d 左右喷 1 次，连喷 2 次左右。

三、木橑尺蠖

（一）为害特征

木橑尺蠖俗称小大头虫，属鳞翅目、尺蠖蛾科。主要以幼虫为害核桃树叶片，小幼虫将叶片吃出缺刻与孔洞。幼虫是一种暴食性害虫，3～5d 就可以将叶片吃光，只剩叶柄，因而得名"一扫光"。该虫发生密度大时会将大片果园叶片吃光，造成核桃大量减产。

（二）形态特征

成虫体长 18～22mm，翅展 72mm；雌蛾触角丝状，雄蛾触角短羽状；前、后翅外散布不规则的浅灰色斑点，在前翅基部有 1 个近圆形的黄棕色斑纹，前、后翅的中央各有 1 个明显浅灰色的斑点，在前、后翅外缘线处有 1 条断续的波状黄棕色斑纹。卵扁圆形，绿色，直径约 0.9mm；卵块上覆有 1 层棕色茸毛，孵化前变为黑色。幼虫共 6 龄，老熟幼虫体长约 70mm；颅顶两侧呈圆锥状突起，额面有 1 条深棕色的"八"字形凹纹。蛹长约 30mm，宽 8～9mm，初期翠绿色，最后变为黑色，反光很弱，体表面布满小刻点。

（三）发生规律

木橑尺蠖以蛹在墙根下或田埂间石缝内、树干周围土内越冬，以 3cm 深处为最多，若在荒坡上，则以杂草、碎石堆中较多。翌年 5 月上旬，平均气温达 25℃ 左右时，开始羽化，7 月中、下旬为羽化盛期，8 月底为羽化末期。成虫不活泼，趋光性强，晚间活动，白天静止在树上，易被发现。初孵幼虫活泼，爬行很快，并能吐丝借风力转移。

（四）防治方法

1. 农业防治　选择地势较高、通风透光性良好的地块建造核桃园，合理确定种植密度，避免与苹果、梨、桃等易发生病虫害的果树及林木相邻栽植或混栽；生长期科学修剪，雨季及时排水，保持果园通风透气性好；晚秋或早春，深翻树下的土壤，破坏越冬虫茧。

2. 物理防治　在发生密度大的地方可以安装黑光灯诱杀。

3. 化学防治　3 龄前用药剂防治，特别是在第一代幼虫孵化期，可选用下列药剂：90%晶体敌百虫 1 000 倍液、50%辛硫磷乳油 1 500 倍液、2.5%高效氟氯氰菊酯乳油 3 000 倍液、20%甲氰菊酯乳油 2 000 倍液。

四、核桃举肢蛾

（一）为害特征

核桃举肢蛾属鳞翅目、举肢蛾科。幼虫蛀入核桃果内（总苞）以后，蛀孔外出现水珠，初期透明，后变为琥珀色。随着幼虫的生长，纵横穿食为害，被害的果实表面发黑，并开始凹陷，核桃仁（子叶）发育不良，表现干缩而变黑，故称为"核桃黑"或"黑核桃"。有的幼虫早期侵入硬壳内蛀食为害，使核桃仁枯干；有的蛀食果柄间的维管束，引起早期落果，严重影响核桃产量。

（二）形态特征

成虫体长 5～8mm，展翅 12～14mm，黑褐色，有光泽；翅狭长，缘毛很长，静止时胫、跗节向侧后方上举，并不时摆动，故名"举肢蛾"。卵椭圆形，长 0.3～0.4mm，初产时乳白色，渐变为黄白色、黄色，近孵化时呈红褐色。成熟幼虫体长 7.5～9mm，头部暗褐色，胴部淡黄白色，背面稍带粉红色，被有稀疏白色刚毛。蛹体长 4～7mm，纺锤形，黄褐色。茧椭圆形，长 8～10mm，褐色，常黏附草屑及细土粒。

（三）发生规律

核桃举肢蛾越冬幼虫于 4 月上旬开始化蛹，5 月中、下旬为化蛹盛期，蛹期 7～10d；越冬代成虫最早出现于 4 月下旬果径 6～8mm 时，5 月中、下旬为盛期，6 月上、中旬为末期；5 月上、中旬出现幼虫为害，6 月出现第一代成虫，6 月下旬出现第二代幼虫为害。成虫略有趋光性，卵大部分产于两果相接的缝隙内，其次是产于梗洼或叶柄上。一般每果上产卵 1～4 粒，后期数量较多，每果上可产卵 7～8 粒。卵期 4～6d。幼虫孵化后在果面爬行 1～3h，然后蛀入果实内，纵横穿食为害，形成蛀道，粪便排于其中。蛀孔外流出透明或琥珀色水珠，此时果实外表无明显被害状，之后青果皮皱缩变黑腐烂，引起大量落果。每果内有幼虫 5～7 头，最多 30 余头，在果内为害 30～45d 成熟，咬破果皮，脱果入土，结茧化蛹。第二代幼虫发生期间，正值果实发育期，内果皮已经硬化，幼虫只能蛀食中果皮，果面变黑、凹陷、皱缩。至核桃采收时，有 80％左右的幼虫脱果结茧越冬，少数幼虫直至采收后被带入晒场。

（四）防治方法

1. 农业防治　同木橑尺蠖的防治方法。
2. 物理防治　同木橑尺蠖的防治方法。
3. 化学防治　成虫产卵盛期及幼虫初孵期，每隔 10～15d 喷 1 次药剂，选用 50％杀螟硫磷乳油或 50％辛硫磷乳油或 2.5％溴氰菊酯乳油，共喷 3 次，将幼虫消灭在蛀果之前。成虫羽化前或个别成虫开始羽化时，于树干周围地面喷施 50％辛硫磷乳油 300～500 倍液，毒杀幼虫。

五、黑斑蚜

（一）为害特征

黑斑蚜属半翅目、斑蚜科。以成、若蚜在核桃叶背及幼果上刺吸为害，造成叶片焦枯，核桃仁干缩，出仁率严重下降。

（二）形态特征

1 龄若蚜体长 0.53～0.75mm，长椭圆形，胸部和腹部第一至第七节背面每节有 4 个灰黑色椭圆形斑，腹部第八节背面中央有 1 个较大横斑；3～4 龄若蚜的灰黑色斑消失；腹管环形。有翅孤雌蚜体长 1.7～2.1mm，淡黄色，尾片近圆形。雌性成蚜体长 1.6～1.8mm，无翅，淡黄绿至橘红色；头和前胸背面有淡褐色斑纹，中胸有黑褐色大斑，腹部第三至第五节背面，每节各有1个黑褐色大斑。雄性成蚜体长1.6～1.7mm，头胸部灰黑色，腹部淡黄色；第四、第五腹节背面每节各有1对椭圆形灰黑色横斑；腹管短截锥形，尾片上有毛7～12根。卵长0.5～0.6mm，长卵圆形，初产时黄绿色，后变黑色，光亮，卵壳表面有网纹。

（三）发生规律

4月中旬为黑斑蚜越冬卵孵化盛期，孵出的若蚜在卵壳旁停留约1h后，开始寻找膨大树芽或叶片刺吸取食。4月底至5月初，干母发育为成蚜，孤雌卵胎生出有翅孤雌蚜，有翅孤雌蚜每年发生12～14代，不产生无翅蚜。成蚜较活泼，可飞至邻近树上。8月下旬至9月初开始产生性蚜，9月中旬性蚜大量产生，雌蚜数量是雄蚜的2.7～21倍。交配后，雌蚜爬向枝条，选择合适部位产卵，以卵越冬。

（四）防治方法

1. 农业防治　同木橑尺蠖的防治方法。
2. 生物防治　核桃黑斑蚜的天敌主要有七星瓢虫、异色瓢虫、大草蛉等。
3. 化学防治　每复叶蚜量超过50头时，喷洒50%抗蚜威可湿性粉剂5 000倍液，或者10%吡虫啉可湿性粉剂3 000倍液，或者10%烯啶虫胺可溶性液剂5 000倍液。

第五节　花椒主要病虫害综合防控技术

花椒病害主要有流胶病等，虫害主要有花椒棉蚜等。

一、花椒流胶病

（一）症状

花椒流胶病症状分为生理性流胶和侵染性流胶。生理性流胶：由机械损伤、虫害、冻害、水分过多或不足、施肥不当、修剪过重、土质黏重或土壤酸度过高等原因引起。该病大多发生在花椒主干和大枝的分叉处，小枝发生少。侵染性流胶：主要为害花椒树主干，尤其是茎基部，严重时树冠上部枝条也产生病斑。发病初期，病斑不明显，被害处表皮呈红褐色，随着病斑的扩大，病部呈湿腐状，表皮略有凹陷，并伴有流胶出现，随着病情发展，病斑变黑，大面积树皮腐烂，树体营养物质运输受阻，病部一侧病枝叶黄化、凋萎。当病斑环绕一周时，病斑上部枝干干枯死亡，乃至全株枯死。

（二）发生特点

病菌以菌丝体和孢子座在病枝里越冬。3—11月均可侵染，气温达到15℃时，老病斑开始恢复扩展，病部产生分生孢子借雨水传播扩散，由伤口侵入。一般在 5 月中、下旬开始发病；6 月中旬至 7 月初，病斑扩展迅速，发病比较缓慢；7 月中旬至 8 月中旬，病菌发展迅速，传播速度快；病害发展可持续到 10 月。当气温下降，天气变凉时，不利于病菌入侵、为害，病害停止发展。

（三）防治方法

1. **农业防治**　秋季落叶后及时彻底清理花椒园，将病虫枝叶集中烧毁或深埋。合理修剪，保持树势，通过修剪及时去除病虫枝并烧毁，降低侵染源，减少二次感染机会；合理布局枝条，提高树木的通风透光性，控制结果枝组，使树势健壮。增施有机肥，改良土壤；适时中耕、除草，尽量减少化肥、农药的使用，增强树势，提高抗病能力。

2. **物理防治**　对于已发生的病斑要及时刮除，再涂抹 5 波美度石硫合剂保护。对主干、主枝、副主枝及大侧枝用涂白剂涂白，常用的涂白剂为硫酸铜石灰涂白剂（硫酸铜 500g、生石灰 10kg）。

3. **化学防治**　早春发芽前和秋末落叶后，各喷 1 次 3～5 波美度石硫合剂或 100 倍等量式波尔多液消毒，防治越冬病害；花椒园消毒时，不要只喷树上，要树上、树下一起喷，做到花椒园彻底消毒。定植花椒时，根茎部涂 40% 乙磷铝可湿性粉剂 10 倍液或 70% 代森锰锌可湿性粉剂 20 倍液，或者于 3 月下旬及 6 月用 200～300 倍药液浇灌椒树根茎部，可控制病害发生。在发病初期，用刀将溃疡性病斑彻底刮除，再用流胶威或索利巴尔液涂抹，然后敷一层稀泥，或者用 1 000 亿活芽孢/g 枯草芽孢杆菌可湿性粉剂 50 倍液喷雾防治。花椒果实采收后，用 50% 甲基托布津可湿性粉剂 500 倍液，喷布树干 1～2 次。

二、花椒绵蚜

（一）为害特征

花椒绵蚜属半翅目、蚜科。以若虫、成虫为害花椒的嫩枝、嫩叶、花及幼果。花椒树被害后叶片卷缩，生长发育不良，致使落花落果，降低产量，严重时，感染煤污病，影响叶片光合作用，花椒树坐果率降低或果实不饱满，严重影响经济收益。

（二）形态特征

成虫体长 1.6mm，茶褐色，触角 5 节，无翅；无翅胎生雌蚜体长 1.5～1.9mm，体色有黄、青、深绿等色，触角长约为体长一半；有翅胎生雌蚜大小与无翅胎生雌蚜相近，体黄色、浅绿色至深绿色。无翅若蚜共 4 龄，夏季黄色至黄绿色，春秋季蓝灰色，复眼红色；有翅若蚜也共 4 龄，夏季黄色，秋季灰黄色，2 龄后出现翅芽，触角比身体短；翅透明，中脉三岔。卵初产时橙黄色，6d 后变为漆黑色，有光泽。

（三）发生规律

花椒绵蚜 1 年发生 10～20 代，以卵在花椒等越冬寄主上越冬。翌年春季，寄主发芽后，越冬卵孵化为干母，孤雌生殖 2～3 代后，产生有翅胎生雌蚜；4—5 月迁入花椒园，为害刚发芽的花椒芽，随后在花椒园内繁殖，5—6 月进入为害高峰期，6 月下旬后蚜量减少，10 月中、下旬产生有翅的性母，迁回越冬寄主，产生无翅有性雌蚜和有翅雄蚜。

（四）防治方法

1. **农业防治**　同花椒流胶病农业防治方法。

2. **物理防治**　采用锤击法防虫，在 4 月下旬至 5 月上旬的越冬幼虫活动期和 6 月上旬初孵幼虫钻蛀期，用钉锤、小斧头、木棒等锤击虫蛀部位及周边，砸死幼虫。刮除病斑，发现枝干上有蛀孔时，用毒泥、毒签封口，熏死蛀虫。将主干、主枝、副主枝及大侧枝用涂白剂涂白，常用的涂白剂为硫酸铜石灰涂白剂（硫酸铜 500g、生石灰 10kg）。放置黄色粘虫板诱杀有翅蚜。

3. **生物防治**　保护瓢虫、食蚜蝇、寄生蜂、蜘蛛、草蛉等天敌可防治花椒绵蚜。

4. **化学防治**　4 月下旬，花椒树花蕾分离、蚜虫始盛期是防治的最有利时期，用 1% 苦参碱可溶性液剂，或者 0.5% 藜芦碱可溶性液剂 3 000～4 000 倍液，或者 10% 吡虫啉可湿性粉剂 2 000～3 000 倍液，或者 1.8% 阿维菌素乳油 2 000～4 000 倍液喷雾防治。

第六节　枸杞主要病虫害综合防控技术

枸杞病害主要有炭疽病、白粉病、根腐病等，虫害有木虱、瘿螨、蚜虫、负泥虫等。

一、枸杞炭疽病

（一）症状

枸杞炭疽病又称枸杞黑果病。主要为害枸杞叶片、花蕾、青果、红果等部位。枸杞青果染病后，半果或整果变黑，枸杞青果染病初期在果面上生小黑点或不规则褐斑。遇连阴雨天，病斑不断扩大，气候干燥时，黑果缢缩，湿度大时，病果上长出很多橘红色胶状小点，即病原菌的分生孢子盘和分生孢子。花染病后，花瓣上出现黑斑，逐渐变为黑花，子房干瘪，不能结实。花蕾染病后，表面出现黑斑，轻者成为畸形花，严重时成为黑蕾，不能开花。嫩枝、叶尖、叶缘染病后，产生褐色半圆形病斑，扩大后变黑，湿度大时呈湿腐状，病部表面出现黏滴状橘红色小点。成熟果实染病后，加工成干果后出现黑色斑点或成油果。

（二）发生特点

病菌以菌丝体和分生孢子在枸杞病果上越冬，翌年春天温度适宜时，形成分生孢子，引起初次侵染。病菌分生孢子主要借风雨传播，可多次侵染。病原菌的发生温度是 15～35℃，最适宜温度是 23～25℃；适宜湿度是 100%，当湿度低于75.6%时，病原菌孢子萌发受阻，干旱不利于病原菌的发生及流行。一般 5 月中旬至 5 月下旬开始发病，6 月中旬至 7 月中旬为高峰期，若遇连阴雨天，流行速度快，雨后 4h 孢子萌发，遇大降雨时，2～3d 内全园受害，常年可造成减产 20%～30%，严重时可达 80%，甚至绝收。枸杞炭疽病与开花结果期的降水量有密切关系，全年发病高峰期与最高降雨量时期相吻合。

（三）防治方法

1. **农业防治**　枸杞展叶期，抹除植株根茎、主干、主枝上的无用萌芽；5 月生长季节，每隔 5～7d 进行 1 次修剪工作，剪除植株根茎、主干、膛内、冠层萌发的徒长枝及被害虫为害较重的强壮枝。施肥区域应为毛细根分布区域，避免肥料烧及主根，从抽条期到花期，每隔 2 周喷施 1 次叶面肥，以促进营养和生殖生长。合理灌水，漫灌地灌水时切忌积水，随灌随排。

2. **生物防治**　选用香芹酚、蛇床子素等生物杀菌剂防治。

3. **化学防治**　发病期及时防蚜、防螨，防止害虫携带孢子传病和造成伤口。在化学药剂中，以 1% 的波尔多液和 50% 退菌特可湿性粉剂 600 倍液防治效果较好。在喷药时间上，以定期喷药为好，5—6 月每半个月喷药 1 次，6 月中旬至 7 月每 10d 喷药 1 次。

二、枸杞白粉病

（一）症状

发病后，枸杞叶片正反两面常生出近圆形或不定形白色粉状霉斑，后扩散至整个叶片，叶片被白粉覆盖，发病后期白粉渐变成淡灰色，病斑上逐渐出现很多黄褐色小颗粒（闭囊壳），最后小颗粒变为黑色。严重危害时，病叶萎缩，变褐枯死，或者早期脱落，果粒变得瘦小，造成减产。

（二）发生特点

枸杞白粉病菌主要以闭囊壳在落叶上或黏附在枝梢上越冬。7—8 月子囊孢子成熟，借风传播侵染，进入发病初期；8 月下旬至 9 月初开始发病，进入发病盛期。分生孢子繁殖能力强、速度快、侵染力强，可多次重复侵染，10 月下旬至 11月，形成闭囊壳。

（三）防治方法

1. 农业防治　秋季修剪，及时清除植株根茎、主干、冠层抽生的徒长枝；灌水后及时中耕除草，加强秋季管理，促进枸杞树发根养根，积蓄营养，培养树势。

2. 生物防治　结合秋基肥在秋条抽条前增施微生物菌剂，固体菌剂埋施后灌水，液体菌剂稀释后直接灌根，施用区域为枸杞毛细根分布的区域。选用香芹酚、蛇床子素等生物杀菌剂防治炭疽病等病害。

3. 化学防治　进入 6 月后喷洒 70％代森锰锌可湿性粉剂 500 倍液或 75％百菌清可湿性粉剂 600 倍液，隔 10d 左右喷 1 次，连续防治 2～3 次。采收前 7d 停止用药。

三、枸杞根腐病

（一）症状

感染根腐病的枸杞，根部皮层发生不同程度的腐朽、剥落，严重时露出木质部，潮湿时在病部上长出白色或粉色霉层。叶片上的症状有的表现为小叶型（即春季展叶时间晚，叶小，枝条矮化，严重时全株枯死），有的表现为黄化型（即叶尖开始时黄色，逐渐枯焦，向上反卷，当腐烂皮层环绕树干时，病部以上叶片全部脱落，树干枯死）。

（二）发生特点

病原菌主要随存活的枸杞病株越冬，也可随土壤和土中的病株残体、病果种子越冬和传播。翌年条件适宜时，病菌随时可从伤口或穿过皮层直接侵入根部或根茎部植物组织内引起发病。病株产生的孢子主要借雨水、灌溉水在田间传播。病果种子和病苗是远距离传播的重要途径。

（三）防治方法

1. 农业防治　结合冬春季修剪统一清园，将修剪下来的残、枯、病枝连同沟渠、田埂、路边野生枸杞带出田园及时清除销毁，消灭初侵染来源；科学施肥，培养树势，施肥时注意不能离根部和茎基部太近，避免伤根。

2. 化学防治　发病初期，浇灌 20％甲基立枯磷乳油 1 000 倍液或 50％甲基硫菌灵可湿性粉剂 600 倍液、25％多菌灵可湿性粉剂 400 倍液等。

四、枸杞木虱

（一）为害特征

枸杞木虱属同翅目、木虱科。成虫、若虫以刺吸式口器刺入枸杞嫩梢、叶片表皮组织内，刺吸汁液，致叶片干枯脱落，树势衰弱，果实发育受阻，产量及品质下降。

（二）形态特征

成虫体长 3.7～3.84mm，体黄褐色至黑褐色，密被绒毛，腹背基部有白带，翅透明。卵橙黄色，长卵形，顶部略尖，长 0.3mm，宽径 0.15mm；卵基部具细长的丝柄，长约 1.22mm。若虫体扁平，椭圆形，黄褐色，具大小有变化的褐斑，体周缘具蜡腺；足短粗，端生刚毛 2 根，背面的细长而末端弯，腹面的毛很短小；胸腹节明显；气门位于腹面两侧，胸部 2 对，腹部 4 对，肛门横扁；若虫分 5 龄。

（三）发生规律

枸杞木虱以成虫越冬，隐藏在寄主附近的土块下、墙缝里、枯枝落叶中。一般 3 月中、下旬开始出现，近距离跳跃或飞翔，在枸杞枝上刺吸取食，停息时翅端略上翘，常左右摇摆，肛门不时排出蜜露，白天交尾、产卵，先抽丝成柄，卵密布叶的两面。若虫可爬动，但不活泼，附着在叶表或叶下刺吸为害。6—7 月为盛发期，各期虫态均多，1 年发生 3～4 代，世代重叠，危害普遍，受害严重的植株 8 月下旬就枯萎，对枸杞生长和产量影响很大。

（四）防治方法

1. 农业防治　展叶期抹除植株根茎、主干、主枝上的无用萌芽；现蕾期前灌水抑制成虫出土；5 月生长季节，每隔 5～7d 进行 1 次修剪工作，剪除植株根茎、主干、膛内、冠层萌发的徒长枝及被害虫为害较重的强壮枝。施肥区域应为毛细根分布区域，避免肥料烧及主根，从抽条期到花期每隔 2 周喷施 1 次叶面肥，以促进营养和生殖生长。合理灌水，漫灌地灌水时切忌积水，随灌随排。

2. 生物防治　在枸杞根系生长期，采用微生物菌剂对枸杞树根际土壤进行 1 次处理。固体菌剂埋施后灌水，液体菌剂稀释后直接灌根，施用区域为枸杞毛细根分布的区域。

3. 化学防治　于 4 月下旬成虫出蛰活动盛期，及时喷洒 25％噻嗪酮乳油 1 000～1 500 倍液或 2.5％联苯菊酯乳油 2 500～3 000 倍液，间隔 10～15d 喷 1 次，连喷 2～3 次。

五、枸杞瘿螨

（一）为害特征

枸杞瘿螨属蜱螨目、瘿螨科。主要为害枸杞叶片、嫩茎、花蕾、幼果，形成虫瘿、瘤痣或造成畸形，使树势衰弱，早期落果落叶，严重影响生产。

（二）形态特征

成虫体长约 0.18mm，橙黄色，长圆锥形，全身略向下弯曲作弓形，前端较粗，有足 2 对，口器向前下方斜伸；腹部环纹 60～65 个，环纹上布有圆锥形微瘤，瘤端较钝向前指，背腹环数一致。卵直径 3.9μm，球形。幼虫与成虫相似，短于成虫，中部宽，后部短小，前端有 4 足及口器，浅白色。

（三）发生规律

枸杞瘿螨以成虫在枸杞冬芽的鳞片内或枝干的皮缝中越冬。4 月中旬枸杞展叶期，越冬成螨从越冬场所迁移到新展的嫩叶上，在叶背刺伤表皮吮吸汁液，损毁组织，使之渐呈凹陷，之后表面愈合，成虫潜居其内，产卵发育，繁殖多代，此时在叶片的正面隆起如一痣，痣由绿色转赤褐色渐变紫色。5 月中旬新梢生长期，瘿螨迁移到新梢为害，6 月上旬达到高峰期；8 月中、下旬秋梢生长期，瘿螨再次迁移到新梢为害，到 9 月达第二次为害高峰期；10 月中、下旬，瘿包逐渐干裂，成螨陆续爬出越冬。

（四）防治方法

1. 农业防治　同枸杞木虱的农业防治方法。
2. 生物防治　同枸杞木虱的生物防治方法。
3. 物理防治　4 月中旬，于植株两侧 50～80cm 宽铺设地膜阻隔地下越冬虫源。青果期前，布设实蝇诱捕器，监测和捕杀枸杞实蝇成虫。
4. 化学防治　同枸杞木虱的化学防治方法。

六、枸杞蚜虫

（一）为害特征

枸杞园中的蚜虫优势种为绵蚜，其寄主范围很广。蚜虫常群集在枸杞嫩梢、花蕾、幼果上吸取汁液，造成受害枝梢曲缩，生长停滞，受害花蕾脱落，受害幼果成熟时不能正常膨大。严重时，枸杞叶、花、果表面全被蚜虫的分泌物所覆盖，起油发亮，直接影响了叶片的光合作用，造成植株早期落叶、落花、落果。

（二）形态特征

绵蚜有无翅蚜和有翅蚜两种类型。有翅蚜体长 1.9mm，黄绿色，头部黑色，触角 6 节，前胸绿色，腹部深绿色。若虫是无翅蚜，体长 1.5～1.9mm，淡黄色至深绿色，尾片浅黄色。

（三）发生规律

枸杞蚜虫以卵在枸杞枝条缝隙及芽眼内越冬。翌年 3 月中、下旬卵孵化，孤雌胎生，繁殖 2～3 代后出现有翅胎生蚜，4 月上旬开始活动，迁飞扩散，为害叶片、嫩芽、花蕾、青果。发育起点温度为 8.91℃，完成 1 个世代需有效积温 88.36℃，完成 1 个世代发育天数最长 12d，最短 5d，第一次高峰期在 5 月下旬至 7 月中旬，第二次高峰期在 8 月中旬至 9 月中旬。

（四）防治方法

1. 农业防治　及时抹芽修剪，结合蚜虫的发生抹芽，沿树冠自下而上、由内向外，剪除植株根茎、主干、膛内、冠层萌发的徒长枝和病虫为害严重的强壮枝和果枝，改善树体、园内温湿度以及通风透光条件。加强水肥管理，追施有机肥，合理灌水，切忌积水，及时中耕除草，8 月下旬翻土，深度为 15～20cm。

2. 生物防治　根据主要害虫监测调查结果，在采果期释放捕食螨、瓢虫等捕食性天敌控制蓟马和蚜虫种群数量，释放蚜茧蜂等寄生性天敌控制蚜虫种群数量。选用除虫菊素、印楝素、苦参碱等生物杀虫剂防治蚜虫、枸杞木虱等虫害。

3. 化学防治　为害初期，可用 50％灭蚜净乳剂 3 000 倍液或 10％吡虫啉可湿性粉剂 1 500 倍液进行全面防治。

七、枸杞负泥虫

（一）为害特征

枸杞负泥虫属叶甲科，又名十点叶甲，为枸杞专食性害虫。枸杞负泥虫为暴食性食叶类害虫，以成虫、幼虫取食叶片，造成不规则的缺刻或孔洞，并在被害枝叶上排泄粪便，严重时全部吃光，仅剩叶脉，造成枝条干枯，枸杞无法正常生长。

（二）形态特征

成虫体长 5.6mm，头胸狭长，鞘翅宽长，触角、头部、胸部黑色，有刻点，鞘翅黄褐色，刻点纵列，有 10 个黑色斑点，故又名十点叶甲，不同个体的黑点数目不一，有的消失不全，甚至全无黑点。卵橙黄色，长圆形。幼虫体长 7mm，灰黄色，腹部各节各具 1 对吸盘，使之与叶面紧贴，背负污绿色粪便，头黑色，有强烈反光，前胸背板黑色，中间分离，胸足 3 对。蛹长 5mm，浅黄色，腹端有刺毛 2 根。

（三）发生规律

枸杞负泥虫 1 年发生 3～4 代，以蛹和成虫在被害植株下的土层里越冬，深度 3～5cm。4 月下旬越冬成虫出土，交尾产卵，卵产在叶片上，正反两面均可产卵，一般 10 粒左右，呈"人"字形排列；5 月中旬至 9 月间各虫态均可见，世代重叠。成虫具有假死性，轻轻振动枝条即坠地不动。成虫不善飞行，取食、求偶活动均依靠爬行。幼虫老熟后入土吐白丝黏合土粒结茧化蛹。10 月下旬，以蛹和成虫在土中越冬。

（四）防治方法

1. 农业防治　同枸杞蚜虫的农业防治方法。
2. 化学防治　利用该害虫的食叶性，在为害期常喷施 40％乐果乳油或 90％晶体敌百虫 800～1 000 倍液。

第七节　草莓主要病虫害综合防控技术

草莓病害主要有灰霉病、白粉病等，虫害主要有草莓蚜虫、二斑叶螨等。

一、草莓灰霉病

（一）症状

草莓灰霉病主要为害草莓叶片、花器、果实，也可侵染叶柄、果柄。果实染病症状：多发生在青果上，侵染初期在果顶上形成水浸状病斑，扩展后形成褐色病斑。湿度大时病果上可见灰褐色霉层，通过风雨传播迅速扩大蔓延；空气干燥时病果呈干腐状，导致果实脱落。叶片染病症状：染病花瓣脱落后沾到的叶片或靠近地面的叶片最先或最易感病，初期在叶片上形成水渍状小斑点，后向外扩展成圆形、半圆形、近圆形、不规则形等多种形状的灰褐色大病斑，有时病部微具轮纹，最后蔓延到整片叶，导致叶片腐烂、干枯，病斑部位后期形成灰褐色霉状物。干燥时呈褐色干腐状，湿润时出现乳白色绒毛状菌丝团。叶柄染病症状：染病的花瓣脱落到叶柄处引起叶柄发病，初期叶柄颜色变浅，形成水渍状小斑，扩展后呈长椭圆形，在湿度大的条件下表面着生大量灰褐色霉层。叶柄基部受害，导致植株倒伏。

（二）发生特点

病菌以菌丝体或分生孢子在病残体上或以菌核在土壤中越冬，翌年春天产生菌丝体和分生孢子，通过气流、雨水或农事活动传播。在气温 20℃左右的高湿环境下，形成孢子，飞散蔓延，在 31℃以上高温、2℃以下低温和空气干燥时，不形成孢子，不发病。

（三）防治方法

1. 农业防治　选用抗病品种：由于草莓品种对灰霉病均无免疫能力，但品种之间的抗、感病程度有差异，因此在栽培草莓时，应选用优质、丰产、抗病性强的品种。深沟高垄，膜下暗灌：改变传统平畦种植习惯，采用深沟高垄栽培，垄面覆盖黑色地膜，膜下铺设滴灌管。调节温室环境条件：草莓灰霉病属于低温高湿病害，可以通过调节温室内叶片和果实的着露量和着露时间来预防草莓灰霉病的发生；草莓进入花期以后，白天棚内温度应控制在 25℃ 以上，夜间控制在 12℃ 以上，在此温度范围内可适当延长通风时间，控制棚内空气的相对湿度在 60％～70％。加强田间管理：发病初期及时清除病花、病果、病叶，拔除重病植株，防止病原菌进一步扩散到其他部位，拉秧后及时清除落叶、病僵果，降低田间土壤带菌量；加强光温、肥水调节，增施腐熟有机肥，合理调节磷肥、钾肥比例。

2. 化学防治　土壤处理：定植前每亩撒施 25％多菌灵可湿性粉剂 5～6kg 后，耙入土中防病效果好。喷雾防治：花期和坐果期一般为重点防治时期，药剂喷施部位主要是残花、叶片、叶柄和果实。发病初期，可选用 50％腐霉利可湿性粉剂 1 500倍液或 50％异菌脲可湿性粉剂 1 500 倍液、50％乙烯菌核利干悬浮剂 800 倍液，喷雾防治，隔 5～7d 喷施 1 次，连续喷施 3 次，注意交替轮换用药。烟熏：可采用烟剂熏蒸。每亩用 45％百菌清烟剂 250g 或 10％腐霉利烟剂 200g、3％噻菌灵烟剂 300g，熏烟灭菌，在大棚内设若干放烟点，均匀摆放，将烟剂引燃，关闭门窗、风口 5h，一般在晚上 11 时点燃，凌晨 5 时打开，隔 5～7d 熏 1 次，连熏 2～3 次。

二、草莓白粉病

（一）症状

白粉病主要为害草莓叶片、叶柄、果实、果柄。叶片染病症状：发病初期，叶背面出现白色丝状菌丝，后形成白粉；发病中期，随着病菌的进一步侵染，形成灰白色的粉状微尘，叶片向上卷曲呈汤匙状，形成叶片蜡质层；发病后期，叶片褪绿、黄化，其表面覆盖着白色霉层。果实染病症状：幼果期受害后，果实停止发育，不能正常膨大，严重时果实干枯、硬化，形成僵果，其表面覆盖白色霉层；成熟果实受害后，果实表层有大量白粉，着色差并硬化，失去商品价值，严重时果实腐烂。

（二）发生特点

病原菌是专性寄生菌，以菌丝体或分生孢子在病株或病残体中越冬和越夏，成为翌年的初侵染源，主要通过带菌的草莓苗等繁殖体进行中远距离传播。环境适宜时，病菌借助气流或雨水扩散蔓延，以分生孢子或子囊孢子从寄主表皮直接侵入。潜育后出现病斑，7d 左右在受害部位产生新的分生孢子，重复侵染，加重为害。草莓白粉病病原菌孢子侵染的最适温度为 15～25℃，相对湿度为 80％以上。同时，雨水对白粉病有抑制作用，孢子在水滴中不能萌发；低于 5℃ 和高于 35℃ 均不利于发病。

（三）防治方法

1. 农业防治　同草莓灰霉病农业防治方法。
2. 化学防治　发病初期，使用 95％矿物油 300 倍液，隔 7～10d 喷 1 次，或者特富灵 10g 加水 15kg 均匀喷雾，隔 4d 喷 1 次，连喷 2～3 次，或者凯润 8mL 加水 15kg 均匀喷雾，隔 4d 再喷 1 次，连喷 2～3 次，亩用水量最少 60kg。

三、草莓蚜虫

（一）为害特征

草莓蚜虫是草莓生长期间出现的一类害虫，主要种类有桃蚜（烟蚜）、绵蚜（瓜蚜）等，严重影响草莓的品质及产量。在草莓抽薹始花期，大批蚜虫迁入草莓田，群居在草莓嫩叶、叶柄、叶背、嫩心、花序和花蕾上活动，吸取汁液，造成嫩芽萎缩，嫩叶皱缩卷曲，畸形，不能正常展叶。

（二）形态特征

成虫体长不到 2mm，有黄色、青色、深绿色、暗绿色等体色；触角约为身体一半长；复眼暗红色；腹管黑青色，较短；尾片青色。有翅胎生蚜体长不到 2mm，体黄色、浅绿色或深绿色，触角比身体短；翅透明，中脉三岔。卵初产时橙黄色，6d 后变为漆黑色，有光泽；卵产在越冬寄主的叶芽附近。无翅若蚜与无翅胎生雌蚜相似，但体型较小，腹部较瘦。有翅若蚜形状同无翅若蚜，2 龄时出现翅芽，向体两侧后方伸展，端半部灰黄色。

（三）发生规律

蚜虫一般营全周期生活，早春时越冬卵孵化成干母，在冬寄主上营孤雌胎生，繁殖数代皆为干雌。断霜以后，产生有翅胎生雌蚜，迁飞到十字花科、茄科作物等侨居寄主上为害，并不断营孤雌胎生繁殖出无翅胎生雌蚜，继续进行为害。直至晚秋，当夏寄主衰老、不利于蚜虫生活时，才产生有翅性母蚜，迁飞到冬寄主上，生出无翅卵生雌蚜和有翅雄蚜，雌雄交配后，在冬寄主植物上产卵越冬。

（四）防治方法

1. 农业防治　同草莓灰霉病农业防治方法。
2. 生物防治　蚜虫天敌较多，有瓢虫、草蛉、食蚜蝇、寄生蜂等，应尽量少使用广谱性农药，以保护天敌。
3. 物理防治　有翅成蚜对黄色、橙黄色有较强的趋性，在草莓地周围设置黄色板，再外涂一层黏性机油，插入田间或高出地面 0.5m 悬挂，隔 3～5m 放 1 块，这样可以大量诱杀有翅蚜。
4. 化学防治　药剂方面，主要可以选用 50％灭蚜松乳油 2 500 倍液或 10％蚜虱净可湿性粉剂 4 000～5 000 倍液、50％抗蚜威可湿性粉剂 2 000～3 000 倍液、2.5％溴氰菊酯乳油 2 000～3 000 倍液、2.5％除虫菊素乳油 3 000～4 000 倍液等。

四、二斑叶螨

(一)为害特征

二斑叶螨通常先为害草莓下部叶片，逐渐向上发展蔓延。成螨、幼螨和若螨在叶背吸食汁液并吐丝结网，为害初期被害叶片上出现许多细小的失绿白点，后变为灰白色，抑制光合作用，导致叶片失绿枯死，提早凋零脱落。

(二)形态特征

雌成螨体长 0.42～0.59mm，椭圆形，体背有刚毛 26 根，排成 6 横排；生长季节为白色、黄白色，体背两侧各具 1 块黑色长斑，取食后呈浓绿色、褐绿色；密度大时或种群迁移前，体色变为橙黄色；滞育型体呈淡红色，体侧无斑。雄成螨体长 0.26mm，近卵圆形，前端近圆形，腹末较尖，多呈绿色，与朱砂叶螨难以区分。卵球形，长 0.13mm，光滑，初产时乳白色，渐变橙黄色，将孵化时现出红色眼点。幼螨初孵时近圆形，体长 0.15mm，白色，取食后变暗绿色，眼红色，足 3 对。若螨体椭圆形，黄绿色、浅绿色或深绿色，足 4 对，眼红色，体背有 2 个斑点。

(三)发生规律

二斑叶螨在北方地区，1 年发生 12～15 代。以受精的雌成虫在土缝、枯枝落叶下或小旋花、夏至草等宿根性杂草的根际处等吐丝结网潜伏越冬。成虫开始产卵至第一代幼虫孵化盛期需 20～30d，以后世代重叠。在早春寄主上一般发生 1 代，5 月上旬后陆续迁移到蔬菜上为害，由于温度较低，5 月一般不会造成大的危害；随着气温的升高，其繁殖也加快，在 6 月上、中旬进入全年的猖獗为害期，在 7 月上、中旬进入年中高峰期；10 月后陆续出现滞育个体，但此时温度超出 25℃，滞育个体仍然可以恢复取食，体色由滞育型的淡红色变回黄绿色；进入 11 月后均滞育越冬。每雌虫可产卵 50～110 粒，最多可产卵 216 粒。

(四)防治方法

1. 农业防治　同草莓灰霉病农业防治方法。
2. 化学防治　选用 43％联苯肼酯悬浮剂或 0.5％藜芦碱可溶性液剂喷雾防治。

参考文献

蔡振声，史先鹏，徐培河，等．青海经济昆虫志［M］．西宁：青海人民出版社，1994.

曹有龙，何军．枸杞栽培学［M］．银川：阳光出版社，2013.

韩召军．植物保护学通论［M］．第 2 版．北京：高等教育出版社，2012.

贾军平，马立鹏．苹果栽培关键技术［M］．兰州：甘肃文化出版社，2016.

李军见，王富荣，王培．北方草莓栽培原理与技术［M］．西安：陕西科学技术出版社，2019.

梁帝允，邵振润．农药科学安全使用培训指南［M］．北京：中国农业科学技术出版社，2011.

辽宁省科学技术协会．大樱桃丰产栽培新技术［M］．沈阳：辽宁科学技术出版社，2010.

辽宁省科学技术协会．核桃丰产栽培技术［M］．沈阳：辽宁科学技术出版社，2010.

刘国华，王少平，刘凯．化肥农药减量增效技术［M］．北京：中国农业科学技术出版
　　社，2019.

刘青元．经济作物栽培及日光温室建造技术［M］．青海：青海民族出版社，2014.

陆欣，谢英荷．土壤肥料学［M］．第 2 版．北京：中国农业大学出版社，2011.

路河．棚室草莓高效栽培［M］．北京：机械工业出版社，2018.

吕佩珂，苏慧兰，高振江，等．中国现代蔬菜病虫原色图鉴［M］．呼和浩特：远方出版
　　社．2008.

马艳芳，杨世民．皮胎果、花椒、核桃、杏、枣特色经济林病虫害诊治原色图鉴［M］．兰州：
　　甘肃科学技术出版社，2021.

蔡月风，朱满正．农技推广员职业技能鉴定培训教材［M］．西宁：青海人民出版社 2005.

农业部种植业管理司，全国农业技术推广服务中心．农作物病虫害专业化统防统治指南［M］.
　　第 2 版．北京：中国农业出版社，2019.

农业科技明白纸系列丛书编委会．苹果、樱桃［M］．兰州：甘肃科学技术出版社，2016.

农业农村部种植业管理司，全国农业技术推广服务中心．一类农作物病虫害防控技术手册［M］.
　　北京：中国农业出版社，2021.

裴宏州．绿色花椒周年管理技术［M］．兰州：甘肃科学技术出版社，2018.

青海省地方志编纂委员会．青海省志 12：农业志、渔业志［M］．西宁：青海人民出版
　　社，1993.

青海省统计局，国家统计局青海调查总队．青海统计年鉴 2022［M］．北京：中国统计出版
　　社，2023.

邱强．核桃病虫害诊断与防控原色图谱［M］．郑州：河南科学技术出版社，2021.

全国农业技术推广服务中心．植保机械与施药技术应用指南［M］．北京：中国农业出版
　　社，2015.

全国土壤和土壤调理剂标准化技术委员会．无机包裹型复混肥料（复合肥料）：HG/T 4217—
　　2011［S］．北京：化学工业出版社，2011.

任艳艳．核桃优质高效栽培技术［M］．石家庄：河北科学技术出版社，2015.

邵登魁，李莉．高原特色蔬菜栽培实用技术［M］．西宁：青海人民出版社．2014.

石志刚，万如．枸杞良种良法配套栽培规范化机械化综合生产技术［M］．银川：阳光出版

社，2018.

孙晶．述论农作物合理施肥的原则及技术要点［J］．农民致富之友，2020（10）：121.

谭金芳．作物施肥原理与技术［M］．北京：中国农业大学出版社，2003.

王保海，王翠玲．青藏高原农业昆虫［M］．郑州：河南科学技术出版社，2016.

王峰，王晓波．山阳核桃丰产栽培关键技术图例［M］．西安：陕西科学技术出版社，2020.

王富荣，张选厚，杨美悦，等．草莓安全高效栽培与连作障碍土壤处理技术［M］．西安：陕西科学技术出版社，2017.

王景燕，龚伟．青花椒优质高效生产技术［M］．成都：四川科学技术出版社，2021.

王娟娟．设施蔬菜肥药双减绿色生产技术模式［M］．北京：中国农业科学技术出版社．2020

王少敏，王宏伟，董放．梨栽培新品种新技术［M］．济南：山东科学技术出版社，2019.

夏国京，张力飞．甜樱桃高效栽培［M］．北京：机械工业出版社，2019.

薛晓敏，王金政，聂佩显，等．苹果栽培新品种新技术［M］．济南：山东科学技术出版社，2019.

杨建雷，王洪建．陇南花椒丰产栽培及主要病虫害防治技术［M］．兰州：甘肃科学技术出版社，2015.

袁会珠，赵清，陈昶．农药减施增效实用技术问答［M］．北京：中国农业出版社，2023.

袁其锡．农作物合理施肥的原则及技术［J］．农家科技（理论版），2021（6）：81.

张斌．樱桃病虫害绿色防控彩色图谱［M］．北京：中国农业出版社，2021.

张建平，仪海亮，卫少英，等．果树病虫害图谱与防治百科［M］．长春：吉林科学技术出版社，2022.

张建平，仪海亮，杨金兰，等．蔬菜病虫害图谱与防治百科［M］．长春：吉林科学技术出版社，2018.

张剑．青海省主要农作物有害生物［M］．西宁：青海人民出版社，2014.

张玉聚，杨共强，苏旺巷，等．中国植保图鉴［M］．北京：中国农业出版社，2023.

张玉星．果树栽培学各论（北方本）［M］．第3版．北京：中国农业出版社，2005.

张玉星．果树栽培学总论［M］．第4版．北京：中国农业出版社，2011.

中国农业科学院植物保护研究所，中国植物保护协会．中国农作物病虫害［M］．第3版．北京：中国农业出版社，2015.

中国石油和化学工业联合会．缓释肥料：GB/T 23348—2009［S］．北京：中国标准出版社，2009.

附录1 禁限用农药名录

《农药管理条例》规定，农药生产应取得农药登记证和生产许可证，农药经营应取得经营许可证，农药使用应按照农药标签和说明书规定的使用范围、安全间隔期用药，不得超范围用药。剧毒、高毒农药不得用于防治卫生害虫，不得用于蔬菜、瓜果、茶叶、菌类、中草药材的生产，不得用于水生植物的病虫害防治。

一、所有农产品生产上禁止（停止）使用的农药（56种）

六六六	滴滴涕	毒杀芬	二溴氯丙烷	杀虫脒	二溴乙烷
除草醚	艾氏剂	狄氏剂	汞制剂	砷类	铅类
敌枯双	氟乙酰胺	甘氟	毒鼠强	氟乙酸钠	毒鼠硅
甲胺磷	对硫磷	甲基对硫磷	久效磷	磷胺	苯线磷
地虫硫磷	甲基硫环磷	磷化钙	磷化镁	磷化锌	硫线磷
蝇毒磷	治螟磷	特丁硫磷	氯磺隆	胺苯磺隆	甲磺隆
福美胂	福美甲胂	三氯杀螨醇	林丹	硫丹	氟虫胺
杀扑磷	百草枯	灭蚁灵	氯丹	2,4-滴丁酯	
甲拌磷	甲基异柳磷	水胺硫磷	灭线磷	氧乐果	克百威
灭多威	涕灭威	溴甲烷			

注：甲拌磷、甲基异柳磷、水胺硫磷、灭线磷过渡期至2024年9月1日，氧乐果、克百威、灭多威、涕灭威过渡期至2026年6月1日，过渡期内禁止在蔬菜、瓜果、茶叶、菌类、中草药材上使用，禁止用于防治卫生害虫，禁止用于水生植物的病虫害防治。甲拌磷、甲基异柳磷、克百威，在过渡期内禁止在甘蔗上使用。过渡期后禁止销售和使用上述8种农药。溴甲烷仅可用于"检疫熏蒸处理"。

二、部分农产品生产上禁止使用的农药（12种）

通用名	禁止使用范围
内吸磷 硫环磷 氯唑磷	禁止在蔬菜、瓜果、茶叶、中草药材上使用。
乙酰甲胺磷 丁硫克百威 乐果	禁止在蔬菜、瓜果、茶叶、菌类和中草药材上使用。
毒死蜱 三唑磷	禁止在蔬菜上使用。
丁酰肼（比久）	禁止在花生上使用。
氰戊菊酯	禁止在茶叶上使用。
氟虫腈	禁止在所有农作物上使用（玉米等部分旱田种子包衣除外）。
氟苯虫酰胺	禁止在水稻上使用。

附录 2 青海省地方标准

油菜病虫害绿色防控技术规范
(DB63/T 1554—2017)

1 范围

本规范规定了油菜主要病虫害农业措施、生态调控、理化诱控、化学防治等环节的技术要求。

本规范适用于绿色油菜籽生产中的病虫害防治工作。

2 规范性引用文件

下列文件对于本文件的应用是必不可少的。凡是注日期的引用文件，仅所注日期的版本适用于本文件。凡是不注日期的引用文件，其最新版本（包括所有的修改单）适用于本文件。

NY/T 496　肥料合理使用准则　通则
DB63/T 803　春油菜田黄条跳甲监测预报技术规范
DB63/T 804　油菜角野螟监测预报技术规范
DB63/T 805　油菜茎龟象甲春油菜田监测预报技术规范
DB63/T 806　油菜露尾甲春油菜田监测预报技术规范

3 术语与定义

3.1 绿色防控　green control

是指采取生态调控、生物防治、物理防治和科学使用农药等环境友好型措施控制农作物病虫害的植物保护措施。

3.2 性信息素 sex pheromone

是指进行两性生活的昆虫，为互相识别而释放出的物质，通过此种物质可使雌、雄接近。一般多是被动的雌性分泌散发性信息素，诱引主动的雄性产生性兴奋，但也有由雄性分泌的种类。

4 防治对象

主要指油菜菌核病、油菜露尾甲、黄条跳甲、油菜茎龟象甲、小菜蛾、油菜角野螟等。

5 监测预报

严格按照 DB63/T 803、DB63/T 804、DB63/T 805、DB63/T 806 进行黄条跳甲、油菜角野螟、油菜茎龟象甲、油菜露尾甲的监测预报，达到防治指标时按以下规范进行防治。

6 防控技术

6.1 农业防治

6.1.1 品种选择

选用优质、高产、抗病虫的油菜品种。

6.1.2 整地并合理轮作

秋季深翻，深度为 20～30cm；与非十字花科作物进行两年以上轮作。

6.1.3 合理施肥

肥料施用应符合 NY/T 496 的规定，有机、无机结合，氮、磷、钾比例 15：15：5。

6.1.4 适时早播

日平均气温稳定在 2℃以上即可播种，适当早播。

6.2 生态调控

每 2×667m² 种 2 行早熟的油菜诱集带，在现蕾至初花期对诱集带按附录 A 防治油菜露尾甲，连防 2～3 次。

6.3 理化诱控

6.3.1 杀虫灯诱杀

每 2～3.33hm² 安 1 盏太阳能杀虫灯，安装高度为 1.6～2.0m，每晚 9：00 至凌晨 1：00 自动开灯，诱杀小菜蛾和油菜角野螟。

6.3.2 性信息素诱杀

每 667m² 挂放 2～3 个船形或三角形诱捕器，悬挂高度为高出油菜表面 20cm，诱杀小菜蛾的雄成虫，按使用说明更换诱芯。

6.3.3 蓝板诱杀

现蕾期开始每 667m² 挂放 20～30 张蓝板，高出油菜表面 10cm，防治油菜露尾甲。

6.4 化学防治

6.4.1 药剂拌种

播前拌种用以防治油菜菌核病、黄条跳甲、油菜茎龟象甲，拌种剂见附录 A。

6.4.2 喷雾防治

防治油菜菌核病、油菜露尾甲、油菜角野螟、小菜蛾的部分高效、低毒、低残留的农药见附录 A，药剂应交替使用。

附录 A
（规范性附录）
油菜主要病虫害高效、低毒、低残留农药推荐表

表 A.1 油菜主要病虫害高效、低毒、低残留农药推荐表

病虫害名称	防治时期及指标	常用农药及用量	使用方法	备注
油菜菌核病	播种期	2.5%咯菌腈悬浮液	播前 7d 按 1 000mL/100kg 种子剂量进行拌种。	
黄条跳甲、油菜茎龟象甲	播种期	70%噻虫嗪 0.5%～0.7%	油菜播种前 3～30d 进行拌种处理，称取 5～7g 70%噻虫嗪倒入容器内，加入 15～20mL 水稀释，然后把 1 kg 油菜种子倒入容器内。	充分搅拌，直至药液全部均匀黏着在每粒种子表面，晾干后置于阴凉处待播种。
油菜露尾甲	初花期	（1）2.5%溴氰菊酯乳油 1 200 倍液 （2）4.5%高效氯氰菊酯乳油 1 200 倍液	喷雾	
油菜角野螟（兼治小菜蛾等）	角果初期	（1）4.5%高效氯氰菊酯乳油 40mL/667m² 复配敌敌畏乳油 16mL/667m² （2）0.9%阿维菌素 60mL/667m² 复配敌敌畏乳油 16mL/667m² （3）15%阿维·毒乳油 75mL/667m² （4）1.2%苦参碱·烟碱乳油 50mL/667m² 复配敌敌畏乳油 16mL/667m²	喷雾	成虫较多的地区间隔 7～8d 连续喷 2 次。
油菜菌核病	初花期和盛花期各 1 次	（1）50%咪鲜胺可湿性粉剂与 50%多菌灵可湿性粉剂按照 1：2 配比 150g/667m² （2）25%咪鲜胺乳油 2 000 倍液	喷雾	

甘蓝型春油菜有机肥替代化肥栽培技术规范
（DB63/T 1945—2021）

1　范围

本文件规定了甘蓝型春油菜有机肥替代化肥栽培的产量指标、播前准备、播种、田间管理、收获等技术内容。

本文件适用于海拔 2 800m 以下的甘蓝型春油菜有机肥替代化肥栽培。

2　规范性引用文件

下列文件中的内容通过文中的规范性引用而构成本文件必不可少的条款。其中，注日期的引用文件，仅该日期对应的版本适用于本文件；不注日期的引用文件，其最新版本（包括所有的修改单）适用于本文件。

GB 4407.2　经济作物种子第 2 部分：油料类

GB/T 8321.9　农药合理使用准则（九）

GB/T 17419　含有机质叶面肥料

NY/T 525　有机肥料

NY/T 1112　配方肥料

3　术语和定义

本文件没有需要界定的术语和定义。

4　产量指标

产量 3.000～4.500t/hm² （200.00～300.00kg/667m²）。

5　播前准备

5.1　品种选择

选用高产、稳产、抗逆性强，经过登记的优良杂交品种。种子质量按照 GB 4407.2 的要求执行。

5.2　前茬作物选择

前茬作物选择麦类、豆类作物。

5.3　整地

前茬作物收获后及时秋深翻，耕深 25～30cm。入冬前镇压碾地保墒。

播前浅耕耙糖 10～15cm。

5.4 基肥

5.4.1 肥料的种类

5.4.1.1 有机肥

选择符合 NY/T 525 要求的商品有机肥，或者选择充分腐熟的农家肥。

5.4.1.2 配方肥

选择配方肥（N、P_2O_5、K_2O 含量比为 15：15：5），产品质量符合 NY/T 1112 的要求。

5.4.2 施用方法

5.4.2.1 有机肥或农家肥做基肥，结合秋翻或春翻施入，撒施均匀。秋肥在秋季作物收获后结合深翻施入；春肥在 3 月中旬至下旬结合春翻施入。

5.4.2.2 配方肥结合春翻施入，撒施均匀。

5.4.3 施用量

5.4.3.1 有机肥全替代

施商品有机肥 4.500～6.000t/hm²（300.00～400.00kg/667m²），或者充分腐熟的农家肥 27.000～36.000t/hm²（1 800.00～2 400.00kg/667m²）。

5.4.3.2 有机肥加配方肥

选择下列方式之一施肥。

（a）施商品有机肥 2.250～3.000t/hm²（150.00～200.00kg/667m²），配施配方肥 0.375～0.450t/hm²（25.00～30.00kg/667m²）。

（b）施农家肥 13.500～18.000t/hm²（900.00～1 200.00kg/667m²），配施配方肥 0.375～0.450t/hm²（25.00～30.00kg/667m²）。

6 播种

6.1 播种时间

当日平均气温稳定通过 2～3℃播种，时间为 3 月中旬至 4 月上旬。

6.2 播种方法

机械条播，行距 20～28cm。

播种深度 2～3cm。

6.3 播种量

播种量 0.006t/hm²（0.40kg/667m²）。

7 田间管理

7.1 查苗、补苗和间苗

油菜出苗后检查出苗情况，及时补种及间、定苗。

7.2 合理密植

4～5 片真叶时，间、定苗，株距 12～15cm。

水浇地每公顷保苗 18.000 万～22.500 万株（每 667m² 保苗 1.20 万～1.50 万株），

山旱地每公顷保苗 22.500 万～45.000 万株（每 667m² 保苗 1.50 万～3.00 万株）。

7.3 追肥

抽薹期至初花期，喷施有机叶面肥 2 次，间隔 7～10d。有机叶面肥料符合 GB/T 17419 的要求。

7.4 中耕松土

苗期至现蕾前期，浅松土、除草 2 次。

7.5 浇水

苗期至角果期，浇水 3 次。

7.6 病虫害防治

7.6.1 主要病虫害

黄条跳甲、茎象甲、露尾甲、角野螟、小菜蛾、菌核病等。

7.6.2 病虫害防治

7.6.2.1 农业防治

采用种植抗病品种、合理轮作等措施。

7.6.2.2 物理防治

现蕾期用黄板进行诱杀，每 667m² 悬挂 20～30 块黄板，悬挂高度高出植株 10cm，在诱虫板粘满虫子时及时更换。

7.6.2.3 生物防治

采用微生物制剂、植物源农药及生物源农药防治。

7.6.2.4 药剂防治

按照 GB/T 8321.9 的要求进行防治。

8 收获

8.1 收获时间

全田 80% 的角果成熟呈黄色时收获。

8.2 收获方法

镰收或机收。

8.3 打碾

油菜收割后，田间晾晒 10～15d，籽粒风干后脱粒。

蚕豆有机肥替代化肥栽培技术规范
（DB63/T 1947—2021）

1 范围

本文件规定了蚕豆有机肥替代化肥栽培的产量指标、播前准备、播种、田间管理、收获和贮藏等技术内容。

本文件适用于海拔 2 200～2 800m 蚕豆有机肥替代化肥栽培。

2 规范性引用文件

下列文件中的内容通过文中的规范性引用而构成本文件必不可少的条款。其中，注日期的引用文件，仅该日期对应的版本适用于本文件；不注日期的引用文件，其最新版本（包括所有的修改单）适用于本文件。

GB 4404.2 粮食作物种子 第 2 部分：豆类

GB/T 8321.10 农药合理使用准则（十）

GB/T 17419 含有机质叶面肥料

NY/T 525 有机肥料

NY/T 1112 配方肥料

3 术语和定义

本文件没有需要界定的术语和定义。

4 产量指标

产量 3.000～6.000t/hm² （200.00～400.00kg/667m²）。

5 播前准备

5.1 品种选择

选用高产、稳产、抗逆性强，经过登记的优良品种，种子质量按照 GB 4404.2 的要求执行。

5.2 地块选择

选择麦类、油料类为前茬作物，忌连作。

5.3 整地

前茬作物收获后及时耕翻，耕深 25～30cm，入冬前镇压碾地保墒。

播前浅耕耙糖 10～15cm。

5.4 基肥

5.4.1 基肥的种类

5.4.1.1 有机肥

选择符合 NY/T 525 要求的商品有机肥，或者选择充分腐熟的农家肥。

5.4.1.2 配方肥

选择配方肥（N、P_2O_5、K_2O 含量比为 14∶16∶5），产品质量符合 NY/T 1112 的要求。

5.4.2 施用方法

5.4.2.1 商品有机肥或农家肥做基肥，结合秋翻或春翻施入，撒施均匀。秋肥在作物收获后结合深翻施入；春肥在 3 月上旬至下旬结合春翻施入。

5.4.2.2 配方肥结合春翻施入，撒施均匀。

5.4.3 施用量

5.4.3.1 有机肥全替代

施商品有机肥 $4.500\sim6.000t/hm^2$（$300.00\sim400.00kg/667m^2$），或者充分腐熟的农家肥 $27.000\sim36.000t/hm^2$（$1\,800.00\sim2\,400.00kg/667m^2$）。

5.4.3.2 有机肥加配方肥

选择下列方式之一施肥。

（a）施商品有机肥 $2.250\sim3.000t/hm^2$（$150.00\sim200.00kg/667m^2$），配施配方肥 $0.300\sim0.375t/hm^2$（$20.00\sim25.00kg/667m^2$）。

（b）施充分腐熟的农家肥 $13.500\sim18.000t/hm^2$（$900.00\sim1\,200.00\,kg/667m^2$），配施配方肥 $0.300\sim0.375t/hm^2$（$20.00\sim25.00kg/667m^2$）。

6 播种

6.1 播种时间

当日平均气温稳定通过 3～4℃时播种，时间为 3 月上旬至下旬。

6.2 播种方法

人工或机械点播。等行距播种，行距 20～25cm；宽窄行播种，宽行行距 40～50cm，窄行行距 20～25cm。株距 15～20cm，播种深度 6～8cm。

6.3 播种量

水浇地播种量 $0.300\sim0.338t/hm^2$（$20.00\sim22.50kg/667m^2$），每 $667m^2$ 保苗 1.10 万～1.40 万株。

干旱地播种量 $0.375\sim0.450t/hm^2$（$25.00\sim30.00kg/667m^2$），每 $667m^2$ 保苗 1.80 万～2.50 万株。

7 田间管理

7.1 查苗、补苗和间苗

检查田间出苗情况，及时补种或间苗。

7.2 中耕除草

苗高 10cm 时中耕除草 2～3 次。

7.3 灌溉

水浇地现蕾期至鼓荚期视土壤墒情灌水 3～4 次。

7.4 追肥

盛花期，喷施有机叶面肥 2 次，间隔时间 7～10d。有机质叶面肥料质量符合 GB/T 17419 的要求。

7.5 摘心打顶

植株 10～12 层花序时摘心打顶，选择晴天无露水进行。

7.6 病虫害防治

7.6.1 主要病虫害

赤斑病、枯萎病、蚜虫、根瘤蟓、地下害虫等。

7.6.2 病虫害防治

7.6.2.1 农业防治

采用种植抗病品种、合理轮作等措施。

7.6.2.2 物理防治

现蕾期用黄板进行诱杀，每 667m² 悬挂 20～30 块黄板，悬挂高度高出植株 10cm，虫板粘满虫子时及时更换。

7.6.2.3 生物防治

采用微生物制剂、植物源农药及生物源农药防治。

7.6.2.4 药剂防治

按照 GB/T 8321.10 的要求进行防治。

8 收获和贮藏

8.1 收获

主茎基部 4～5 层荚变黑，上部荚呈黄色时收获。

8.2 脱粒

豆荚完全风干变黑时脱粒。

8.3 贮藏

籽粒含水量 13% 以下时贮藏。

设施辣椒有机肥替代化肥栽培技术规范
（DB63/T 1948—2021）

1　范围

本文件规定了设施辣椒有机肥替代化肥栽培技术的产量指标、产地选择、品种选择、栽培技术、病虫害防治、收获等。

本文件适用于设施辣椒有机肥替代化肥的栽培。

2　规范性引用文件

下列文件中的内容通过文中的规范性引用而构成本文件必不可少的条款。其中，注日期的引用文件，仅该日期对应的版本适用于本文件；不注日期的引用文件，其最新版本（包括所有的修改单）适用于本文件。

GB/T 2440　尿素

GB/T 10205　磷酸一铵、磷酸二铵

GB 16715.3　瓜菜作物种子　第3部分：茄果类

GB/T 17419　含有机质叶面肥料

NY/T 525　有机肥料

NY 1106　含腐植酸水溶肥料

NY/T 1107　大量元素水溶肥料

NY 1429　含氨基酸水溶肥料

NY/T 5010　无公害农产品　种植业产地环境条件

DB63/T 1404　辣椒日光温室有机栽培技术规范

3　术语和定义

本文件没有需要界定的术语和定义。

4　产量指标

产量 30.000～37.500t/hm² （2 000.00～2 500.00kg/667m²）。

5　产地选择

5.1　产地环境
符合 NY/T 5010 的规定。

5.2　地块选择
选择土层深厚、排灌方便、理化性状良好、肥力中高的地块，前茬选择非茄科

254

作物。

6 品种选择

选用抗病、优良、稳产、高产、商品性好且在本区域种植比较广泛有代表性的登记或认定的品种，种子符合 GB 16715.3 的要求。

7 栽培技术

7.1 育苗
按照 DB63/T 1404 的要求执行。

7.2 定植前准备

7.2.1 整地
前茬作物收获后及时耕翻，耕深 25～30cm；播前浅耕耙糖 1 次，深度 15～20cm，耙糖平整。

7.2.2 基肥的施用

7.2.2.1 肥料种类
肥料应符合以下要求：

（a）商品有机肥：符合 NY/T 525 的要求；

（b）含有机质叶面肥料：符合 GB/T 17419 的要求；

（c）含氨基酸水溶肥料：符合 NY 1429 的要求；

（d）含腐植酸水溶肥料：符合 NY 1106 的要求；

（e）大量元素水溶肥料：符合 NY/T 1107 的要求；

（f）尿素：符合 GB/T 2440 要求；

（g）磷酸二铵：符合 GB/T 10205 要求。

7.2.2.2 施用方法
商品有机肥或农家肥在上茬作物收获后做基肥一次性均匀撒施到地表，深翻 20cm～25cm。有机叶面肥喷施，水溶肥料稀释后通过滴灌施入，膜下暗灌的在进水口随水冲施。

7.2.2.3 施用量
选择下列方式之一施肥：

（a）有机肥全替代：商品有机肥 30.000～37.500t/hm² （2 000.00～2 500.00 kg/667m²），或者充分腐熟的农家肥 90.000～120.000t/hm² （6 000.00～8 000.00 kg/667m²）；

（b）有机肥部分替代：商品有机肥 22.500t/hm² （1 500.00kg/667m²），尿素 1.5 000t/hm² （10.00kg/667m²），磷酸二铵 0.480t/hm² （32.00kg/667m²）。

7.2.2.4 起垄覆膜
耙平后起垄，大行 60cm，小行 40cm，垄高 30cm，株距 30～35cm，垄上按辣椒种植株、行距布上滴灌带，试浇水，滴水正常后覆膜。

7.3　定植

7.3.1　茬口安排

早春茬：一般在12月上旬播种育苗，于2月中下旬定植，3月中旬始收。冬春茬：9月上旬育苗，苗期95d左右，11月中旬定植。

7.3.2　定植方法

晴天上午"之"字形定植，定植后用细土将苗孔盖严保温保墒，浇透水。

7.3.3　定植密度

每公顷4.5万～5.25万株（每667m² 3 000～3 500株）。

7.4　田间管理

7.4.1　水分管理

门椒长到3cm时，结合浇水进行第一次追肥；以后每隔15～20d视情况浇水1次。进入结果期后适当控制浇水。进入盛果期后每7～10d浇1次水。

7.4.2　追肥

对椒挂果前开始追肥，每隔7d追施1次，共追施8次，施用量为0.600～0.750t/hm²。追肥的方式包括膜下滴灌和叶面喷施。

7.4.3　温度管理

幼苗期昼温23～28℃，夜温不低于18℃；结果初期昼温22～28℃，夜间12～15℃为宜；盛果期昼温25℃，夜温不低于16℃。

7.4.4　湿度管理

空气相对湿度控制在60％～70％。

7.4.5　植株调整

门椒采摘完时，每株辣椒一般有3～4个大枝，每个大枝扩生出2个分枝时及时剪掉侧枝。整枝时用比较锋利的修枝剪刀，减去多余侧枝、病虫枝、下垂枝、折断枝，剪口光滑。进入盛果期后要搭架，第一分枝下的侧枝全部摘除。

8　病虫害防治

8.1　主要病虫害

主要病害有疫病、白粉病、根腐病、炭疽病等；主要虫害有蚜虫、蓟马、潜叶蝇、红蜘蛛等。

8.2　物理防治

按照DB63/T 1404的要求执行。

8.3　药剂防治

优先选用生物农药，化学防治采用高效低毒低残留农药。

9　收获

适时采收。

绿肥秸秆协同还田节肥减排技术规范
（DB63/T 2101—2023）

1 范围

本文件规定了绿肥-小麦秸秆协同还田术语和定义、绿肥产量指标、绿肥种植技术、田间管理、绿肥还田技术。

本文件适用于青海省东部农业区黄河、湟水流域海拔 2 400m 以下，≥0℃年积温不低于 3 000℃的灌区小麦田中绿肥-秸秆协同还田时使用。

2 规范性引用文件

下列文件中的内容通过文中的规范性引用而构成本文件必不可少的条款。其中，注日期的引用文件，仅该日期对应的版本适用于本文件；不注日期的引用文件，其最新版本（包括所有的修改单）适用于本文件。

GB 8080 绿肥种子

3 术语和定义

下列术语和定义适用于本文件。

3.1 绿肥-秸秆协同还田

在同一田块，由秸秆与绿肥两种不同有机物料配合，共同作为麦田培肥的主要有机肥源的还田方式。

4 绿肥产量指标

产量为 22.50～45.00t/hm² （1 500～3 000kg/667m²）。

5 绿肥种植技术

5.1 品种选择

选用生产上大面积推广的豆科作物箭筈豌豆、毛叶苕子等品种，种子质量符合 GB 8080 中的规定。

5.2 播种时间

播种时间为 7 月中旬至 7 月下旬。

5.3 播种量

箭筈豌豆，播种量为 0.150～0.225t/hm² （10.0～15.0kg/667m²）；毛叶苕子，播种量为 0.113～0.150t/hm² （7.5～10.0kg/667m²）。

5.4 播种方式

播种方式分为套种或复种。

套种：小麦收获前 15~20d，将绿肥种子撒播于田中，立即灌水；小麦收获时留茬 20~40cm。

复种：小麦收获后，根茬粉碎长度 3~6cm；同时将绿肥种子撒播于田中，耙耱覆土，灌水。

6 田间管理

6.1 追肥

箭筈豌豆、毛叶苕子分枝期时，追施氮肥，施肥量为纯氮 0.035~0.052t/hm² （2.30~3.45kg/667m²）。

6.2 灌水

整个生长季节根据墒情灌水 2~3 次。播种后和苗期各 1 次，分枝期遇干旱结合追肥灌 1 次水。

7 绿肥-秸秆协同还田

7.1 翻压时间

9 月下旬至 10 月上旬翻压。

7.2 翻压量

绿肥还田量为 22.5~30.0t/hm²（1 500~2 000kg/667m²）。

7.3 翻压方式

用高速旋转防缠绕型绿肥粉碎机粉碎或机引园盘耙将绿肥作物毛叶苕子或箭筈豌豆纵横切割 1 次，然后翻压，深度为 15~20cm。平整地面，灌冬水。

白菜型春油菜有机肥替代化肥栽培技术规范
（DB63/T 1944—2021）

1 范围

本文件规定了白菜型春油菜有机肥替代化肥栽培的产量指标、播前准备、播种、田间管理、收获等技术内容。

本文件适用于海拔 2 800～3 200m 的白菜型春油菜有机肥替代化肥栽培。

2 规范性引用文件

下列文件中的内容通过文中的规范性引用而构成本文件必不可少的条款。其中，注日期的引用文件，仅该日期对应的版本适用于本文件；不注日期的引用文件，其最新版本（包括所有的修改单）适用于本文件。

GB 4407.2　经济作物种子　第 2 部分：油料类

GB/T 8321.9　农药合理使用准则（九）

GB/T 17419　含有机质叶面肥料

NY/T 525　有机肥料

NY/T 1112　配方肥料

3 术语和定义

本文件没有需要界定的术语和定义。

4 产量指标

产量 1.500～2.250t/hm² （100.00～150.00kg/667m²）。

5 播前准备

5.1 品种选择

选用高产、稳产、早熟、抗逆性强且经过登记的优良杂交品种。种子质量按照 GB 4407.2 的要求执行。

5.2 前茬作物选择

前茬作物选择麦类作物。

5.3 整地

前茬作物收获后及时深翻，耕深 25～30cm。入冬前镇压碾地保墒。

播前浅耕耙糖 10～15cm。

5.4 基肥

5.4.1 肥料的种类

5.4.1.1 有机肥

选择符合 NY/T 525 要求的商品有机肥，或者选择充分腐熟的农家肥。

5.4.1.2 配方肥

选择配方肥（N、P_2O_5、K_2O 含量比 15：15：5），产品质量符合 NY/T 1112 的要求。

5.4.2 施用方法

5.4.2.1 有机肥或农家肥做基肥，结合秋翻或春翻施入，撒施均匀。秋施肥在秋季作物收获后结合深翻施入；春施肥在 4 月中旬至 4 月下旬结合春翻施入。

5.4.2.2 配方肥结合春翻施入，撒施均匀。

5.4.3 施用量

5.4.3.1 有机肥全替代

施商品有机肥 3.000～4.500t/hm²（200.00～300.00kg/667m²），或者施充分腐熟的农家肥 18.000～27.000t/hm²（1 200.00～1 800.00kg/667m²）。

5.4.3.2 有机肥加配方肥

选择下列方式之一施肥。

（a）施商品有机肥 1.500～2.250t/hm²（100.00～150.00kg/667m²），配施配方肥 0.300～0.375t/hm²（20.00～25.00kg/667m²）；

（b）施农家肥 9.000～13.500t/hm²（600.00～900.00kg/667m²），配施配方肥 0.300～0.375t/hm²（20.00～25.00kg/667m²）。

6 播种

6.1 播种时间

当日平均气温稳定通过 2～3℃播种，时间为 4 月中旬至 5 月上旬。

6.2 播种方法

采用机械条播，行距 15～20cm。播种深度 2～3cm。

6.3 播种量

东部旱作区播种量 0.015～0.023t/hm²（1.00～1.50kg/667m²）；青南、海北、环湖高寒区播种量 0.045～0.053t/hm²（3.00～3.50kg/667m²）。

7 田间管理

7.1 合理密植

东部旱作区每公顷保苗 60.000 万～90.000 万株（每 667m² 保苗 4.00 万～6.00 万株），青南、环湖高寒区每公顷保苗 300.000 万～375.000 万株（每 667m² 保苗 20.00 万～25.00 万株）。

7.2 追肥

苗期至抽薹前期，喷施有机叶面肥 2 次，间隔 7～10d。有机叶面肥料质量符合 GB/T 17419 的要求。

7.3 中耕松土

苗期中耕除草。

7.4 病虫害防治

7.4.1 主要病虫害

黄条跳甲、茎象甲、露尾甲、角野螟、小菜蛾、菌核病等。

7.4.2 病虫害防治

7.4.2.1 农业防治

采用种植抗病品种、合理轮作等措施。

7.4.2.2 物理防治

现雷期用黄板进行诱杀，每 667m² 悬挂 20～30 块黄板，悬挂高度高出植株 10cm，当诱虫板粘满虫子时及时更换。

7.4.2.3 生物防治

采用微生物制剂、植物源农药及生物源农药防治。

7.4.2.4 药剂防治

按照 GB/T 8321.9 的要求进行防治。

8 收获

8.1 收获时间

全田 80% 的角果成熟呈黄色时收获。

8.2 收获方法

镰收或机收。

8.3 打碾

油菜收割后，田间晾晒 10～15d，籽粒风干后脱粒。

青稞有机肥替代化肥栽培技术规范
（DB63/T 1960—2021）

1 范围

本文件规定了青稞种植时有机肥替代化肥青稞产量指标、土地条件、备耕、栽培技术及收获等技术要求。

本文件适用于东部农业区、环湖农业区、青南小块农业区和柴达木盆地绿洲农业区年均温 0.5℃以上的地区种植时使用。

2 规范性引用文件

下列文件中的内容通过文中的规范性引用而构成本文件必不可少的条款。其中，注日期的引用文件，仅该日期对应的版本适用于本文件；不注日期的引用文件，其最新版本（包括所有的修改单）适用于本文件。

GB 4404.1 粮食作物种子 第1部分：禾谷类

GB/T 8321.2 农药合理使用准则（二）

GB/T 17997 农药喷雾机（器）田间操作规程及喷洒质量评定

NY/T 393 绿色食品 农药使用准则

NY/T 394 绿色食品 肥料使用准则

NY/T 525 有机肥料

JB/T 5117 全喂入联合收割机 技术条件

3 术语和定义

本文件中没有需要界定的术语和定义。

4 产量指标

4.1 低肥力条件下，目标产量 2.250～2.700t/hm² （150.00～180.00kg/667m²）。

4.2 中等肥力条件下，目标产量 3.000～4.500t/hm² （200.00～300.00kg/667m²）。

4.3 高肥力条件下，目标产量 6.000～7.500t/hm² （400.00～500.00kg/667m²）。

5 土地条件

选择土层深厚、土壤结构适宜、理化性状良好的地块。

6 备耕

6.1 茬口选择

6.1.1 复（套）种绿肥

在东部农业区，于前茬青稞收获前 15～20d，撒播豆科绿肥毛叶苕子或箭筈豌豆，之后及时浇水，青稞收割时留茬高度 20cm，收割后灌水；或者将毛叶苕子或箭筈豌豆种子撒播于青稞茬田中，耙糖、灌水。9 月下旬翻压还田。

6.1.2 轮作倒茬

选择蚕豆、马铃薯或油菜进行轮作。

6.2 整地

前作收获后，及时深耕，耙糖保墒。

6.3 选种

青稞种子质量符合 GB 4404.1 规定的大田用种标准。

6.4 种子处理

播前 1～2d 晒种，使用种子包衣剂进行包衣或使用农药拌种防治条纹病及黑穗病，包衣剂和农药质量符合 GB/T 8321.2 和 NY/T 393 的规定。

7 栽培技术

7.1 施肥

7.1.1 低肥力条件

有机肥替代 10％化肥。播前整地，施入商品有机肥 4.5～6.0t/hm²（300.00～400.00kg/667m²），有机肥质量符合 NY/T 525 规定；施入纯氮 0.036～0.072t/hm²（2.40～4.10kg/667m²），五氧化二磷 0.036～0.063t/hm²（2.40～4.14kg/667m²）的化肥做种肥，化肥质量符合 NY/T 394 规定。

7.1.2 中等肥力条件

有机肥替代 30％化肥。播前整地，施入商品有机肥 4.5～6.0t/hm²（300.00～400.00kg/667m²），有机肥质量符合 NY/T 525 规定；施入纯氮 0.028～0.056t/hm²（1.87～3.19kg/667m²），五氧化二磷 0.028～0.049 t/hm²（1.87～3.22kg/667m²）的化肥做种肥，化肥质量符合 NY/T 394 规定。

7.1.3 高肥力条件

有机肥替代 50％化肥。播前整地，施入商品有机肥 4.5～6.0t/hm²（300.00～400.00kg/667m²），有机肥质量符合 NY/T 525 规定；施入纯氮 0.020～0.034t/hm²（1.34～2.28kg/667m²），五氧化二磷 0.020～0.035 t/hm²（1.34～2.30kg/667m²）的化肥做种肥，化肥质量符合 NY/T 394 规定。

7.2 播种

7.2.1 播种时间

气温稳定通过 3℃以上时抢墒播种。

7.2.2 播种方式及播深

条播，播深 3.0～5.0cm。

7.2.3 播量与密度

播量与密度按不同肥力水平进行设置。

低肥力条件下，播种量 0.285～0.315t/hm² （19.00～21.00kg/667m²），基本苗每公顷 315.000 万～375.000 万株（每 667m² 21.00 万～25.00 万株）。

中肥力条件下，播种量 0.270～0.300t/hm² （18.00～20.00kg/667m²），基本苗每公顷 300.000 万～360.000 万株（每 667m² 20.00 万～24.00 万株）。

高肥力条件下，播种量 0.255～0.285t/hm² （17.00～19.00kg/667m²），基本苗每公顷 285.000 万～345.000 万株（每 667m² 19.00 万～23.00 万株）。

7.3 除草

青稞三叶至五叶期，使用化学农药防除田间杂草，农药使用符合 GB/T 8321.2 和 NY/T 393 的规定。

7.4 灌溉

有灌溉条件的地区，宜冬灌。于青稞全生育期，视当地气候条件灌水。

8 收获

于青稞籽粒完熟期采用机械收获，符合 JB/T 5117 规定。

结球甘蓝有机肥替代化肥栽培技术规范
（DB63/T 2075—2022）

1 范围

本文件规定了结球甘蓝有机肥替代化肥栽培的产量指标、产地选择、品种选择、栽培季节、施肥、栽培技术、收获等技术要求。

本文件适用于结球甘蓝种植区域。

2 规范性引用文件

下列文件中的内容通过文中的规范性引用而构成本文件必不可少的条款。其中，注日期的引用文件，仅该日期对应的版本适用于本文件；不注日期的引用文件，其最新版本（包括所有的修改单）适用于本文件。

GB 5084　农田灌溉水质标准

GB 16715.4　瓜菜作物种子　第 4 部分：甘蓝类

GB/T 17419　含有机质叶面肥料

GB/T 23416.4　蔬菜病虫害安全防治技术规范　第 4 部分：甘蓝类

NY/T 391　绿色食品　产地环境质量

NY/T 525　有机肥料

NY/T 1107　大量元素水溶肥料

DB63/T 1066　绿色食品结球甘蓝露地栽培技术规范

DB63/T 1234　甘蓝基质穴盘育苗技术规程

3 术语和定义

本文件没有需要界定的术语和定义。

4 产量指标

有机肥全替代：产量 $60.00 \sim 78.00 t/hm^2$（$4\,000 \sim 5\,200 kg/667m^2$）。

有机肥替代 40% 常规施肥：产量 $75.00 \sim 90.00 t/hm^2$（$5\,000 \sim 6\,000 kg/667m^2$）。

5 产地选择

5.1 产地环境

符合 NY/T 391 的规定。

5.2 地块选择

选择三年内未种植十字花科蔬菜且土地平整、土壤耕层深厚、排灌方便、理化性状良好、土壤肥沃的地块。

5.3 灌溉水质

符合 GB 5084 农田灌溉水质标准。

6 品种选择

选用抗性强、结球紧实、不易裂球、商品性好并经认定或登记的品种，种子符合 GB 16715.4 的要求。

7 栽培季节

按 DB63/T 1066 的要求执行。

8 施肥

8.1 基肥施用

8.1.1 基肥种类

商品有机肥，符合 NY/T 525 的要求或腐熟农家肥。

8.1.2 基肥施用量

8.1.2.1 有机肥全替代

商品有机肥 $9.00 \sim 12.00t/hm^2$（$600.00 \sim 800.00kg/667m^2$），或者充分腐熟的农家肥 $12.00 \sim 16.50t/hm^2$（$800.00 \sim 1 100.00kg/667m^2$）。

8.1.2.2 有机肥替代 40%常规施肥

商品有机肥 $12.00t/hm^2$（$800.00kg/667m^2$），肥料折合纯氮 $0.12 \sim 0.17t/hm^2$（$8.30 \sim 11.07kg/667m^2$），五氧化二磷 $0.11 \sim 0.14t/hm^2$（$6.90 \sim 9.20kg/667m^2$）。

8.1.3 基肥施用时期

在上茬作物收获后结合深翻施入基肥。

8.1.4 基肥施用方式

以上肥料做基肥一次性均匀撒施到地表，翻入土中，深翻 $20.00 \sim 25.00cm$。

8.2 追肥

8.2.1 追肥种类

含有机质叶面肥料，符合 GB/T 17419 的要求；大量元素水溶肥料，符合 NY/T 1107 的要求。

8.2.2 追肥施用量

8.2.2.1 有机肥全替代

莲座期结合浇水追大量元素水溶肥 $150.00 \sim 225.00kg/hm^2$（$10.00 \sim 15.00kg/667m^2$）；结球前期结合浇水追水溶肥 $150.00 \sim 225.00kg/hm^2$（$10.00 \sim 15.00kg/667m^2$）；结球中期追肥 $75.00 \sim 150.00kg/hm^2$（$5.00 \sim 10.00kg/667m^2$）。

8.2.2.2 有机肥替代 40%常规施肥

莲座期结合浇水追有机质叶面肥 150.00kg/hm² (10.00kg/667m²)；结球前期结合浇水追水溶肥 150.00kg/hm² (10.00kg/667m²)；结球中期追肥 150.00kg/hm² (10.00kg/667m²)。

8.2.3 追肥施用方式

有机叶面肥选择于晴天下午或阴天喷施，以使蔬菜茎、叶正反面均匀沾液。水溶肥稀释后通过滴灌系统施肥或沟施。

9 栽培技术

9.1 育苗

按 DB63/T 1234 执行。

9.2 起垄覆膜

垄宽 50.00cm，垄沟 20.00cm，垄高 10.00～15.00cm，覆盖幅宽 100.00～120.00cm，厚度 0.01～0.012mm 的地膜。

9.3 定植

9.3.1 定植密度

膜上按双行定植，早熟品种株距 30.00～35.00cm，每公顷保苗 8.1 万～9.45 万株（每 667m² 5 400～6 300 株）；晚熟品种株距 45.00～55.00cm，每公顷保苗 5.25 万～6.3 万株（每 667m² 3 500～4 200 株）。

9.3.2 定植方法

采用定植器或人工破膜定植。

9.4 田间管理

9.4.1 缓苗期

在定植后浇缓苗水，随后浇水 1～2 次。

9.4.2 莲座期

莲座期控制浇水，蹲苗 8～10d 后视土壤墒情每 7～10d 浇 1 次水，保证土壤相对含水量不低于 60%。采收前 7d 停止灌水。

9.4.3 中耕除草

中耕除草 1～2 次。

9.5 病虫害防治

9.5.1 主要病虫害

主要病害为霜霉病、黑腐病、菌核病等；主要虫害为蚜虫、小菜蛾、菜青虫等。

9.5.2 农业防治、物理防治和化学防治

按 GB/T 23416.4 的要求执行。

9.5.3 生物防治

选用生物源农药、植物源农药、天敌、性诱剂等。

10　收获

达到商品性要求后适时采收。

露地生菜有机肥替代化肥栽培技术规范
（DB63/T 2080—2022）

1 范围

本文件规定了露地生菜有机肥替代化肥栽培的产量指标、产地选择、品种选择、施肥、栽培技术、病虫害防治、收获等技术要求。

本文件适用于露地生菜有机肥替代化肥栽培。

2 规范性引用文件

下列文件中的内容通过文中的规范性引用而构成本文件必不可少的条款。其中，注日期的引用文件，仅该日期对应的版本适用于本文件；不注日期的引用文件，其最新版本（包括所有的修改单）适用于本文件。

GB 16715.5 瓜菜类作物种子 第5部分：绿叶菜类

GB/T 17419 含有机质叶面肥料

GB/T 23416.6 蔬菜病虫害安全防治技术规范 第6部分：绿叶菜类

NY/T 391 绿色食品 产地环境质量

NY/T 525 有机肥料

NY/T 2119 蔬菜穴盘育苗 通则

3 术语和定义

本文件没有需要界定的术语和定义。

4 产量指标

4.1 有机肥全替代

产量 37.50～45.00t/hm^2（2 500.00～3 000.00kg/667m^2）。

4.2 有机肥替代30％常规施肥

产量 45.00～52.50t/hm^2（3 000.00～3 500.00kg/667m^2）。

5 产地选择

5.1 产地环境

符合 NY/T 391 的规定。

5.2 地块选择

选择土层深厚、理化性状良好、肥力中等及以上的地块。

6　品种选择

选用高产、稳产、商品性好的生菜品种，种子符合 GB 16715.5 的规定。

7　施肥

7.1　肥料选择

有机肥选择符合 NY/T 525 规定的商品有机肥或充分腐熟的农家肥；有机叶面肥料符合 GB/T 17419 的规定。

7.2　基肥

7.2.1　基肥施用方法

播种前将商品有机肥或农家肥做基肥一次性均匀撒施到地表，深翻 25.00～30.00cm。

7.2.2　基肥施用量

7.2.2.1　有机肥全替代

商品有机肥 12.00～15.00t/hm²（800.00～1 000.00kg/667m²）或者充分腐熟的农家肥 16.50～19.50t/hm²（1 100.00～1 300.00kg/667m²）。

7.2.2.2　有机肥替代 30％常规施肥

商品有机肥 3.60t/hm²（240.00kg/667m²），折纯氮 0.15t/hm²（9.73kg/667m²），五氧化二磷 0.08t/hm²（5.60kg/667m²），氧化钾 0.08t/hm²（5.25kg/667m²）。

7.3　追肥

7.3.1　追肥施用方法

选择在晴天下午或者阴天喷施，均匀沾液，若喷后 3h 内遇雨则补喷。

7.3.2　追肥施用量

7.3.2.1　有机肥全替代

在莲座期、结球前期各根外追施有机肥 150.00t/hm²（10.00kg/667m²）。

7.3.2.2　有机肥替代 30％常规施肥

在莲座期、结球前期各根外追施纯氮 0.03t/hm²（1.75kg/667m²）、五氧化二磷 0.03t/hm²（2.00kg/667m²）、氧化钾 0.025t/hm²（1.88kg/667m²）。

8　栽培技术

8.1　育苗

符合 NY/T 2119 的要求。

8.2　起垄覆膜

耙平，起垄，覆膜，垄高 10.00～15.00cm，垄宽 90.00cm。

8.3　定植

8.3.1　定植方法

采用定植器或人工破膜定植，定植后用细土将苗孔盖严，浇透水。

8.3.2　定植密度

按株、行距 35.00cm×35.00cm 定植，每公顷保苗 7.50 万～8.25 万株（每 667m² 保苗 5 000～5 500 株）。

8.4　中耕除草

膜间除草 1～2 次。

9　病虫害防治

9.1　主要病虫害

主要病害为霜霉病、根腐病等；主要虫害为蚜虫、潜叶蝇等。

9.2　农业防治、物理防治和化学防治

符合 GB/T 23416.6 的要求。

9.3　生物防治

选用生物源农药、植物源农药、天敌、性诱剂等。

10　收获

达到商品性要求后适时采收。

化肥农药减量增效技术——以青海省为例
HUAFEI NONGYAO JIANLIANG ZENGXIAO JISHU——YI QINGHAI SHENG WEI LI

小麦缓控释掺混肥施用技术规范
（DB63/T 2103—2023）

1 范围

本文件规定了小麦缓控释掺混肥施用的术语和定义、施用技术、小麦种植与管理、收获等内容。本文件适用于小麦种植时使用。

2 规范性引用文件

下列文件中的内容通过文中的规范性引用而构成本文件必不可少的条款。其中，注日期的引用文件，仅该日期对应的版本适用于本文件；不注日期的引用文件，其最新版本（包括所有的修改单）适用于本文件。

GB/T 8321.10 农药合理使用准则（十）

GB/T 21633 掺混肥料（BB肥）

GB/T 23348 缓释肥料

HG/T 4215 控释肥料

NY/T 496 肥料合理使用准则 通则

NY/T 1118 测土配方施肥技术规范

NY/T 1276 农药安全使用规范总则

DB63/T 845—2009 春小麦条锈病防治技术规范

DB63/T 1444—2015 冬小麦丰产栽培技术规范

DB63/T 1630—2018 春小麦青麦1号丰产栽培技术规范

3 术语和定义

下列术语和定义适用于本文件

3.1 缓控释掺混肥

将缓控释肥与常规肥料掺混在一起使用形成的肥料。

4 缓控释掺混肥的种植技术

4.1 肥料选择

缓释肥符合GB/T 23348的要求，控释肥符合HG/T 4215的要求，掺混肥料符合GB/T 21633的要求。

4.2 施肥量

小麦播种前，按照测土配方施肥技术规范NY/T 1118，根据土壤肥力（附录A）、小麦需肥规律（附录B）、目标产量，确定推荐施肥量（附录C）。

272

4.3 缓控释掺混肥配比

4.3.1 春小麦

缓控释氮肥（控释期 60d）占整个生育期氮肥使用量的 30%。

4.3.2 冬小麦

缓控释氮肥（控释期 60d）占整个氮肥使用量的 40%，缓控释氮肥（控释期 90d）占整个氮肥使用量的 10%。

4.4 施肥方法

全部肥料在播种时一次性分层施入，深度为 8~10cm。肥料的使用符合 NY/T 496 的要求。

5 小麦种植与管理

5.1 播种

春小麦播种时间为 2 月下旬至 4 月上旬，冬小麦为 9 月中下旬至 10 月上旬。条播，播种深度 3~5cm，行距 15~20cm。

5.2 除草

两叶一心时用除草剂防除田间杂草，后期视杂草密度进行二次防控。除草剂的使用符合 GB/T 8321.10 和 NY/T 1276 的规定。

5.3 灌溉

春小麦灌溉技术符合 DB63/T 1630 的规定；冬小麦灌溉技术符合 DB63/T 1444 的规定。

5.4 病虫害防治

5.4.1 主要病虫害种类

病害主要有条锈病；虫害主要有蚜虫、麦茎蜂、吸浆虫。

5.4.2 主要病虫害防治方法

条锈病流行时，及时采用化学药剂喷雾防治，防治技术符合 DB63/T 845 的规定。

5.4.3 虫害防治

在小麦抽穗初期（麦茎蜂成虫刚羽化时）喷药防治麦茎蜂，在小麦灌浆后期（吸浆虫化蛹中期）喷药防治吸浆虫和蚜虫。农药使用符合 NY/T 1276 和 GB/T 8321.10 的规定。

6 收获

于小麦蜡熟期收获。

附录 A

（规范性）

土壤肥力分级指标

表 A.1 给出了土壤肥力分级指标。

表 A.1　土壤肥力分级指标

级别	有机质含量/ （g/kg）	全氮含量/ （g/kg）	全磷含量/ （g/kg）	全钾含量/ （g/kg）	碱解氮含量/ （mg/kg）	有效磷含量/ （mg/kg）	速效钾含量/ （mg/kg）
1 级（高）	≥40	≥2.5	≥1.0	≥25	≥150	≥40	≥200
2 级（较高）	30～<40	2.0～2.5	0.8～1.0	20～25	120～150	30～40	150～200
3 级（中）	20～<30	1.5～2.0	0.6～0.8	15～20	90～120	20～30	100～150
4 级（较低）	10～<20	1.0～1.5	0.4～0.6	15～10	60～90	10～20	50～100
5 级（低）	<10	<1.0	<0.4	>10	<60	<10	<50

附录 B

（规范性）

小麦需肥规律

表 B.1 给出了小麦需肥规律。

表 B.1　小麦需肥规律

生育期	N		P_2O_5		K_2O		N、P_2O_5、K_2O 吸收量比
	吸收量/ （kg/hm²）	占总量 比例/%	吸收量/ （kg/hm²）	占总量 比例/%	吸收量/ （kg/hm²）	占总量 比例/%	
苗期	11.04	3.92	1.29	3.05	9.49	3.48	1∶0.12∶0.86
分蘖期	58.62	20.80	8.47	20.01	62.35	22.86	1∶0.14∶1.06
拔节期	93.78	33.27	17.22	40.68	112.49	41.24	1∶0.18∶1.20
抽穗期	44.00	15.61	6.08	14.36	29.91	10.97	1∶0.14∶0.68
灌浆期	72.06	25.56	8.47	20.01	51.84	19.01	1∶0.12∶0.72
成熟期	2.37	0.84	0.80	1.89	6.67	2.44	1∶0.34∶2.81
合计	281.87	100.00	42.33	100.00	272.75	100.00	1∶0.15∶0.97

附录 C

（规范性）

小麦推荐施肥量

表 C.1 给出了小麦推荐施肥量。

表 C.1 小麦推荐施肥量

地区	品种	土壤肥力	目标亩产量/kg	每亩推荐施肥量/kg			N、P₂O₅、K₂O 每亩推荐施肥量比
				N	P₂O₅	K₂O	
川水区	春小麦	高	460～550	8.70	5.80	2.50	1：0.67：0.29
		中	360～450	9.50	7.67	3.50	1：0.81：0.37
		低	300～350	12.00	8.00	4.00	1：0.67：0.33
	冬小麦	高	460～600	14.00	6.90	2.50	1：0.49：0.18
		中	400～450	15.00	8.50	3.50	1：0.57：0.23
		低	360～390	16.00	9.20	4.00	1：0.58：0.25
低位山旱地	春小麦	高	310～350	2.63	1.17	2.21	1：0.44：0.84
		中	250～300	3.50	1.95	2.35	1：0.56：0.67
		低	200～240	4.00	2.35	2.50	1：0.59：0.63

附录3 青海省农作物主推品种名录

一、青海省主推粮油作物品种

作物种类	序号	主推品种	品种来源	适宜推广地区	特性
小麦	1	春小麦高原437	中国科学院西北高原生物研究所	东部农业区及柴达木盆地设施种植	较抗倒伏、耐旱性中等，条锈病免疫
	2	春小麦青麦1号	中国科学院西北高原生物研究所	东部农业区水地、中位山旱地和柴达木盆地灌区种植	较抗倒伏、耐旱性中等，中抗小麦条锈病
	3	春小麦通麦2号	青海省大通县农技推广中心、青海省大通县种子站	海拔2 400～2 700m的中位山旱地种植	中抗条锈，抗雪腐叶枯病
	4	春小麦青春38	青海省农林科学院作物所	东部农业区水地种植	高抗条锈、叶锈、秆锈
	5	冬小麦中麦175	中国农业科学院作物科学研究所	海拔1 650～2 300m的河湟流域温暖灌区种植	中抗白粉病，高抗条锈病，高感叶锈病
	6	春小麦青麦5号	中国科学院西北高原生物研究所、海东市乐都区民乐种业有限公司、大通县惠丰种业有限责任公司	东部农业区中高位山旱地和不保灌水地种植	中抗条锈病，抗倒伏、耐青干、抗旱能力强
	7	春小麦青麦10号	中国科学院西北高原生物研究所、海西州种子站	东部农业区河谷灌区、高位水地和柴达木盆地灌区种植	中抗条锈病，抗倒伏、耐青干、抗干热能力强
青稞	1	青稞柴青1号	青海省利农种业有限公司、海西州种子管理站、青海省种子管理站	年平均温度0.20℃以上的中高位山旱地及柴达木盆地种植	中抗条纹病
	2	青稞北青9号	海北州农业科学研究所、海北州种子管理站	年平均温度0.5℃以上的中高位山旱地和高位水地种植	较抗倒伏，高抗云纹病、条纹病

（续）

作物种类	序号	主推品种	品种来源	适宜推广地区	特性
青稞	3	青稞昆仑14号	青海省农林科学院	东部农业区高位山旱地、环湖农业区和柴达木盆地灌区种植	抗倒伏性好，耐旱性、耐寒性中等，中抗条纹病、云纹病
	4	青稞昆仑15号	青海省农林科学院	环湖农业区、柴达木盆地灌区和东部农业区高位山旱地种植	抗倒伏性较好，耐旱性、耐寒性中等，中抗条纹病、云纹病
马铃薯	1	马铃薯青薯10号	青海省农林科学院作物所	水地及低中高位山旱地种植	耐旱、耐寒，抗晚疫病、环腐病，轻感黑胫病
	2	马铃薯青薯9号	青海省农林科学院生物技术研究所	海拔2 600m以下的东部农业区和柴达木灌区种植	耐旱、耐寒，抗晚疫病、环腐病
	3	马铃薯乐薯1号	青海省乐都区农业技术推广中心	水地及低中高位山旱地种植	抗环腐病、黑胫病，中抗晚疫病
	4	马铃薯民薯2号	青海省民和县农作物脱毒技术开发中心	川水及低中高位山旱地种植	高抗环腐病，未出现黑胫病，轻感晚疫病和早疫病
	5	马铃薯闽薯1号	青海大学农林科学院生物技术研究所	东部农业区水地双膜和地膜覆盖种植	抗晚疫病、环腐病，抗马铃薯花叶病毒、卷叶病毒
	6	马铃薯青薯2号	青海省农林科学院作物所	川水地区和高中位山旱地种植	抗晚疫病、环腐病、黑胫病，抗花叶和卷叶病毒，轻感早疫病
	7	马铃薯青薯6号	青海省农林科学院作物所	川水及低中高位山旱地种植	中抗晚疫病、环腐病、黑胫病
油菜	1	甘蓝型杂交油菜青杂7号	青海省农林科学院油菜所	东部海拔2 950m以下、年平均温度1.5℃以上的中高位山旱地种植	耐寒性较强、抗旱性中等、抗倒伏较强，轻感菌核病
	2	甘蓝型杂交油菜青杂5号	青海省农林科学院春油菜研究所	低海拔地区春油菜主产区种植	抗性优于青杂1号和青油14号
	3	甘蓝型杂交油菜青杂4号	青海省农林科学院	海拔3 000m以下、年平均温度1℃以上的高位山旱地种植	抗旱性、耐寒性、抗倒伏性中等，抗根肿病，轻感菌核病
	4	甘蓝型杂交油菜青杂9号	青海省农林科学院	低海拔区春油菜区种植	低感菌核病，抗病毒病，抗倒性伏中等、抗寒性强、抗裂荚一般

（续）

作物种类	序号	主推品种	品种来源	适宜推广地区	特性
油菜	5	甘蓝型杂交油菜青杂12号	青海省农林科学院春油菜研究所	东部农业区海拔2 800m以下地区和柴达木盆地海拔3 000 m以下灌区种植	低感菌核病，抗倒伏
	6	甘蓝型油菜青杂15号	青海省农林科学院春油菜研究所	无霜期较长的地区春季种植	高抗菌核病，抗病毒病，抗旱、抗倒伏
玉米	1	玉米金穗3号	民和县种子管理站	东部农业区海拔2 200m以下的温暖地区种植	抗倒伏、抗旱、耐贫瘠，高抗红叶病、青枯病，感玉米小斑病和锈病
	2	玉米铁研53	铁岭市农业科学院	东部农业区河谷地区及柴达木盆地灌区青贮种植	晚熟，抗灰斑病，中抗大斑病、茎基腐病，感弯孢菌叶斑病、丝黑穗病
	3	玉米青早510	青海牛必乐农牧科技有限公司、北京禾佳源农业科技股份有限公司	海拔2 500～3 000m的东部农业区中高位山旱地、海南台地和柴达木盆地灌区青贮种植	感大斑病、丝黑穗病、茎腐病和弯孢叶斑病
	4	玉米纪元8号	青海省农林科学院	东部农业区河湟灌区水地、低位山旱地和柴达木盆地灌区覆膜种植	高抗小斑病，耐寒性、耐旱性较好
	5	玉米克单14	青海省农林科学院	东部农业区海拔2 600m以下川水地、旱地种植	早熟
	6	青贮饲用玉米屯玉168	北京屯玉种业有限责任公司	东部农业区、海西柴达木盆地等区域覆膜种植	玉米小斑病零星发生
蚕豆	1	蚕豆青海13号	青海省农林科学院作物所	海拔2 800m以下的中高位山旱地种植	较抗倒伏、耐旱，中抗褐斑病、轮纹病、赤斑病
	2	蚕豆马牙	湟源县种子站、湟源县农业技术推广中心	海拔2 500～2 900m的山旱地种植	高抗赤斑病
	3	蚕豆青蚕14号	青海省农林科学院作物所、青海鑫农科技有限公司	海拔2 000～2 600m的川水地种植	抗倒伏性中等，中抗褐斑病、轮纹病、赤斑病
	4	蚕豆青蚕15号	青海省农林科学院作物所、青海鑫农科技有限公司	东部农业区浇水、中位山旱地覆膜种植	中抗蚕豆赤斑病、根腐病

（续）

作物种类	序号	主推品种	品种来源	适宜推广地区	特性
藜麦	1	藜麦青藜1号	青海三江沃土生态农业科技有限公司、山西稼棋农业科技有限公司	海拔2 700～3 200m的柴达木盆地灌区种植	较耐旱、耐盐碱
	2	藜麦青藜2号	青海省农林科学院作物所、青海省海西自治州种子站、青海昆仑种业集团有限公司	柴达木灌区种植	抗叶斑病，抗倒伏
	3	藜麦青藜4号	三江沃土生态农业科技有限公司	柴达木盆地灌区春季覆膜种植	较抗叶斑病，抗倒伏
	4	藜麦青藜5号	中国科学院西北高原生物研究所	柴达木盆地灌区春季覆膜种植	抗倒伏

二、青海省主推蔬菜品种

栽培方式	作物名称	主推品种	品种来源	品种类型	种植面积	适宜推广地区	青海省内主要推广地区
露地	大白菜	春秋王	山东省农业科学院大白菜良种服务中心	春秋两用型	63.万亩	东部农业区、柴达木盆地	东部农业区、柴达木盆地
		春玉黄	北京华耐农业发展有限公司	耐抽薹品种			
		天津青麻叶	天津市地方品种	耐寒优质品种			
	小油菜	四月慢	上海市地方品种	小油菜品种	1.6万亩	青海省所有农业区	青海省所有农业区
		上海青	上海市地方品种				
	菠菜	帝沃	荷兰先正达公司	中熟杂交品种	3.1万亩	青海省所有农业区	青海省所有农业区
	莴笋	西宁莴笋	西宁市种子站	中早熟品种	0.78万亩	青海省所有农业区	西宁市周边及柴达木盆地
	萝卜	白玉春	北京世农种苗有限公司从韩国引进	早熟春萝卜品种	2.9万亩	青海省所有农业区	青海省所有农业区
		卫青萝卜	天津市农业科学院蔬菜研究所	秋青萝卜品种			
		顶上盛夏	北京世农种苗有限公司	夏秋品种			

(续)

栽培方式	作物名称	主推品种	品种来源	品种类型	种植面积	适宜推广地区	青海省内主要推广地区
露地	甘蓝	青甘1号	青海省农林科学院园艺研究所	早熟杂交品种	2.1万亩	东部农业区、柴达木盆地	东部农业区、柴达木盆地
		中甘系列	中国农业科学院蔬菜花卉研究所	耐裂品种			
	线辣椒	循化线辣椒	循化县地方品种	线椒品种	2.5万亩	东部农业区、柴达木盆地	循化县、贵德县、尖扎县等地区
		青线椒1号	青海省农林科学院园艺研究所	线椒品种			
		青线椒2号	青海省农林科学院园艺研究所	线椒品种			
	胡萝卜	新黑田5寸	日本	相对早熟	5.1万亩	青海省所有农业区	青海省所有川水地区
		西宁红胡萝卜	西宁市种子站	晚熟品种			
	西葫芦	美玉	河北省农林科学院	早熟品种	1.5万亩	东部农业区、柴达木盆地	东部农业区、柴达木盆地
		绿宝石	中国农业科学院蔬菜花卉研究所	早熟杂交品种			
	葱	大通鸡腿葱	青海省农林科学院园艺研究所	晚熟鸡腿葱	4.1万亩	大通县	东部农业区、柴达木盆地
		章丘大葱	山东省章丘区地方品种			东部农业区、柴达木盆地	东部农业区、柴达木盆地
	蒜	乐都紫皮大蒜		红皮蒜	3万亩	东部农业区、柴达木盆地	乐都区等地区
	蒜苗	张掖白蒜	甘肃省张掖市地方皮品	白皮蒜	2万亩	东部农业区、柴达木盆地	湟中区、湟源县、大通县等地区
设施	辣椒	航椒5号	甘肃省航天育种工程技术研究中心	牛角椒	2.1万亩	东部农业区及柴达木盆地设施种植	西宁市及周边地区，海东六县（区），尖扎县、贵德县、共和县及海西的德令哈市、格尔木市、都兰县、乌兰县等地区
		航椒8号	甘肃省航天育种工程技术研究中心				
		乐都长辣椒	乐都区蔬菜技术推广中心				
		陇椒系列	甘肃省农林科学院				
		甘科系列	甘肃省农林科学院				

（续）

栽培方式	作物名称	主推品种	品种来源	品种类型	种植面积	适宜推广地区	青海省内主要推广地区
设施	番茄	特美特	北京中研惠农种业有限公司	粉果型	1.5万亩	东部农业区及柴达木盆地设施种植	西宁及周边地区、海东六县（区），尖扎县、贵德县、共和县及海西的德令哈市、格尔木市、都兰县、乌兰县等地区
		合作903	上海市长征良种实验场	大红果			
	茄子	布利塔	荷兰瑞克斯旺公司	长茄	0.86万亩	东部农业区及柴达木盆地设施种植	西宁及周边地区、海东六县（区），尖扎县、贵德县、共和县及海西的德令哈市、格尔木市、都兰县、乌兰县等地区
		东洋黑光	北京世邦佳和种子有限公司				
	黄瓜	津绿30号	天津市绿丰园艺新技术开发有限公司	温室越冬品种	1.7万亩	东部农业区及柴达木盆地设施种植	西宁及周边地区、海东六县（区），尖扎县、贵德县、共和县及海西的德令哈市、格尔木市、都兰县、乌兰县等地区
		博耐7088	天津德瑞特种业有限公司	适合温室栽培			
		博杰605	天津德瑞特种业有限公司	适合春设施栽培			
	西葫芦	冬玉	法国品种	极耐寒越冬品种	0.99万亩	青海省各地温室	青海省各地温室
		超玉	美国海德公司选育	早熟、耐寒、抗病			
	芹菜	嫩脆	美国引进	西芹品种	0.4万亩	东部农业区、柴达木盆地	东部农业区、柴达木盆地
		文图拉	美国引进	西芹品种			
		天津实芹	天津市南郊区双港乡农科站南郊区农业局蔬菜科、南郊南马集村从天津白庙芹菜中变异株系统选育而成	实杆芹			

三、青海省主要农作物播种期和收获期

作物类型	作物品种	播种期（定植期）	收获期	亩播量	亩产量/kg	生态区
粮油	冬小麦	9月中、下旬	6月下旬至7月上旬	25kg	500～550	河湟谷地
	春小麦	3月上、中旬	7月下旬至8月上旬	18～20kg	350～500	低位水地
		3月中、下旬	8月中、下旬	18～20kg	250～350	浅山和高位水地
		4月上旬	9月上旬	18～20kg	500～550	柴达木盆地
	青稞	3月下旬至4月初	9月	20kg	200～250	东部农业脑山地区
		4月中旬至5月初	9月	20kg	200～250	环湖及青南地区
	蚕豆	3月中旬	9月中旬	22～25kg	300～350	东部农业地区
	豌豆	3月中旬	8月中、下旬	20kg	150～175	东部浅山地区
	马铃薯	3月下旬	7月中旬	170kg	2 500～3 000	川水地膜菜用薯
		4月上旬至5月初	9月初至10月初	150kg	1 800～2 200	浅脑山地区
	玉米	4月中、下旬	10月中旬至11月初	2kg	450～650	浅山地区
	油菜（白菜型）	4月上旬至下旬	9月中、下旬	1.5kg	60～80	东部脑山和环湖地区
	油菜（甘蓝型）	3月下旬至4月上旬	8月下旬至9月下旬	0.4kg	200～250	半浅半脑及高位水地
蔬菜	大白菜	5月上旬至6月上旬	7月中、下旬至10月上旬	1 800株	5 000	川水地区
	循化线辣椒	3月上旬	8月中旬开始	400～500kg	1 200	川水地区
	结球甘蓝	4月中下旬	6月下旬	4 000株	5 000	川浅脑山地区
	胡萝卜	5月中下旬	9月下旬	1 000～1 500g	3 000	东部川水地区
	西葫芦	4月下旬至5月上旬	7月上旬至8月下旬	2 500株	5 000	川浅脑地区
	萝卜	4月中旬至5月中旬	6月下旬至8月下旬	8 500～9 000株	2 500	东部水浇地
	芹菜	4月中、下旬	7月上、中旬	10 000株	5 000	川浅脑地区
	莴笋	4月中、下旬	6月中、下旬	4 600株	4 000	川浅脑地区
	大葱	4月下旬至5月上旬	9月中、下旬	50 000株	6 000	东部川水地区
	大蒜	3月上旬	7月中旬	50 000株	1 500	河湟谷地
	蒜苗	4月中、下旬至6月上旬	9月中、下旬	150～200kg	2 500	东部水浇地